城镇化与社会变革丛书
URBANIZATION AND SOCIAL TRANSFORMATION SERIES

丛书主编 ▶ 李 铁

中国小城镇发展规划
实践探索

THEORY AND PRACTICE
OF DEVELOPMENT PLANNING
FOR CHINESE TOWNS

李 铁 邱爱军 文 辉等◎著

中国发展出版社
CHINA DEVELOPMENT PRESS

图书在版编目（CIP）数据

中国小城镇发展规划实践探索/李铁，邱爱军，文辉等著.
北京：中国发展出版社，2013.6
ISBN 978-7-80234-906-3

Ⅰ.①中… Ⅱ.①李…②邱…③文… Ⅲ.①小城镇—城市
规划—研究—中国 Ⅳ.①F299.21

中国版本图书馆 CIP 数据核字（2013）第 038602 号

书　　　名：中国小城镇发展规划实践探索
著作责任者：李　铁　邱爱军　文　辉等
出 版 发 行：中国发展出版社
　　　　　　（北京市西城区百万庄大街 16 号 8 层　100037）
标 准 书 号：ISBN 978-7-80234-906-3
经 销 者：各地新华书店
印 刷 者：北京科信印刷有限公司
开　　　本：700mm×1000mm　1/16
印　　　张：23.5
字　　　数：330 千字
版　　　次：2013 年 6 月第 1 版
印　　　次：2013 年 6 月第 1 次印刷
定　　　价：60.00 元

联 系 电 话：(010) 68990642　68990692
购 书 热 线：(010) 68990682　68990686
网 络 订 购：http://zgfzcbs.tmall.com//
网 购 电 话：(010) 88333349　68990639
本 社 网 址：http://www.develpress.com.cn
电 子 邮 件：bianjibu16@vip.sohu.com

"城镇化与社会变革"丛书
编委会名单

主　编

　　李　铁　国家发改委城市和小城镇改革发展中心主任

副主编

　　邱爱军　国家发改委城市和小城镇改革发展中心副主任

　　乔润令　国家发改委城市和小城镇改革发展中心副主任

编委会成员（按姓氏笔画为序）

　　王俊沣　文　辉　乔润令　李　铁　邱爱军　冯　奎

　　范　毅　郑定铨　郑明媚　袁崇法　顾惠芳　窦　红

总　序

　　中央政府又一次把城镇化作为拉动内需和带动经济增长的引擎，使得城镇化问题再次成为社会关注的热点。巧合的是，两次提出城镇化问题都和国际金融危机有关，上一次是亚洲金融危机，而这一次是全球金融危机。作为长期从事城镇化政策研究的团队，我们的研究积累对于中国的城镇化问题应该有着清醒的认识，但是对于社会，对于各级政府、企业家、学者和媒体人来说，如何去理解城镇化问题，就涉及将来可能出台什么样的政策，以及相关政策如何落实。因此，我们决定把多年的研究成果公诸于世，以"城镇化与社会变革"系列丛书的形式出版。丛书之所以以改革为主题，就是要清楚地表明，未来推进城镇化最大的难点在于制度障碍，只有通过改革，才能破除传统体制对城乡和城镇间要素流动的约束和限制，城镇化带动内需增长的潜力才能得到真正释放。

　　丛书出版之际，出版社邀请我作序，一方面希望从宏观的角度来评价十八大以来的城镇化政策要点，另一方面希望对国家发改委城市和小城镇改革发展中心（以下简称"中心"）从事城镇化政策研究的历程做一个简要的回顾。毕竟我全程参与了中心的组建和发展，也基本上经历了从城镇化政策研究到一系列政策文件出台的过程。其实，我内心的想法，无论目前把城镇化政策提到怎样的高度，毕竟与可操作的政策出台以及贯彻落实都还有很长的距离。我能更多地体会到，这项研究，凝聚着许多长期从事农村政策研究和城镇化研究的领导和专家的心血，也汇集了一些地方基层政府的长期实践。我们只是作为一个团队集中了所有的智慧，利用我们的平台优势把这些成果和资料积累下来。

　　1992 年，我在国家体改委农村司工作，有一次参加国土经济学会在新华社举办的关于小城镇问题的研讨会，原中央农研室的老领导杜润生先生发言，提到小城镇对于农村乡镇企业发展和农村资源整合的重要意义，回来后感受颇深。在年底农村司提出 1993 年度研究课题重点时，把小城镇和城镇化问题作为六个重点研究课题的选题之一，报告给了时任国家体改委副主任马凯同志。我记得其他选题还有农村税费改革、城乡商品流通和土地问题等等。马凯副主任只是在小城镇这个课题上画了一个圈，要求我们重点进行研究。这一个圈就决定了我后半生的命运，至今已经20年了。当时马凯同志分管农村司工作，他之所以要求我们从事小城镇和城镇化问题的研究，他的基本论断是"减少农民，才能富裕农民"。

在后来的城镇化研究中，很多人不理解，为什么当时中央提出"小城镇，大战略"？特别是一些经济和规划工作者，他们认为城镇化政策重点不应该是积极发展小城镇，而应该是发展大城市，可是谁也不去追问。当时城镇化的提法还是禁忌，户籍问题更是没人敢提。几千年来确保农产品供给问题似乎成为一种现实的担忧；已经形成的城乡福利上的二元差距，更是各级城市政府不愿意推进户籍管理制度改革的借口。只有在小城镇，因为福利差距没有那么大，基础设施和公共服务条件没有那么好，与农村有着天然的接壤和联系，而且许多乡镇企业又直接办在小城镇，在这里实现有关城镇化的一系列体制上的突破，应该引起的社会波动比较小。1993～1995年，在马凯同志的直接领导下，我们开始了小城镇和城镇化的研究。马凯同志亲自带队到各部委征求意见，1995年4月，协调国务院十一个有关部、委、局制定并印发了《全国小城镇综合改革试点指导意见》，这是第一个从全方位改革政策入手，以小城镇作为突破口，全面实行综合改革试点的指导性意见。其中涉及的内容包括户籍管理制度、土地流转制度、小城镇的行政管理体制、地方财税管理体制、机构改革和乡镇行政区划调整、基础设施的投融资改革、统计制度等多方面。

1998年国务院机构改革，国家体改委和国务院特区办合并为国务院经济体制改革办公室，原来的16个司局缩编成6个司局，涉及大量的司局级干部重组和自寻出路。为了坚持小城镇和城镇化的政策研究，把试点工作持续下去，在各方面的支持下，我放弃了留在机关内工作的机会。1998年6月，经中编委批准，以原国家体改委农村司为主体成立了小城镇改革发展中心。从此我开始了漫长而又寂寞的城镇化政策研究之路。

1997年的亚洲金融危机，我国的外向型经济受挫，很多专家提出扩大内需的思路，城镇化和小城镇终于第一次走上了政府宏观政策的台面。

1998 年十五届三中全会开始提出"小城镇,大战略"。1999 年,时任国务院副秘书长的马凯同志和中农办主任段应碧同志,把起草向中央政治局常委汇报的"小城镇发展和城镇化问题"的任务交给了国务院体改办。之后,我们又在国务院体改办副主任邵秉仁同志的领导下,直接参与起草了 2000 年 6 月中共中央、国务院颁布的《关于促进小城镇健康发展的若干指导意见》。这个文件下达之后,户籍管理制度原则上在全国县级市以下的城镇基本放开,农村进城务工人员只要在城里有了住所和稳定的就业条件,就可以办理落户手续,而其在农村的承包地和宅基地仍可保留。根据中央有关文件精神,2000 年第五次全国人口普查后,我国把进城务工的农民第一次统计为城镇人口,我国的城镇化率一下子从原来的 29% 提高到 36%。

2002 年,党的十六大报告第一次写进了有关城镇化的内容,其中把"繁荣农村经济,加快城镇化进程"写到一起,这充分说明了城镇化对于"三农"问题的重要性。值得特别提出的是,我们的城镇化研究也从小城镇开始深入到进城的农民工,中心全体研究人员就农民工问题进行了大量的调查研究。2002 年,根据马凯副秘书长和段应碧主任的安排,由中心组织人员起草了 2003 年国务院办公厅 1 号文件《关于做好农民进城务工就业管理和服务工作的通知》。

2003 年,中心被并入了国家发改委,城镇化的研究工作转向了深入积累阶段。原来曾经全方位开展的改革试点工作虽然还在进行,但是实质性内容越来越少。在这一阶段反思城镇化,站在农村的角度去推进城市的各项相关改革,看来是越来越难了。中国的体制,城市实际上是行政管理等级的一个层面,而不是西方国家那种独立自治的城市。中国城市管理农村的体制,使得从农村的角度提出任何问题都是带有补贴和扶助的性质。而实际上,由于利益格局的确立,城市仍然没有摆脱依赖于从农村剥夺资源,来维持城市公共福利的积累和企业成本降低的局面。原来简单明了的城乡二元结构,已经被行政区的公共福利利益格局多元化了,因此要改革的内容已经远远超出了 20 世纪 90 年代凸显的城乡二元结构的范畴。原来长期研究农村改革、试图解决农村问题,现在成为城镇化出发点的思路,肯定也要相应地转型,使我们的研究团队站在城市的决策角度考虑问题。2009 年,我们开始把中心研究的重点彻底地转向城市，单位的名称也同时作出了调整，改为"城市和小城镇改革发展中心"。这种转型的最大效果就是可以更多地偏重于决策者的思维，了解决策阶层所更关注的城市角度，有利于提出更好的政策咨询建议。

中心成立 15 年来，我和同事们到 20 多个省（直辖市、自治区）的数千个不同类型、不同规模的城镇调研，积累了大量的材料，并为一批城镇特别制定了发展规划。

我们所理解的城镇化政策是改革，这也是我们长期和社会上的一些学者，甚至包括政府决策系统的部分研究人员在观点上的一些重要分歧。因为城镇化要解决的是几亿进城农民的公共服务均等化问题，关系到利益结构的调整，所以必须通过改革来解决有关制度层面的问题。仅靠投资是无法带动城镇化的，否则只会固化当地居民和外来人口的福利格局。只有在改革的基础上，打破户籍、土地和行政管理体制上的障碍，提高城镇化质量，改善外来人口的公共服务，提升投资效率才能变为可能。

幸运的是，从 2012 年起，中央领导同志对于城镇化的重视达到了前所未有的高度。在国家发改委副主任徐宪平同志的支持下，我们终于把多年的研究积累作为基础性咨询，提供给政策研究和制定的部门。虽然关于城镇化所涉及的改革政策的全面铺开还需要时日，还需要观点上进一步的统一，但无论怎样，问题提到了台面，总会有解决的办法，任何事情都不能一蹴而就，但毕竟有一个非常好的开始。

同事们提议，是不是可以把这些年我们团队有关城镇化的研究成果出版成书？我同意了。2013 年是全国深入贯彻落实十八大精神的开局之年，是一个好时候，全社会都在关注城镇化进程。此举可以把我们的观点奉献给社会，以求有一个更充分的讨论环境，寻求共识，推进城镇化改革政策的持续出台。

国家发改委城市和小城镇改革发展中心主任

李铁

2013 年 3 月

今年是国家发改委城市和小城镇改革发展中心（以下简称"中心"）成立的第 15 个年头了，在出版《城镇化与社会变革丛书》的过程中，我们也为规划的变革留下了空间。毕竟在编制城市和小城镇发展战略规划中，也处处体现着改革的思路和精神。

中心规划编制有以下几个方面的特点。

一是团队精神，所有的规划都要集体参加讨论，明确思路，全中心统筹安排人员参与编制。这方面与许多规划编制单位人员各自为战有着很大的不同。

二是把规划作为指导全国发展改革试点的一个重要抓手。因为中心没有行政权力和资源，也没有什么项目和资金来支持试点工作，有的只是改革的思路和切合地方经济社会发展实际的想法。因此，通过规划的编制，明确试点城市和小城镇发展路径的选择，摈弃一切不符合实际的政绩工程和短期行为对规划编制的干预，提出具有可操作性的规划方案和可实施的政策意见，这方面已经得到了绝大部分规划单位的认可和好评。

三是通过规划的编制，在大量的调查过程中，增加了地方实践经验的积累，深入了解基层的现状，也为中心在城镇化政策研究中提供了很好的素材。可以说，在参与有关政策文件制定的过程中，中心的研究之所以能够接地气，规划编制发挥了重要的基础性作用。

四是通过规划进行改革的探索，不仅仅是在一些宏观政策研究上，而且在规划编制过程中，更好地发挥多学科的作用。在实践中重视"多规融合"的机制性作用，使得规划编制摆脱了传统规划的工程技术性思维模式，也超越了计划经济的思维模式。做到从地方发展的实际出发，因地制宜，节约资源成本。强调市场配置资源的基础性作用，发挥好政府的引导作用。

五是以小见大，从小城镇开始规划的实践探索。毕竟大城市体制复杂，传统的规划管理话语权分量太重。小城镇和中小城市没有那么多体制和观念上的束缚。只要做通了一把手的思想工作，操作上就容易得多。多年来，我们在改革上从小城镇开始实践，突破传统的体制范畴，已经取得了很好的经验。而进行规划编制的改革，观点和内容的创新，也还是应该从体制束缚最薄弱的地方开始，这种经验已经被实践证明是成功的。

中心于 2000 年开始规划编制研究工作，已经制作了数百项不同类型的规划。编制范围也从小城镇逐步扩展到中小城市，甚至到省一级的专项规划。提升规划质量不仅仅是强调改革的思路和体现专家的观点，更重要的是要让城镇政府的官员和居民能够看得懂，能让规划深入大众之心，以便为将来的公众参与打好基础。因此我们在编制中强调语言通俗易懂，强调图文并茂，强调文字简洁明了。

当然，我们在编制规划中最看重的是切合地方发展实际，我们已经深感规划体制和编制队伍中存在的种种问题，特别是对于地方资源的浪费，助长贪大求洋的发展模式深恶痛绝。我们更感兴趣的是常规的增长方式，怎样才能有利于农民进城就业和定居，如何降低城市的发展成本，如何按照市场的方式配备社会资源，如何有利于产业的发展和人口的聚集，如何提出可操作的实现路径，如何通过公共资源的配置解决居民和农民当前最需要的突出问题。

我们的规划中重点是人，充分体现以人为本。关心人，重要的是中低收入者这个最广大的人群，当然也包括了外来人口。如何在公共资源中给他们留有充分的空间，如何解决他们的就业渠道，特别是在住宅建设和城市功能的界定上要面对这些人口，面对他们的就业选择、产业发展、住宅形式、街区设置、交通格局、土地供给等，解决他们多方面的需求。有些城市管理者也许是从好意出发，希望他们从危旧房的改造中获益，住上好的生态小区，可是往往忽视了居住成本和生活支出的变化。我们应考虑在这一发展阶段中，城市的规划能够为他们做些什么，将他们的需求放在最重要的位置上。

关于规划，我们的想法很多很多，但是如何与现实需求相结合，如何使我们的规划理念更深入社会，更深入到规划界和城市管理者的人心，还有漫长的路要走。我们只是探索者和实践者，更何况我们的思想也要不断更新。

李　铁

国家发改委城市和小城镇改革发展中心主任

2013 年 6 月

目录 >>> CONTENTS

第二部分　实践篇

第一部分
研究篇

第一章　理论与实践

第一节　科学编制城镇规划的原则

执笔：邱爱军　白　玮

　　当前我国处于城镇化快速发展的时期，但传统的速度型城镇化发展模式积累了一定的矛盾和问题，难以为继。随着城镇化发展的外部条件和内在动力的深刻变化，我国的城镇化进入转型发展的新时期。"十二五"规划明确提出我国要坚持走中国特色城镇化道路，科学制定城镇化发展规划，促进城镇化健康发展。我国城镇化发展总体格局是按照统筹规划、合理布局、完善功能、以大带小的原则，遵循城市发展客观规律，以大城市为依托，以中小城市为重点，逐步形成辐射作用大的城市群，促进大中小城市和小城镇协调发展。强化中小城市产业功能，增强小城镇公共服务和居住功能。在新型城镇化发展的大背景下，提高小城镇的承载能力和服务功能，需要制定合理的小城镇规划，以科学发展观指导小城镇发展规划。

一、小城镇发展规划要树立可持续发展的理念

　　计划经济体制下，计划注重的是任务的分配与执行。市场经济体制

　　邱爱军：国家发改委城市和小城镇改革发展中心副主任、博士。

　　白玮：国家发改委城市和小城镇改革发展中心规划研究部发展规划室主任、博士、高级经济师。

下，规划更强调公共资源配置的有效配置。根据《国务院关于加强国民经济和社会发展规划编制工作的若干意见》，县级以上政府都编制了经济社会发展五年规划。尽管《意见》并没有要求乡镇政府编制五年规划，但许多经济发达地区的小城镇却积极主动地编制了小城镇经济社会发展规划，因为这些小城镇快速发展的客观实际需要通过制订发展规划来把握其发展方向、明确其发展目标。实践经验表明，制定小城镇经济社会发展规划的重要前提是树立可持续发展的理念，具体而言就是要注意以下两个方面的问题。

一方面，小城镇发展规划不仅要考虑本地户籍人口的生产生活需求，还要考虑外来流动人口的生产生活需求。据不完全统计，中国的流动人口多达1.5亿，这些流动人口中约有40%集中在小城镇。以2007年为例，广东东莞市的虎门镇户籍人口11万人，外来人口多达53万；上海市嘉定区的安亭镇总人口11.7万，其中外来人口6.1万。这些外来人口一部分是文化程度较低、收入也较低的农民，还有一部分是文化程度较高、收入也较高的企业管理人员或技术人员。这些外来流动人口不仅仅有就业需求，还有公共服务需求。因此，在小城镇规划中就需要考虑他们的需求偏好及可支付能力，要考虑流动人口的居住问题、流动人口子女的受教育问题。

另一方面，小城镇发展规划不仅要考虑现期人口的生产生活需求，更要注重小城镇未来人口的生产生活需求。1978年我国城镇化率仅为17.9%，2007年上升到44.9%，城镇人口已达5.94亿；小城镇（建制镇）的数量从1978年的2173个增加到19249个，小城镇人口的比重也从20%上升到45%。小城镇的人口集聚程度越来越高，人口密度越来越大，原有的城镇建设已经不能适应发展的需要。不仅城镇容纳的人口数量增加了，收入也发生了变化，因而人口的需求也发生了变化。据住建部预测，2015年我国城镇人口的数量将突破8亿，这就意味着我国小城镇的规模也将出现较大的变化。因此，只有充分考虑未来人口的需求，才能制定科学合理的小城镇规划。所谓"超前规划"并不是要修"大马路、大广场"，而是要充分考虑未来发展的需求进行规划，特别是要从未来人口的需求出发规划小城镇。

因此，小城镇规划既要保证近期发展不降低小城镇未来人口的生活水平，还要保证近期发展不破坏小城镇未来的自然环境、不阻碍小城镇的未来发展。特别要注意保证小城镇的产业发展不损害小城镇的土地可持续利用。只有这样，才能实现小城镇的可持续发展。

二、小城镇发展规划要遵循以人为本的原则

计划经济体制下的计划注重经济发展，市场经济体制下的规划更注重经济与社会的均衡发展、更注重公平、更注重"以人为本"的和谐。因此，小城镇发展规划要倾听"利益攸关方"的声音，强化居民的参与、企业的参与、政府部门的参与。

小城镇发展规划要注重居民的参与。规划城镇的目的不是为了"形态"的美观，而是为了改善居民的生活环境，提高人们的生活质量，因此，规划不仅需要专家，更重要的是多考虑居民的需求、让居民充分参与规划。上海在地价奇高的陆家嘴金融中心区的核心部位，规划并建造了10万平方米的开放式草坪，就是因为规划时考虑到生活在金融中心的人"需要呼吸、需要肺、需要绿色"。小城镇的发展也不仅仅为了让农民从平房搬到楼房，而是为了提高小城镇居民的生活水平、生活质量。因此，在制订规划时就需要和本地居民共同讨论未来的就业、未来的社会保障。如天津市东丽区华明镇通过政府、专家与农民的多次反复交流，通过"宅基地换房"规划建设了一个新型小城镇，使农民不花一分钱就改善了居住环境，还通过新城镇建设新增就业岗位1.12万个，有效解决了失地青年农民的就业问题；北京市顺义区后沙峪镇在规划新农民住宅楼时，通过与农民讨论，就将补偿农民的住房从统一的一套大户型改为两套小户型，这样收入低的家庭就可以自己居住一套，出租另一套换取收益。有些地方在制定教育规划时，因为调查研究不足，没有认真倾听群众的意见，导致了部分学校校舍闲置浪费，部分学校校舍严重不足。总之，规划师要平等地与当地人交流，倾听当地居民的声音。通过为当地居民搭建自由发表意见的渠道与平台，让当地人真正参与规划，充分发挥当地人的知识和智慧。在"改变什么、保留什么"上与当地人达成一致，努力"将居民的不满情绪降到最低"。只有这样，才能动员社会各个方面的力量，共同建设小城镇。

　　小城镇发展规划要注重企业的参与。没有产业支撑的小城镇难以取得长远的发展，而产业发展的利益攸关方是企业，企业也最了解市场、了解产业的发展。因此，小城镇在制订发展规划时要倾听企业的意见，规划者可以通过走访企业、与企业座谈，了解小城镇产业发展中存在的问题，挖掘潜在的产业，寻求改善投资环境的途径。山西省孝义市梧桐镇在讨论道路项目时，企业就在抱怨路况太差之余提出了企业联合出资修整道路的办法；在讨论工业污染问题时，发现企业的废气再利用可以大大降低居民集中供热的费用。安徽省合肥市的三河镇在与企业讨论产业集聚问题时，发现工业聚集区不仅能成为大企业的舞台，还能成为小企业创新的平台，同时还能诱发新型的旅游品加工产业。因此，只有通过广泛的企业参与，才能了解企业发展面临的问题和需求，才能为小城镇确定科学的产业发展方向，为小城镇发展规划出更有效的解决问题的途径，进而明确政府与市场的关系，回答"政府应该干什么"的问题。

　　小城镇发展规划要注重政府的参与。在现行的行政管理体制下，小城镇的领导是由上级任命的。但是，规划不应该成为领导长官意志的表现，既不能成为"墙上挂挂"的形式主义，也不能成为个人升迁的"政绩工程"。规划应该是集体智慧的结晶，也应该是政府多个部门、社会各方共同推动小城镇发展、建设小城镇的依据。因此，一方面要争取上级政府部门对规划的充分参与，这样既有助于规划者了解上级政府对小城镇的看法和意见，也便于加深上级对小城镇的了解，还易于争取上级的政策支持和项目支持。一些小城镇就是在规划沟通中，获得了省市财政担保的小城镇项目贷款信息，发现了集约节约利用土地的方式。另一方面，要争取小城镇政府各个部门的广泛参与。参与不是听汇报，而是共同讨论、沟通信息、综合意见。小城镇规划要听取书记镇长的意见，但更重要的是要在镇政府各个部门间达成共识，成为全镇的发展"蓝图"。否则，就有可能出现镇长一换，规划"搁置"的情况；另外，还要注重相邻区域政府部门的参与。任何城镇的发展都不是孤立的，都会或多或少的受到周边城镇发展的影响。只有掌握了周边城镇的经济社会发展现状、发展设想，才能尽量避免区域内城镇间的产业同构，甚至恶性竞争，从而形成区域发展的合力，促进区域共同繁荣。

总之，规划不应该仅仅成为规划师表现其规划技术的结果，而应该是居民、企业、政府等利益攸关方利益博弈的结果。只有通过利益攸关方的充分参与，才能真正体现"以人为本"的发展思想，规划才能成为政府决策的科学依据。

三、小城镇发展规划要坚持改革创新的精神

计划经济体制下的计划注重自上而下的统一，市场经济体制下的规划则注重自下而上的多样化。中国幅员辽阔，小城镇的发展条件千差万别，小城镇的发展既要从规划技术层面推动，也要从体制和机制的层面推动，通过大胆改革大胆创新促进小城镇的发展。

规划在重视"物"的同时，也要重视制度的变革。作为政府管理的重要手段，规划是要具体研究公共资源的空间配置，要研究该建什么、该在哪里建。但是，是否能建起来还要看政府的资源分配体制，规划能否落实，还取决于政府管理体制。调研发现，实行了县级财政统管的地方，县域内乡镇学校的差异性才有所缩小；实行了市级财政统筹的地方，城乡居民社会养老的差异性才有所缩小；实行了省级财政统筹的地方，乡镇卫生条件的差异性才有所缩小。即使在上海市安亭镇这样经济发达的小城镇，也仅有一所学校的设施可以与上海市区内媲美。尽管安亭镇有数家世界500强企业，但在现行税收体制下，这些企业的税收与安亭镇政府公共财力并不直接相关。这充分说明，要建立城乡一体化的公共服务，必须有城乡一体化的管理体制。所以，小城镇发展规划不仅要从现有的公共资源为基础进行优化配置，更要不断进行体制和机制创新，不断增强小城镇的公共资源。

规划在注重"形态开发"的同时，也要注重"功能开发"。规划当然要求在"形态"上美观，但是规划更要考虑城镇不同区域的功能。小城镇和大城市一样，需要住宅、商业和工业，但是，因为其地域面积相对较小，规划时不能过分追求现代、气派；在进行功能分区的同时注意适当的"混合用地"，使居民既有就业机会又能方便生活。比如城镇广场的规划，不仅要考虑大型活动的需要，更要考虑居民交流的需要；城镇街道不仅要考虑汽车的通行需要，更要考虑居民步行、骑自行车的需要；

住宅区规划不仅要考虑居民的购买能力，更要考虑与社区居民收入水平相匹配的教育、医疗、商业等配套公共服务。上海的安亭新镇从形态、布局甚至能源利用上都模仿了德国魏玛，入住居民也多为上海市区高收入的未来人口。但是，安亭镇区却没有高档次的购物、娱乐场所，也没有高档次的饭店，导致"安亭人有钱，但安亭人却没处花钱"的现象。可见，小城镇虽然面积小，但聚集的人群千差万别，规划时一定要考虑不同人群的需要，才能使其功能开发切实可行。

规划在追求现代生活方式的同时，也要注重传统文化的保留。规划不仅要关注城镇的主干道宽敞、大商场繁华，更要关注社区公园的幽雅、社区空地的活跃、街巷零售角的热闹，让居民在公共空间中感受愉快与舒适、享受生活。安徽呈坎等古镇的水口不仅为村民提供了公共活动的空间，还通过集中的水面和穿流的小溪改善了社区的生活环境和生产条件；山西省碛口等古镇有不同样式、不同用途的窑洞，既记载了明清商业的繁荣，也展现了黄土高原传统建筑的技巧与美观。总之，只有将现代元素和传统文化元素相结合，才能将小城镇规划建设成整洁、有特色、有活力的城镇，吸引更多的人移居小城镇、留恋小城镇。

参考文献

[1] 李铁．以科学发展观指导小城镇改革发展．农村发展与城乡关系研究动态，第109期，2007年12月29日

[2] 孙方明．户籍制度改革中的几个问题．农村发展与城乡关系研究动态，第112期，2008年3月21日

[3] 邱爱军．灾后乡村重建规划要倾听灾区农民的声音．http：//www. ndrc. gov. cn/yjzx/yjzx_ detail2. jsp？SiteId＝31&comId＝33266

[4] 中国流动人口分布集聚 广东江苏等10省占六成多．中国网 http：//www. china. com. cn/news/2008－10/23/content_ 16653986. htm

[5] 建设部副部长：2015年中国城镇人口将突破八亿．http：//news. sohu. com/20070802/n251384416. shtml

[6] 中国城市数量达655个36个城市人口均超过200万．http：//www. cpirc. org. cn/news/rkxw_ gn_ detail. asp？id＝10037

第二节　对小城镇发展规划的看法

执笔：袁崇法

在编制小城镇社会经济规划的调查研究和讨论中，每次总会遇到这样那样的问题，有认识问题，有理论问题，也有技术问题，并且多数带有普遍性。及时理清一些基本问题，深入研究探讨，无论对澄清认识还是对提高理论和技术水平，从而对提高编制规划水平，都极为重要。

一、小城镇规划的必要性

国务院有文件明确规定，国家、省市、县市三级社会经济发展规划为强制性编制的规划，小城镇未列其中。因此，在目前的乡镇一级政府，并没有赋予规划权。在现实中，许多乡镇的规划都是由上一级县或市区政府组织甚至包办编制的。

由上一级政府编制的乡镇规划，出发点是全县（市、区）一盘棋，乡镇在棋盘中作为其中的一个棋子，其作用和功能定位是强调服从县域发展的全局，因而对乡镇如何具体展开规划内容，实现社会经济发展目标，只是提出一些原则性的要求，一般不会细化。

没有规划权，不等于没有自主编制规划的必要性。尽管在我国的政权结构中，乡镇一级政府是行政权力不完整的政府，但毕竟是最基层的一级政权，它每天都直面百姓，直面社会经济发展和管理中的各种问题和矛盾。来自上头的各项指示，要靠这一级政府去贯彻落实；来自城乡居民和各类经营者的需求，要靠这一级政府去设法满足。也就是说，不论在对策和学术上怎么讨论，乡镇区域内的经济发展和社会事业存在一定的独立性，是一客观事实。这种独立性，既来自当地自然资源和人力资源的特点，也来自长期以来形成的对乡镇相对独立治理结构的认同。民情、民俗的特征和传承在乡镇一级也往往体现得最充分。

袁崇法：国家发改委城市和小城镇改革发展中心原副主任。

因此，无论从乡镇政府行使行政指导管理需要，还是从当地群众的发展意愿表达，相对独立的乡镇社会经济发展规划，都存在着客观的需求。

二、既有独立性又有服从性的规划

省级规划只受国家规划的约束，县级规划要受国家和省市规划的约束，小城镇规划则要受来自上面三级规划的约束，而且是强制性的规划。如果这些规划是明确的、详细的，那也好办，问题是它们往往是模糊的或变化不定的。这是编制小城镇规划的难度。

比如，某镇被上级规划定为生态旅游区，目标是确定的，但究竟划定多大的区域、达到多大的开发强度、控制哪些行为，则没有提出明确要求，完全靠镇政府在上级给出的各种原则指标下去具体规划，围绕这些原则考虑如何开辟当地劳动者就业、提高居民收入的渠道，制定各项引导措施。

在有些乡镇，上级规划倒是十分明确地甚至直接地控制着工业、旅游等资源的开发，但一些相应的配套设施却没有明确交代。在这些地方，要想完整地编制镇域规划也十分困难。

国家规划的着眼点是全国，省市、县市（区）规划的着眼点是相应管辖区域，乡镇规划考虑的也是自己的管辖区域，这一点不会有争议。但仅此一点就造成了几级规划之间的巨大差异。比如县级规划，立足点是如何引导县域经济社会的发展，在县域内如何整合开发资源，实现社会经济效益的最大化，国家及所属省市的规划要求，对于县级规划来说，被看作是外部的条件或约束；至于乡镇发展，在县域内只是全局的其中一个组成部分。

同样，对于小城镇规划来说，虽然要严格把握来自上级的各种规划要求，但必须考虑当地群众的利益，立足当地的资源开发利用，立足镇域内经济社会的全面发展。

正因为立足点或主导地位不一样，各级规划体现的主体利益关系之间存在着差别甚至矛盾。无论哪级规划都涉及非常现实的利益关系，应当协调解决。虽然不能绝对地说，下面的规划就必须服从上面的规划，但由于在现实中，乡镇的很多资源控制在县（区、市）政府，小城镇发展规划的独立性最差，而带有较强的服从性，甚至带有依赖性。这种服从性或依赖性在很大程度上造成乡镇对自身规划的忽视。当然这种特性也未必都是坏事，因为它意味着如果编制一个有说服力的规划，加上不懈而得法的公关，很可能从上面争取到更多的投资资源和政策支持。有些镇之所以对规划较重视，往往也是看好这一点。凡此种种，造成了小城镇规划系统性差和规划深度不够的局面。

三、特点之一：普遍的先天不足

1. 资金不足

规划应当量力而行。这里所讲的"力"，广义地讲，应是小城镇现有的社会经济实力和发展的动员能力，包括政府的公共资源和当地的社会资源。由于规划的实施主要是通过政府的引导和管理服务措施去落实，因此，政府的公共财政能力将起决定性的作用。但是小城镇的公共财政是不完整的财政，不能完全真实地反映出当地经济实力可提取的公共财力，很多经济实力较强的镇提取的公共财力往往被上级政府拿走，绝大多数小城镇的财政只是吃饭财政，没有公共事权的财政。镇的收入多，支出并非就多；收入少，支出未必少，实际财政支出并不与实际财政收入挂钩，以至于有些镇的干部根本说不清楚财政收支情况。现实中有一些镇的财力较强，但稍加了解就会明白，这些镇的公共事权的财力基本来自于各项特殊性的政策，而不是统一规范的制度。从总体上说，小城镇公共财力普遍不足，一是经济实力强但财政能力弱，二是经济实力弱财政能力更弱。

2. 人才缺乏

经济社会发展的主体是当地的城乡居民和企业。在多数小城镇，人才缺乏是普遍现象，尤其缺乏创业人才和企业管理人才。由此我们可以理解，为什么在经济发展的起步阶段，风险不高的小商小贩和相互效法的家庭作坊十分普遍。如果没有优秀人物或外来力量的带动，往往这一阶段会持续很长的时间。

3. 政府权限不完整

一个系统的社会经济发展规划是需要许多职能部门参与的。然而，凡是条条延伸的职权机构，在镇一级几乎都不设，最多只是有些派出人员，没有任何执法权限。不仅如此，这些派出人员级别却不低，镇政府没有协调的权限。

几乎在所有的镇政府，都无法收集全当地完整的社会经济数据，许多数据必须到上一级政府有关部门去索要。

四、特点之二：经济发展的不确定性

市场机遇在各种条件下都具有不确定性，在小城镇尤其如此。其中很重要的一个原因是，多数镇的经济总量不大。如果引来规模较大的项目，很可能就引起突发性的经济增长和产业结构的根本性变化。如西安市长安区的郭杜镇，市高新区的进入和科技教育园区的建立，居然将原来镇区已成规模的加工型乡镇企业冲击得几乎没有立足之地。与此同时，建筑、服务等第三产业的需求和机遇则急剧增长。

政府干预和项目安排也会带来同样的局面。如哈尔滨宾县的宾西镇，省级开发区的建立和若干大型项目的引进，迫使该镇的经济工作和社会事务必须围绕开发区展开。

大型项目与企业对小城镇发展的影响，不仅表现在它们的进出上，还有它们的兴衰。如江油武都镇的攀长钢企业。

在有些地方，政府安排的项目还未必能够带来正面的发展推动作用。如北京昌平区的小汤山镇，来自上级政府批准的度假或培训项目，直接造成了地热资源的无序开发和浪费，镇政府却无能为力。

人口数量也具有不确定性。在制订规划时，一般都预测今后是增长的趋势，自然增长或机械增长。但在相当一部分镇，许多城镇劳动力常年在外就业，很可能当地人口在今后只减不增。是增是减，增减多少，很难准确预测。

由于不确定因素多且影响权重大，在镇范围内真正可量化的指标很有限，多数趋势性指标往往只能靠经验判断。

稳妥的办法，是紧紧抓住阶段性的主要问题，同时尽可能多考虑一些不确定的因素，留有充分的发展余地，编制柔性稍大的规划。

五、容易出现的几个误区

1. 自然资源优势未必是当然的发展优势

很多规划往往从分析当地的自然资源优势中直接得出发展的优势，但在现实中资源优势和地理优势未必就是发展优势。如安徽六安的三十铺，当地约有2万亩草坡可饲养奶牛，政府有关部门也有一定的奶牛养殖扶持措施，但至今产业规模仍未形成。

2. 区位优势具有两面性：竞争还是互补

江油的武都、罗江的万安都处于四川最发达的成德绵城市圈中，一个靠近绵阳，一个靠近德阳与成都。成都、德阳与绵阳都已形成发展极，但我们并没有看到对周边地区太多的带动，更多的反而是对周边资源和市场的吸纳或竞争。

3. 生搬硬套成功经验

有些成功的经验反映出发展的规律，可供很多地方借鉴。但完全照搬就有问题。比如我们在分析白沟时曾提出，白沟应围绕箱包等市场逐步做强箱包等产品的加工制造业，形成市场与加工互相依托的发展局面。这一观点主要是借鉴浙江的经验。因为白沟当年几乎与浙江的一批小商品市场同时起步，但浙江的小商品市场很快就带动起当地的加工制造业，在市场与加工的互相依托下使得一批小城镇的发展不断地迈上新的台阶。而白沟则始终停留在市场独大的阶段。白沟当地的干部与我们看法不同，他们坚持应仍然做大市场，继续建了服装等市场。结果证明他们是正确的，服装市场办成功了，而加工业没有明显的变化。我们的问题出在没有对人才结构做仔细的分析对比。浙江的人才对加工有很强的偏好，凡是卖得好的产品他们想方设法要自己生产出来。白沟这方面的人才相对缺乏，周边的制造业配套环境也差，但市场经营人才已经培育出一大批，继续做大市场具有现实的条件，发展加工业则需要引进外来项目和人才，靠当地人才依然很困难。

4. 照搬流行口号：做大做强

做大做强是时下的流行口号，老板要把自己的企业做大做强，地方官员要把当地的某些产业做大做强。在实际生活中，大不一定就强，强也并非一定要大，要看具体情况，不能盲目地去追求。在市场机制的作用下，无论大与小，都有存在的合理性。例如北京市大兴区西红门镇，外来人口占常住人口的2/3，他们大多从事小规模的商品经营，为北京地区提供各种商品和相应的服务，已成为当地的经济发展主导力量。小规模的商品经营和服务具有很大的灵活性和创造性，在北京市场具有极强的生命力。做多做活在很多地方也不失为一种务实的发展路子。

六、分析发展阶段

分析发展阶段是把握小城镇镇情的关键。

1. 不能简单套用发展阶段理论

社会经济发展、工业化、城镇化都具有明显的阶段特征，对此很多人都有研究，也有不少经典的研究结论，如钱纳利的大国模型等。很多人习惯套用一些学术研究的结论判断一个地方的发展阶段，这样做并不妥当。理由有三：一是国与国比较研究得出的结论，只能作为国家级发展的评价，对一国内的某个地区不适用；二是中国是后发展国家，面临的发展要求和发展条件、国内外发展环境已经有了历史性的变化；三是中国的发展充满着自己的特点。如发展与改革在总体上同步，发展经济的意识强于资源的禀赋条件，对社会公平的预期极高等等。因此，国家有国家的阶段特征，地方有地方的阶段特征；即使处在相同的阶段，国家与地方、地方与地方各自面临的矛盾不尽相同；同类的矛盾与问题，也未必在相同的阶段出现，有的会提前，有的会推迟。

2. 小城镇发展的阶段特点

从已有的调查研究看，人均收入、人均 GDP 这些指标很难真正反映出小城镇的阶段特征。而从产业规模及其水平的角度，分析小城镇社会经济发展的阶段特征和发展重点的侧重比较有现实意义。比如下面的说法大家都很熟悉，实际所反映的就是阶段性的特征和需求。

——"培育经济基础"：这反映的是经济发展的起步阶段，经济的总量规模小，水平低。此时主要是解决城乡居民的就业和收入，解决当地的公共财政收入。在这一阶段，按毛主席的思想是抓主要矛盾，按邓小平的做法是集中力量办大事。当地政府投入很大的精力推动经济活动、招商引资是具有合理性的。需要注意的是必须量力而行，避免或少犯错误。

——"形成主导产业，丰富产业结构"：在这一阶段上主要是扩大经济总量和规模，在总量上形成产业结构的基本轮廓。

——"调整产业结构，提升企业竞争水平"：经济总量和产业结构一旦出现稳定发展的局面，自然会转向追求发展质量和全面提高产业素质和竞争力的阶段。

——"经济社会的和谐发展"："民以食为天"这句老话，在现实的各项发展需求中，体现为经济优先。在贫困落后的阶段，无论干部还是群众，首先考虑的必然是改善经济条件。一旦经济条件有好转，各种社会需求就会应运而生，经济与社会生活领域中的各个方面，随时都会出现一些尖锐的矛盾或焦点问题。时而交通、时而住房、时而教育、时而医疗、时而公共安全和环境等等。这就迫使政府必须随着经济发展，逐步加大各项社会事业的发展力度，提高引导和管理社会协调发展的能力和效率。我们在许多较发达的镇可以感受到，政府面临越来越多的任务，是如何合理配置公共资源，完善政府的公共管理职能和机构，促进各项经济社会事业的全面、和谐发展。

一些雄心勃勃的地方干部拼命追求跨越式发展，但真正成功的并不多，这是因为经济社会发展的条件是逐步积累的，矛盾与问题也是依次出现，需要逐步解决的。跨越式发展取决于许多偶然的、不可测的因素，实属可遇不可求。真正可以努力的是及时处理好各种社会经济矛盾和问题，缩短某些阶段的发展时间。

在每个发展阶段上都有特定的规律需要遵循，有特定的矛盾和问题需要解决，这就必须在规划中明确提出政府在不同阶段的工作中心和政策重点。例如：安徽六安市的三十铺镇，农民收入在全国平均水平，当地农民非农就业主要是外出打工。虽然运输业形成了一定的规模，但还不稳定。农业开发设施落后，还停留在传统阶段。全镇的经济要想加快发展，在很大程度上要借助外来的力量，招商引资是必不可少的一项工作。安徽滁州市的秦栏镇，电子产业已形成一定的规模，经济总量是有了，但在加工领域几乎以家庭作坊为主，这些家庭作坊正在转向小企业和中等企业，急需政府在加工园区、配套设施、金融环境等方面给予引导和扶持。天津西青区中北镇、西安长安区郭杜镇，经济总量增长和产业结构调整已趋于健康稳定，大量的公共服务已成为社会经济和谐发展的急迫需求。

七、区域功能与空间

区域功能定位是规划的一项重要内容。这里要考虑两个层次。

1. 外部区域影响

在安排镇域的功能区前，要分析周边地区的发展功能，了解国家、省市、区县对这一带的功能定位和资源开发利用要求，了解上几级政府对该地区的公共项目安排，掌握周边地区的产业结构和发展趋势，梳理出周边区域对当地发展的各种影响因素，积极的还是消极的，互补的还是竞争的，避免在空间规划的方向上出现失误，避免在引导产业发展上出现恶性竞争。

2. 内部空间功能

区域内部的空间安排，主要从自然资源的合理利用、生态环保的要求、公共资源的科学布局和有效利用、城乡企业与居民的经济活动便利和居住环境改善等方面考虑。区别于建设的总体规划，社会经济的空间规划。针对的是镇域及镇区主体功能区、发展带的分布，而不是建筑物、建筑群的功能和布局，后者应根据前者的要求，并具体体现前者的要求。

这方面的主要问题是怎样才算是科学的空间布局安排。空间安排的目的是追求要素效益的最大化，这就需要我们采用一些参数作为依据。仅仅定性还是拍脑袋的做法，应当有定量的测算和考虑，否则不能令人信服。

3. 空间发展的主要引导途径

仅有主体功能区和发展带的设想和要求是不够的，必须明确地提出引导和约束措施。这些措施包括交通通讯网络、供排水等基础设施和教育、医疗卫生、文化设施等公共品的布局。对开发约束边界应当十分明确和具体。这方面有足够的教训，如北京周边的居住社区，回龙观、天通苑等。

八、调查研究

规划的质量主要取决于调查研究的质量。

1. 调查范围与深度

在调查研究中要把握一般镇情和特定镇情。一般镇情的资料、情况比较容易获取，难的是如何摸透特定的镇情。首先是要识别什么是真正的特点，其次是了解形成特点的原因、条件是什么，再次是弄清楚这些特点是怎样影响、在多大程度上影响当地社会经济发展的。我们所讲求的深度，实际就是抓特征。把镇情的特征或发展的特征摸透了，调查的深度也就有了。而不是对所有的事情，把细枝末节都要搞清楚，那样也做不到。

2. 考察与倾听

资料收集、实地考察、当面座谈，三种调研方式缺一不可。尤其是考察和座谈。没有考察就没有实感和对比，无法理解体验所得到的数据及资料，更无法理解当地的发展实情和在干部群众中形成的一些发展理念。与各个社会层次的座谈能够真正了解到发展中的问题、需求和想法，避免主观武断，避免失之偏颇。

3. 重要的是参与过程

一个社会经济规划制作得再漂亮，如果没有充分体现当地干部群众的发展意愿，就不能算成功。各个层次的座谈之所以重要，是因为座谈的过程又是各个人群的参与过程。别看在镇里干部之间十分熟悉，但在镇情认识、长远发展等问题上畅所欲言的机会并不多，想法也未必一致。我们的座谈，实际是要给他们提供一个相互了解、支持的机会。尤其一些部门的干部，一开始就吸引他们参与座谈、讨论，征求他们的意见，尊重他们的意见，对今后规划的通过和实施会起到很好的作用。水平再高的规划制作单位，也不过是汇总情况和意见，通过科学、先进的表达形式，替别人做规划，而不是包办代替。因此必须真心诚意地尊重当地干部群众的意见，不断地与他们交流，认真听取、仔细辨析他们的意见。只有他们满意至少是认可的规划，才是合格的规划。

4. 反复提炼

相对而言，调查是笨工夫，提炼则是硬工夫。提炼社会经济发展规划的核心理念，需要较强的资料驾驭能力、逻辑概括能力、相关理论的功底和社会经验的积累。在这方面，水平再高的人也会感到力不从心，我们一定要坚持发扬团队合作的精神和传统，弥补个人能力的不足。

虽然我们一直在做调查研究工作，也确实获得不少经验，但每次回来整理资料、处理数据时，总是觉得资料不完整。避免少出差错的最好办法，就是在下去前认真做好调研提纲，认真研究、研读调研提纲。事先通过一些渠道了解规划地区的有关情况。在当地调研时，如果一时理不出头绪，在收集资料时宁多毋少。

九、文本形式与结构

我们见到的很多社会经济发展规划出自院校或研究机构，多数规划文本的叙述结构与调查研究报告差不多，一般都是现状、问题、目标、对策与措施等等。既不像规划，又不像学术报告。

在实践摸索中，我们感觉规划文本分为调研资料、镇情与战略分析、发展规划三个层次比较合理。

①调查资料汇编。这是调研获取的原始资料和座谈记录，不带任何调查人员的个人见解。汇编一方面是记录实况与历史，另一方面是用以考量调查研究所下的功夫。

②镇情与战略分析。在这一部分主要描述概括镇情、分析特征，提出社会经济发展的战略思路。一般情况简单叙述，重点问题详细分析，不要求与最后规划文本完全对应，不要求平均分配章节篇幅。

③规划文本。规划文本直截了当地提出战略目标，以及相应的指标、重点、措施等等，无须分析性语言。

图文：理论实用、文字准确、图示规范。

选择文字还是数据、图像表达，应考虑实际需要、合理性和阅读对象的接受程度，不可成为一种炫耀。对空间规划，如发展带、主体功能区必须做出明确的图示。

简繁：宜简则简、宜繁则繁。

原始记录的原则是尽量完整，不惜文字，不怕累赘。镇情与战略分析应尽可能充分，简单了就会显得武断，但思想和语言逻辑都必须十分清楚。规划文本则应简单明确，一目了然，不拖泥带水。

几个层次文本之间应是分工的关系，避免大量重复，不能只是文字或繁或简的区别。

第二章　编制城镇发展规划的思考

第一节　发达地区特大型小城镇规划思考

执笔：文　辉

小城镇是积极稳妥推进我国城镇化的重要载体，是促进城乡统筹的重要抓手，是实现城乡一体化的重要平台。近年来我国小城镇发展取得了长足的进步，在促进农村剩余劳动力转移、非农产业集聚、农村产业结构优化调整以及作为农村公共服务载体等方面的作用都在日益增强。在我国城镇化快速增长过程中出现了一批特大型小城镇，对于这类小城镇的发展研究还不够。城市发展中心课题组在 2010 年 3 月中旬对广东省中山市小榄镇进行了为期一周左右的调研，通过与政府、企业、居民的座谈访谈、问卷调研、课题组内部反复讨论等多种形式，以小榄镇为案例对特大型小城镇发展进行了思考，并从战略规划角度提出具体发展措施，指出由特大镇向中小城市发展是其必经之路。

一、特大型小城镇的定义与特征

特大型小城镇是我国小城镇发展过程中的一种独特形态，是指镇区人口密度、非农人口规模、经济发展规模和镇区基础设施等已经达到或者超过现有设市标准，但其政府职能、组织管理、社会服务、行政体制等仍实行乡镇管理体制的小城镇。

特大型小城镇是我国改革开放以来，实施"小城镇，大战略"的背

文辉：国家发改委城市和小城镇改革发展中心规划研究部主任、中心副研究员。

景下发展起来，特别是在东部沿海地区，以珠三角、长三角为主的地区，随着外资经济、民营经济的发展而壮大起来。具有以下特征：①经济发达。总量大，财税收入高，城乡居民收入高。远高于一般小城镇。②人口众多。外来人口多，基本都超过本地人口。③以非公有制企业为主。支柱产业、特色产业显著，民营企业众多，在"三来一补"企业和原有乡镇企业的基础上，通过现代企业制度改造而发展起来。④城乡差距小。城乡居民收入差距小，城乡居民就业以二、三产为主，城乡基本公共服务达到均等化。⑤城市公共服务品的供给不足。主要表现在政府管理的乡镇级权限和水平与居民对城市公共服务的需求不相适应，一方面居民对城市公共服务品需求旺盛，另一方面小城镇政府囿于自身权限无法提供各类城市公共服务品。

二、小榄发展现状：经济社会发展已经超越小城镇阶段

从"三农"的角度来看：①农民不比居民差，甚至还要好。换句话就是城乡居民在身份上、在尊严上已经平等了。尽管农村人口多，有 10 万左右，但是从事农业的人少，只有 6000 人左右，大部分农民都是在二产或三产就业。同时在住房、入学、就业、医保、社保、低保等方面所享有的社会福利和保障与城镇居民完全一致，由于拥有土地，在股份分红方面比起居民来，还有一块稳定增长的收入。②农村基本上社区化，管理与居委会没什么差别。整个小榄分为 15 个社区，农民基本集中居住，都是低密度的 3~4 层自建小楼，人均居住面积比城镇居民大，社区的停车场、公共活动空间、绿地、综合性市场等设施都很齐全。社区还通过发展集体企业和自建厂房出租等为农民创造就业机会，发放股金红利。③农业不再是传统的种植业，在有限的农业用地资源上发展成为高效农业，生态农业。位于中部偏南的一万多亩农地较为集中，主要是花卉苗木种植，既有高附加值农业的特点，又兼有城市绿地和生态休闲的功能。

从小榄经济、实际非农人口及城市建成区面积等指标来看，均超过中西部百强县（市）平均水平①。2009 年，全镇地方生产总值（GDP）

---

① 中部百强县（市）的平均规模：总人口 73.23 万人，地区生产总值 153.66 亿元，地方财政一般预算收入 6.33 亿元。西部百强县（市）的平均规模：总人口 54.92 万人，地区生产总值 115.78 亿元，地方财政一般预算收入 6.43 亿元。

160 亿元；税收总额 28.587 亿元；财政收入 7.3099 亿元，平均年增长 16.8%。居民人均可支配收入（含已村改居后的农民）2.2 万元，目前银行存款 245 亿元，按户籍人均 15 万元；居民储蓄 170 多亿元，按户籍人均 10 万元左右。在国民经济快速发展的同时，小榄镇产业结构进一步优化，三次产业比例为 0.3：56.9：42.8。至 2009 年底，户籍人口 16.03 万人，在镇内生活、工作的外来人口约 16 万人，合计总人口 32 万左右，从事农业生产人口不足万人。小榄镇域总面积 75.4 平方公里，建成区 42 平方公里。

从小榄公共服务供给水平来看，基本达到城乡一体化，全覆盖。农村社保和城镇保险合并，本地人口 97% 以上享受了住院保险。高度重视教育，形成了基础教育、学前教育、职业教育、成人教育和社区教育协同发展的立体化大教育体系。拥有两家二甲医院和 16 家社区卫生服务站的医疗卫生服务体系。全镇公交系统线路 17 条，覆盖了 15 个社区。液化气、自来水普及率达 100%。污水处理设施齐全，垃圾收集清运及时，生活环境优美。

总而言之，小榄镇经过长期经济社会发展，现在已经进入到一个新的阶段，即由小城镇向城市转型的阶段，这个阶段包括三个转变：生产方式由粗放型向集约型转变，生活方式由小城镇居民向现代文明城市市民转变，生态保护由被动治理防护向主动促进经济结构调整和服务经济社会全面、协调、可持续发展转变。

三、小榄未来发展的战略目标：中等城市

提出小榄中等城市的发展目标，首先是基于人口规模、经济总量、在不同区域层次所承担的职能以及未来的发展潜力而言，并不涉及城市行政管理权限和区划的调整，只是一个经济学的城市概念。

什么是中等城市呢？非农人口规模 20 万～50 万，建成区平均 1 平方公里 1 万人，是一个开放、连通的城市，是一个商流、物流、人流、信息流汇聚的平台，具有一定的区域辐射能力和带动能力。

①可能性：具体来说应该是珠三角城市群网络中的中等城市，大城市中山市的中等城市。从城市网络来看，珠三角城市群分为三大圈层，广佛、深东惠、珠中江，在这三大圈层中既有特大城市、大城市，也有

众多小城市和小城镇，比较缺乏的是一些中等城市。

②可行性：从发展的外部环境来看，站在珠三角圈层发展来看，小榄位于广佛圈、珠中江圈的交汇处，是中山连接顺德（广佛）的必经之路，重要通道。从中山市发展的角度来看，小榄作为中山市西北组团的中心定位不容置疑，无论是在中山的总体规划还是政府工作报告中都多次提出要发挥小榄对西北 8 个乡镇的辐射带动作用，打造为区域性的经济商贸中心。

小榄自身的一些优势是周边地区无法比拟的，随着交通条件的进一步改善，特别是广州通往珠海、江门的轻轨枢纽站建设，江番、江中高速公路的拉通，这种区域性的作用会越来越强化。小榄有一个很好的城市框架，从小榄目前的空间架构来看，已经基本具备中等城市的雏形，人口规模达到 32 万左右，建成区面积 42 平方公里，空间功能分区明确：北部是居住区、生态区，中部是行政、商务、苗木花卉休闲区，南部是工业区，产业空间规模基本定型：工业 2.5 万多亩，农业 1.1 万多亩，居住、商务、行政办公等 1 万多亩。

③必要性：但是我们也要看到竞争的激烈性，我们去周边的古镇、东升、东凤进行了调研，古镇中心城区的密度比小榄高，而且又有很强的灯饰产业作支撑，东凤和东升虽然目前跟小榄比有很大的差距，但是空间资源丰富，有发展潜力，所以对小榄发展来说是前有堵截，后有追兵。

④从小榄未来发展来看，由于基本城市功能已具备，但是不够完善，迫切需要一个高层次的城市概念系统，来解决自身发展过程中的问题，提升区域的形象和地位。比如企业发展面临人才的稀缺，对于企业进一步做大做强有阻碍作用，小榄的企业目前已经从原来的家庭作坊式向现代企业制度过渡，从起步阶段到了一个稳定发展的阶段，这个阶段不能再依靠廉价劳动力和土地扩张取胜，而且也没有了这两个条件，因此必须依靠技术更新、自主创新来提升，这里很大程度就是人才的引进。从企业访谈来看，由于小榄目前没有很好的城市形象和平台，中高层的管理人员，服装设计师，中高级技师，硕士博士学历的人才等很少有到那里工作和落户的意愿，而且也存在着一些制度上的障碍。再比如调研中

大家经常谈到的交通问题，缺少强有力的对外交通联络，通过中等城市概念的提出也将有助于提高小榄对外交通的联系，带动周边区域的发展。

四、中等城市的产业应该怎样发展

1. 提高现代服务业比重

中等城市的特征就是现代服务业发达，能提供大量的就业机会。从小榄目前的工业发展历程来看，已经形成了以五金制锁、电子电器音响、服装、食品饮料、印刷包装、化工粘带为主的"一镇多品"的格局。调整产业结构主要是从二产转向三产，建立与中等城市发展相匹配的产业结构，尤其要扩大服务业的比重。对于工业而言，要稳步提升，加强品牌建设，加强技术改造，提高产品的附加值；支持战略性新兴产业发展，LED 光源企业，新能源企业；适度淘汰落后产能企业。对于农业而言，以苗木花卉为主，加强生态农业、休闲农业建设。对服务业而言，大力增加服务业比重，依托轻轨发展站台经济；依托高速公路出口发展物流园区；依托临近古镇灯饰城的优势，通过抓市场促生产，打造 LED 产品交易示范平台；将教育文化体育的软实力转化为教育产业、创意文化、体育休闲产业的硬实力；大力发展以金融业、房地产业、商贸、旅游等现代服务业。

加快实施旧工厂、城中村的功能再造，政府部分让利给被改造方和原土地使用者，提高社会资金参与积极性，解决拆迁难题。拓展小榄星级酒店、大型商贸中心或专业商业市场的发展空间，提升金融服务业和 IT 创新产业对制造业的服务水平，在物流配送、信息服务上做好文章；鼓励和支持研发设计、总部经济、文化创意产业、技术中介机构等三产服务延伸到产业集群的产业链中，提高现代服务业在小榄的集聚层次。具体实践中如在旧厂房改造方面，可以不拆不建、保留厂房原貌基础上，进行创造性的整治改造，发展新兴产业的创意产业园；也可尝试以土地入股、引入开发商联合改造的房地产开发模式；或者推行由村集体经济投入，土地转为国有，改造后的产出利益大部分归村组集体的商业发展模式。

2. 形成区域性综合商务区

关于老城区，要从"三旧"改造政策入手，促进经济发展方式向集约、高效转变，实现从"旧城镇、旧厂房、旧村居"向"新城市、新产业、新社区"的转变。要加大老城区改造力度，可对老城区沿街建筑进行外立面改造和建筑群修缮，注重历史与现代的结合，结合岭南地域特点，让老街和水亲密接触，完善基础设施，保留历史资源和文化内涵，打造小榄的商业步行街，提升老城区整体形象，体现商业开发的价值和现代旅游消费的新业态。适度建设地下停车场，在核心区内鼓励步行、自行车等出行方式，打造低碳生活示范区。改造水系景观，创意休闲空间。建设地标性建筑。提升土地价值。在中心城区形成区域性综合商务区。

五、如何为中等城市发展腾挪空间

珠三角城市平均土地开发强度已达 16%，其中深圳、东莞等已超过 40%，达到土地开发强度允许的极限。目前小榄镇土地资源也已基本开发殆尽，但也还存在一定的腾挪空间，按照 1 平方公里 1 万人，就小榄目前建成区面积而言可以容纳 40 多万人，因此今后需要以外延扩张为主的粗放用地方式，转变为以内涵挖潜为主的集约用地方式。小榄目前"北居、中商、南工"的空间格局已初步形成，只能通过调整内部空间结构，寻找新的发展空间。小榄镇发展目标为中等城市，工业发展 30 年给小榄带来了发展和经济腾飞，在现阶段由工转商是小榄乃至全珠三角地区的城镇面临的问题。小榄镇现有的工业建筑多由村居委会投资兴建，以常年租赁方式出租给经营者。工业厂房出租占各村委土地租金的主要部分。这种模式导致工业用地交易量少，企业无法拥有自主土地，只能通过租赁来经营。其结果是工业地价不断攀升，土地产出值偏低。合理地释放集体工业用地，可以使企业地长期稳定经营，政府税收增加，更符合市场经济发展。对一些租用集体厂房的低附加值、对环境有污染的企业采用测算土地产出效益的倒逼方式，对腾出的土地集中，给有发展潜力的企业。针对各社区产业类型趋同的特征，通过集体转国有的方式，调整产业空间布局，促进优势产业的集中。改造工业厂房，提高工业厂房的利用率，向上向下谋求立体式发展空间。充分利用三旧改造政策，腾笼换鸟，为服务业发展赢得空间。发挥对外辐射功能，以经济实力谋求外部区域发展空间。提升中心商务区商业价值，土地增值，通过与外围形成一定的价格差，以便充分利用挂钩政策。

六、小榄发展战略的具体措施

1. 小榄发展战略措施之一：提高人的素质

以提高人的素质作为节点城市建设的着力点。人的素质包括体力，智力和道德三个主要方面。提高人的素质包含两个方面：从农村身份向城市身份转变，从低技能向高技能转变。要通过加强教育文化体育等软环境建设，提高本地居民和外来人口的素质，特别是将外来人口及其子女也纳入到立体化的大教育体系中，尝试引进职业学院、二级院校或者独立院校等高校。大力开展社会、企业、校园文化工作，通过一系列文化培训活动来陶冶人的情操，通过提高自身修养来提高道德水平。继续加大体育场所开放力度，通过体育运动提高居民的身体素质。加强中高端人才的引进。制定优惠政策，吸引企业急需的高级技师，中高层管理人员，金融服务人才，IT 技术人员等定居小榄。加强生态环境保护和教育。通过优美城市环境的塑造，改变生产生活环境，使环境的改变和人的素质提高互相促进，提高城市管理水平，以环境塑造人，以人的素质优化环境。

2. 小榄发展战略措施二：调整产业结构

以产业结构调整作为节点城市建设的支撑点。从小榄目前的工业发展历程来看，已经形成了以五金制锁、电子电器音响、服装、食品饮料、印刷包装、化工粘带为主的"一镇多品"的格局。调整产业结构主要是从二产转向三产，建立与节点城市发展相匹配的产业结构。对于工业而言，要稳步提升，加强品牌建设，加强技术改造，提高产品的附加值；支持战略性新兴产业发展，LED 光源企业，新能源企业；适度淘汰落后产能企业。对于农业而言，以苗木花卉为主，加强生态农业、休闲农业建设。对服务业而言，大力增加服务业比重，依托轻轨发展站台经济；依托高速公路出口发展物流园区；依托临近古镇灯饰城的优势，通过抓市场促生产，打造 LED 产品交易示范平台；将教育文化体育的软实力转化为教育产业、创意文化、体育休闲产业的硬实力；大力发展以金融业、房地产业、商贸、旅游等现代服务业。

3. 小榄发展战略措施三：挖掘发展空间

以挖掘发展空间作为节点城市建设的扩展点。小榄目前"北居、中商、南工"的空间格局已初步形成，通过调整内部空间结构，寻找新的发展空间。对一些租用集体厂房的低附加值、对环境有污染的企业采用测算土地产出效益的倒逼方式，对腾出的土地集中，给有发展潜力的企业，促使企业做大做强。针对各社区产业类型趋同的特征，调整产业空间布局，促进优势产业的集中。改造工业厂房，提高工业厂房的利用率，向上向下谋求发展空间。充分利用三旧改造政策，腾笼换鸟，为服务业发展赢得空间。发挥对外辐射功能，以经济实力谋求外部区域发展空间。

4. 小榄发展战略措施四：加强基础设施，完善公共服务

以加强基础设施，完善公共服务作为节点城市建设的收敛点。关于老城区，要加大老城区改造力度，消除安全隐患，适度建设地下停车场，在核心区内鼓励步行、自行车等出行方式，打造低碳生活示范区。加大对外交通建设，促进珠三角三大圈层的交互融合，成为真正的交通节点；完善内部交通结构，加强交通管理，充分发挥水道的运输功能。改造水系景观，创意休闲空间。为外来人口提供均等化的公共服务。

5. 小榄发展战略措施五：寻求政策支持

以寻求政策支持作为节点城市建设的立足点。从微观政策层面来看，小马拉大车现象严重，事权、财权严重不匹配。其中有些是可以通过镇级层面来变通解决部分问题，例如小榄通过自设 7 个机构来解决应对向城市转型过程中出现的新问题；通过招聘协管、协警等来解决城市管理人员编制严重不足问题，尽管这些变通又会产生新的问题。有些在现有管理体制下无法解决，比如执法权和管理权限缺失，按照现行制度规定，执法权只能赋予区（县）级以上人民政府及其工作部门。那么要解决这些问题有三种可能性：第一种是进一步突出中心镇地位，对周边区划做相应的调整，分析可能得出这一步基本不可行的结论；第二种是变成中山市的一个区，赋予县级权限；第三种可能就是成立县级市。

从宏观政策层面来看，2009 年中央经济工作会议提出稳步推进城镇

化，放宽中小城市和城镇户籍管理，拉动内需。十一届全国人大常委会第十三次会议传出的重要信息是：我国将积极研究完善设立县级市的标准，把人口、经济、财政、税收以及城市建设达到一定规模和标准的县（镇）适度改设为市。从其他省市的做法来看，小城镇设市已经提上了议事日程，浙江省已经开启了破冰之旅，即将出台《关于开展小城市培育试点的指导意见》，主要目标是通过 5 年左右或者更长时间的努力，把一批试点镇培育成为管理水平高、集聚能力强、服务功能全、规划科学、经济繁荣、环境优美、生活富裕的小城市。

第二节　自主型城镇化下小城镇规划思考

执笔：白　玮

一、自主型城镇化内涵及特点

　　城镇化是农村人口、劳动力和非农产业向城镇集聚发展的过程，其核心是人口就业结构、经济产业结构的转化过程和城乡空间社区结构的变迁过程。党的十八大报告提出坚持走中国特色的城镇化道路，我国幅员辽阔，各地资源基础和经济社会发展条件不同，在城镇化发展的过程中，地方结合自身特点和条件走出了不同的城镇化道路，形成了不同的城镇化发展模式，如以国营企业为主导的城镇化模式，苏南模式、温州模式等自主型城镇化是我国城镇化模式的重要内容，其基本内涵是指乡村集体在符合城乡规划的前提下，不经过土地征用，在集体土地上推进工业化和城镇化并实现农民生产方式转变与分享经济成果的城镇化模式。从基本内涵得出，自主型城镇化包括两方面的基本特点。

　　一是自主型城镇化的主体是农民和村集体。自主型城镇化是农民和

　　白玮：国家发改委城市和小城镇改革发展中心规划研究部发展规划室主任、博士、高级经济师。

村集体根据当地资源、区位条件，产业和经济社会发展情况，在非农产业经营、社区建设和产业园区建设的不同阶段和方面发挥了组织、经营和管理者的作用，实现了农村劳动力资源和土地资源向非农产业的转移，最终实现农民生产和生活方式的改变。农民和村集体在自主城镇化过程中发挥了主导作用，是自主型城镇化的主体。

二是自主型城镇化核心是土地自主开发利用。土地空间城镇化的重要载体，随着产业和人口集聚，城镇用地空间也逐步扩张。自主城镇化模式中，农民和村集体保留集体建设用地的所有权性质，通过村庄改造等方式促进集体用地规模集中，在村集体的主导下，对集体建设用地进行非农经营开发。土地自主开发利用，从长期保障了村民和村集体对土地的权益，获得长效收入。

三是自主型城镇化人口流动不明显。与异地城镇化不同，自主型城镇化过程中，农民实现了在本地非农就业，增加了工资性和经营性收入；通过村庄改造、改善住房和基础设施，提高了居住和生活水平。农民在本地区范围内实现了生产和生活方式的向城镇的转化，本地人口没有出现大量的外向流动。

二、自主型城镇化的条件

通过对实地调研的归纳和总结，一般而言，自主型城镇化发展需要具备一定的条件。

1. 区位条件优越

区位条件指空间地理位置和交通条件，优越的区位条件包括临近城市、产业集聚区或交通便利，从空间区位角度来看，城镇发展有可依托的就业、产业发展基础，能够便捷得实现人流、物流、信息流的交流和沟通，为人口集聚和产业发展创造良好的条件。

2. 非农产业基础

城镇化的核心是人口就业和生活方式由农村向城镇转变，而产业是承载城镇化发展的重要基础，自主型城镇化的关键之一就是本地农民和村集体培育并发展了非农产业发展带动了农村劳动力向非农产业的自主转移，有力推动了土地规模经营和利用效益提高。

3. 基层组织有力

自主型城镇化的特点之一是农民和村集体发挥了积极的主体作用，主体积极性的发挥与基层组织的领导与保障密不可分。强有力的基层组织在统一发展思路，制定科学发展规划，积极引导农民生产和经营行为，完善基础设施创造良好产业发展环境以及争取优惠政策等方面发挥坚实的作用，是自主型城镇化成功的关键条件。

4. 相关政策支持

自主型城镇化过程中，农民和村集体发挥了重要的主导作用，但由于农民和村集体的资金实力、市场意识和管理水平有限，仍需要相关政策的引导和扶持。如上级政府给予基础设施建设项目和资金倾斜，规划编制指导、产业发展技术指导、农民职业培训等方面的支持，促进提高自主型城镇化水平和质量。

三、自主型城镇化的规划原则

1. 促进资源集约节约利用

自主型城镇化的核心是土地自主开发利用，为了促进自主型城镇化模式可持续发展，应坚持以促进资源集约节约利用为原则，合理规划布局，积极引导本地居民和村民合理开发利用土地资源，避免出现空间布局混杂、工业用地无序扩张、环境污染处理设施滞后等行为导致的空间布局紧张、水土资源低效利用的问题。

2. 正确认识发展存在问题

自主型城镇化发展初期，本地居民财富积累快，而在地方经济发展的同时，往往忽视发展存在的问题，如产业发展、环境保护、城镇设施滞后、资源浪费和社会不文明因素等问题，规划应正确认识发展存在的问题，分析问题产生根源及长远影响，为科学制订规划打好基础。

3. 发挥社会主体积极性

自主型城镇化的特点之一就是本地居民和集体利用本地资源，通过土地利用开发的模式，实现城镇化发展。地方居民和集体的积极性和创造性是自主型城镇化发展的原动力，也是自主型城镇化的文化特质，因此规划编制时，应坚持发挥社会主体积极性，地方政府对于可以引入社会主体参与，市场化的部分敢于放开，科学合理设置规划、进入和管理环节，一方面减轻政府投资压力，另一方面可形成良好的投融资环境，为地方发展提供长久的动力。

4. 充分利用相关优惠政策

随着城镇化逐渐深入，本地居民对城镇基础设施和公共服务水平的需求不断提升，自主型城镇化模式会受到来自资金、项目和用地等方面的制约，规划应将地方实际需求与国家相关支持城镇建设发展的优惠政策如税收优惠减免政策、土地利用政策、融资支持和产业扶持等相结合，适时抓住机遇，促进城镇发展。

四、自主型城镇化规划重点

1. 空间布局优化

以促进资源节约、提升城镇功能、促进产业集聚，推动城镇持续发展为目标，针对城镇发展面临的发展空间紧缺、功能区定位不清晰和布局混杂等问题，对镇域范围内的空间布局进行优化。由于小城镇地域面积较小，且连接广大农村地区，因此空间布局优化部分的内容应包括镇域空间结构、功能区布局和镇村体系布局，镇域空间结构主要是确定城镇综合服务功能的发展核心，结合对内、对外联系主要交通干道明确发展轴线，明确城镇空间布局和发展的总体框架。功能区布局是综合在综合考虑城镇三次产业、人口集聚和未来重点发展产业和方向的基础上，确定城镇功能区的分类、范围、定位和建设重点内容。农业劳动力和人口向城镇集聚是城镇化的核心，空间布局优化的另一个重点内容是镇村体系布局，合理确定镇区和村庄人口规模和职能分工，确定中心村、保留村庄和迁并村庄的数量和布局，并提出镇区和各类村庄的设施和公共服务建设任务。

此外由于受到行政层次低和建设用地指标紧缺的问题，城镇低效土地再开发、城乡建设用地增减挂钩和土地整治等政策成为缓解自主性城镇化发展用地空间紧缺的重要途径。空间布局优化部分应对规划期内，符合城镇低效土地再开发、城乡建设用地增减挂钩和土地整治进行分类说明，明确改造地块的范围、位置和面积，并对土地整治过程中所产生的资金费用进行核算，为用地调整提供合理依据。特别强调的是，在用地调整过程中要尊重本地居民的积极性，在规划约束的前提下，鼓励本地居民积极参与用地调整和再开发，确保本地居民共享发展的成果和利益。

2. 产业转型升级

产业发展是增强城镇经济实力，提高居民收入和促进农业劳动力转移增收的根本。自主型城镇化的小城镇通常主导产业特色鲜明，专业性强，但随着城镇化的深入发展，在保留主导产业特色的基础上，还应继续发掘资源，提升城镇商贸服务业和农业产业化的发展，促进产业协调发展。然而规划本身并不能解决产业发展的问题，产业发展类型、目标和方向是由市场行为选择和决定的。产业转型升级部分的规划内容不应涉及具体产业类型的发展方向，技术改进目标和定量目标。产业部分规划内容主要是基于经济发展大环境，以地方政府发展经济的角度出发，指明产业转型升级和三次产业的发展方向和重点，与城镇发展相关的制约因素如环境卫生、用地空间、劳动力技能和品牌意识等等，以优化投融资环境为目标，提出产业发展的重点任务和政府促进产业发展，优化投融资环境的重点任务。

3. 基础设施配置

基础设施是提升城镇功能和产业发展的重要支持平台，由于行政层次低和财政实力有限，小城镇基础设施水平通常不能满足城镇发展的需求，如道路交通不便利、路面状况差、污水、垃圾处理设施和给排水管网缺乏。基础设施配置的重要内容是综合考虑产业发展、居民生产和生活需求，以及产业和人口空间布局的情况，确定基础设施配置类型、位置和处理规模。

4. 公共服务提升

公共服务水平是衡量当地城镇功能和吸引力的重要指标，其内容包括教育、医疗、社会保障、群众文化、体育活动等。一般而言，小城镇教育、医疗存在硬件设施不足，专业技术人员数量紧缺和投入不足等问题，对于外来人口较多的城镇，外来人口子女教育给本地教育设施也带来一定的压力。公共服务提升的基本内容就是针对当前公共服务存在的问题，提出城乡公共服务一体化的方向、思路和重点任务，积极争取上级政府对小城镇公共服务的投入，满足居民日益增加的公共服务需求。此外，对于小城镇具有特色的传统文化活动和体育赛事等应加以宣传、保护和推广，对增强小城镇品牌和特色具有积极的意义。

5. 生态文化建设

生态文化是地方发展的根基和灵魂，保护特色生态文化资源不仅有利于生态、文化资源保护，同时是小城镇树立特色和品牌的根基。避免自主型城镇化过程中对生态资源的不合理开发和利用，规划应强调生态环境、景观保护和文化传统的重要性，对城镇内部特色的山、水、林、湖等自然生态景观，地方传统文化如戏曲、文艺活动、文物古迹等文化资源的保护，并结合城镇发展实际进行合理利用和开发。

五、自主型城镇化规划实施保障机制

1. 完善规划体系

为了促进自主型城镇化科学发展，应建立以经济社会发展规划为总领和指导，城镇总体规划和土地利用总体规划相互协调、环境保护规划、生态保护规划等多种规划相融合的规划体系。同时针对影响城镇发展的核心问题如用地空间调整、产业发展等编制专项或详细规划，指导地方经济社会全面协调可持续发展。

2. 突破政策约束

土地政策。村民和村集体根据本地发展条件，对集体土地进行整合开发，从事非农产业经营，对土地的自主开发利用是自主型城镇化的原动力。但随着产业规模的扩大，土地自主开发利用的方式受到金融贷款、政策管理等方面的制约，难以为继。为了保持持续的动力，国土部门应结合地方发展实际，给予自主发展小城镇土地政策方面的优惠，如新增建设用地指标倾斜，对自主型小城镇开展城乡建设用地增减挂钩、城镇低效用地再开发和土地整治等项目给予项目支持、资金返还、技术指导和政策咨询等方面的倾斜，努力发挥本地居民改造开发积极性，保障本地居民通过改造获得收益的权利。

资金政策。小城镇财政实力有限，面对基础设施建设和公共服务投入的需求不断增加，资金压力逐步增大。各地为了鼓励城镇发展，给予

自主型小城镇税收减免，增加转移支付力度，给予建设专项资金和贷款审批优先等方面的支持，鼓励小城镇创新基础设施和公共服务建设的投融资体制，缓解发展资金难题。

项目支持。根据发展实际需求，在产业园区项目、交通设施，污水、垃圾处理等项目选址、建设、运营和管理过程中予以支持。如建设垃圾、污水处理等管网铺设时尽量覆盖到临近市区的小城镇，一方面提高管网和基础设施运行效率，另一方面促进城镇服务功能完善。将小城镇符合条件的水利建设、社会事业和工业技术改造和服务业发展等项目优先立项审批。

人力资源培养。鼓励上级政府部门工作人员到小城镇挂职锻炼，加强城镇管理人才的带动和培养。根据本地产业发展的需求，加强劳动力职业培训和专业技术人才引进，并给予专业技术人才住房、子女教育和社会保障等方面的政策支持。

管理权限政策。以优化服务、提高效率为目标，解除自主型城镇化发展的体制约束，建立财权和事权相对等的管理体制，对于经济发展水平高，人口规模大的小城镇应赋予更高级的管理权限，如赋予自主型城镇化的小城镇城镇建设审批权，镇域范围内环境卫生、市政公用设施的管理及相关的违章、违规案件的处罚权，实施扩权事权的一站式审批，优化自主型城镇发展的政府管理体制和投融资环境。

第三节 区域转型发展中的小城镇规划思考

执笔：吴　斌

珠三角区域的经济社会发展目前进入转型升级期，2008 年底出台的《珠江三角洲地区改革发展规划纲要》从国家战略全局上明确了珠三角地

吴斌：国家发改委城市和小城镇改革发展中心规划研究部土地规划室主任、助理研究员、博士。

区一体化发展的定位和举措，是指导珠三角地区当前和今后一个时期改革发展的行动纲领，对推动珠江三角洲地区增创新优势，进一步发挥对全国的辐射带动和先行示范作用具有重要的指导意义。珠三角地区的城镇发展和城镇规划也须顺势而为，克服发展普遍存在的问题和寻求突破的要素，须考虑未来整个珠三角区域的发展趋势和改革方向，可从以下几个方面着重考虑。

一、产业升级与整合

改革开放三十年以来，珠三角培育了一批以产业集群为组织特征的外向型产业，走的是一条外向带动、依赖廉价资源和劳动力比较优势的外延发展路子。番禺乃至整个珠三角都成了制造业基地，为国内市场和国外市场提供各种产品。近两年国内外经济形势发生了巨大的变化，一方面，全球经济增长缓慢，国外市场竞争加剧；另一方面人民币升值压力加大，国内成本上升，内需增长缓慢，导致企业发展风险加大。如何有效地利用好国外和国内两个市场，规避市场风险，是珠三角现有外向型产业集群面临的新挑战。

未来珠三角的产业发展将面临几大关系。即国内与国际市场、原有制造业项目和新引进项目、大企业与中小企业、制造业与服务业、资本密集加技术升级趋势与劳动力密集流入之间的关系。

从满足两个市场需求来看，未来珠三角企业发展可以通过掌握核心技术、创立自主品牌以及争取国际流通渠道主动权、终端市场开发权，向产业链高端延伸升级，积极参与国际市场分工新格局的形成；在国内应加快区域间产业有选择地转移，对于部分技术含量较低的劳动密集型的企业，适当向中西部地区转移；对于产业集群内高新技术或是创新型企业，其生产基地可根据区域内平衡发展的需要合理布局、适度转移，而将总部以及研发、营销等环节相对集中。

从引进新项目发展来看，在充分考虑现有产业发展的基础上，引进关联性强、互补性高的新项目，带动横向与纵向互补性项目的发展。进一步完善传统制造产业与高新技术产业紧密结合和互补，形成有市场竞争力的产业集群；引导劳动密集型产业与高新技术紧密结合，为中西部劳动力流动就业继续提供机会，充分发挥劳动力优势；鼓励重型产业链的引进，丰富制造业结构，增强抗市场风险能力。

从产业生态角度来看，大中小型企业齐头发展，各自寻求发展空间，完善产业链配套分工合作体系。珠三角产业集群将围绕构成一个产业的主导产品，形成以大企业为中心、大量专业化分工协作的配套关联企业和下游企业围绕的网络化格局。企业网络的拓展和产业链的延伸，将为民间资本找到广阔的投资出路。

改变现有珠三角地区的制造业结构，还需开辟三产领域，提升三产服务水平。提升金融服务业和IT创新产业对制造业的服务水平。在物流配送、信息服务上做好文章；鼓励和支持科研机构、技术中介机构等三产服务延伸到产业集群的产业链中，提高现代服务业集聚层次。

二、发展都市型农业和农村经济

由于珠三角劳动投入机会成本过高，传统的大宗农业种植日益萎缩，重组农业结构将是必然的趋势。运用高新技术改造传统农业，使之与城市消费趋势，与第二、三产业密切结合。现代化的都市型农业将成为珠三角农业的显著特征。

一是发展设施农业。现代设施农业具有高投入、高技术含量、高品质、高产量和高效益等特点，是最有活力的农业新产业。都市人群生活质量的日益提高，对农业产品的结构和质量要求越来越高。高级宾馆和饭店的兴建，以及珠三角对外贸易的发展，国内外客商、观光旅游者及其他流动人员将明显增加，包括当地城镇居民，对优质、高档、合时令的农副产品需求会明显增加，各种高附加值的农业产品具有相当大的消费市场前景。通过设施投入来开发高附加值农产品以满足都市圈的各种消费需求，已成为发展都市型农业的强大动力。

二是发展生态与休闲观光农业。通过规划协调，将农业与生态维护要求结合起来，将农业、生态与旅游结合起来。发展高效益的观光农业，主要形式有民俗旅游、观光果园、垂钓、观光农园等，把这些大众化产品同农业生态和旅游结合起来，通过获取旅游收入来弥补一般农业收入的不足，从而解决农业效益低下的问题。鼓励各类经营主体实现农业、生态和旅游效益互补。通过小规模农家乐和大规模农业、生态、旅游项目开发，将城市的一部分投资和消费资金吸引和转移到农村，通过各种不同规模的兼业形式带动农民增收，促进农村产业结构的优化和升级，实现农业产业的稳定和持续发展。

三是改造农村村庄形态。通过调整优化农业区域布局，与都市、城镇、工业区布局相衔接，引导一部分村庄适当集中，改善农民的居住和生活环境。同时，充分利用河流和山峦地形特征，围绕珠三角特有的"一涌两岸"村庄布局形态，通过示范性整治，更加突出水乡村庄的特色，带动珠三角水乡特色观光旅游。

三、功能区不能过于单一化

在现代的城市规划工作中，功能区通常是在评定、选择城市用地的基础上进行的。在珠三角规划中，可以强调主要特征的功能区，但不宜过分强调功能区的专业化，避免形成过于单一化的功能区，以免给中心城市公共设施、居住、交通等方面带来巨大的压力。主体功能区的划分要考虑综合服务半径，大型生活服务区里可以有便于居民就近就业的工业，工业区里也应该有适度配套的公共服务设施。配套设施安置时也要适应不同打工群体的需求。

功能区的划分要与现行财税体制相结合。避免功能区形成独立的财税体制，直接上缴上级政府，从而造成地方政府公共财政的不足，无法保障公共服务的提供，特别是要避免项目落在地方，税收和土地出让金纳入到上级财政，基础配套设施仍要地方政府承建的局面。

四、深化农村土地制度改革

珠三角地区农村集体建设用地比较分散，目前广东推行的集体土地"折股量化"做法，是从制度上保护农民由集体土地衍生出的财产性收入的有益探索，值得肯定。村集体实行土地"折股量化"到人，让村集体成员拥有成为价值形态的股权，而不是实物形态的土地数量。这样，就使复杂的土地问题明朗化、规范化，有利于土地流转，促进土地的规模经营和集约经营，稳妥地把劳动力转向二、三产业；有利于统一规划，盘活集体建设用地，综合开发和集约节约利用土地，为农村的城市化、农业的现代化造就了良好的环境；还有利于村民财产的长期继承；有利于健全农村民主管理制度。

保证农民合法土地权益，节约、集约利用集体建设用地，必然要求进一步在土地管理制度上创新。集体建设用地应允许纳入城市土地规划用途，即在保留集体建设用地性质不变的前提下，与国有用地统一规划，充分实现其效益。农村集体建设用地可以让村集体自行开发，自主经营，也可以允许委托别人经营。逐步建立集体建设用地流转市场，通过切实可行措施，引导过于分散的集体建设用地流转，"腾笼换鸟"，实现土地的集约利用。

对于历史上形成的符合建设用地规划的存量集体建设用地，在土地使用者向村集体、县（市）政府缴纳一定比例的土地增值收益后，对照国有土地使用权出让的方式、年期、价格等直接纳入集体土地出让轨道，建立与国有土地出让市场、出租市场和抵押市场融为一体的集体建设用地出让市场、出租市场和抵押市场。在规范存量集体建设用地使用权流转的基础上，再积极稳妥地探索适当范围内新增建设用地的集体土地出让，继而通过在增量改革上取得突破，最终打破传统的集体土地统征制度。

五、完善外来农民工的公共服务

作为我国大规模制造业基地的珠三角地区，今后仍是产业队伍的大规模集聚区域。珠三角在发展现代制造业的同时，应成为系统提供产业大军综合素质培训和各项社会公共服务的基地。

多层次的产业结构需要多方面的高新技术开发人才、各个层次的管理人才、各个工种的技术能人和熟练工。产业的提升说到底是管理、技术及劳动者技能素质的提升。各级政府在人才开发方面应加大力度，同时应鼓励企业、民间力量积极投入人才开发和劳动技能培训事业，使产业的提升和竞争具有坚实的人力资源基础。

农民工也是重要的人才资源。要从改革户籍制度入手，积极稳步地调整外来农民工的准入条件。珠三角地区外来人口庞大，而且在当地的居住年限比较长，很多外来农民工已经成为"准珠三角人"。他们的生活方式和消费模式与本地人没有差别，加上大量外来农民工家庭化的出现，子女上学的需要，很有必要对这部分人给予合理准入。但是珠三角地区具有明显的地区差异，准入门槛过高和过低都将产生较大的社会问题和经济问题。因此，人口准入有必要分地区、分时段给予解决。

要将公共服务延伸到外来农民工，为他们提供更好的公共服务。政府与企业应给予外来农民工和本地居民同样的职业技术培训机会，帮助他们提高自我素质以适应城市的生存竞争，和未来珠三角装备制造业基地的发展定位相吻合，提高珠三角劳动力素质和整体竞争力。

营造良好的社会氛围，提高外来农民工的归属感，降低不良影响。提倡社区化管理，即把外来农民工从精神到行为完全吸纳为本地社区的成员，并使其接受它的法律、规范和生活准则，对它产生认同感，减少反社会情绪，有助于社会治安的稳定。要为农民工提供必要的社会服务和基本保障，增加他们的诉求渠道，如职业介绍、人身保险、医疗健康、法律咨询以及婚姻、家庭、财产关系等。

重视外来农民工的生活质量问题，改善其居住条件，对散居式的出租房的申请、批准、登记和纳税等加强规范化管理，明确房主的管理责任，对暂住人口和私房出租户实行"旅馆式"管理，改善卫生水平和生活设施等。保障外来农民工的合法权益。建立并完善外来人口，特别是农民工的福利、社会保险以及劳动合同管理方面的制度。

另外建议中央财政转移支付，在与广东省财政结算中，对珠三角外来农民工的公共服务列出保障资金，加大投入。如切实保证珠三角地区外来农民工子女的九年义务教育，做强农民工的职业培训等。同时当地政府也应该取消对外来农民工不合理的管理性收费。

六、超强、超大的小城镇行政管理体制改革

在珠三角地区有一批经济实力超强、人口规模超大的小城镇，发展面临诸多制度上的瓶颈，如环境保护、社会保障、集镇规划、审批处罚等管理职能与经济发展需求不相适应，由于没有独立财权，致使这层的公共财政无法发挥更大作用，其主要还是源于管理权限、机制设置、人员编制以及财政体制的不匹配。未来要以行政体制改革为突破口，在经济、社会体制方面逐步改革，建立与珠三角市场经济发展程度相适应的小城镇行政管理体制。

未来应扩大部分强镇，尤其是一些重点镇和试点镇的经济社会管理权限，赋予其部分县级经济社会管理权限，如财政、规费、资金扶持、土地、户籍等，强化镇政府农村科技、信息、就业、社会保障、义务教

育、公共医疗卫生等公共服务职能。积极探索小城镇行政执法监管改革，界定法定职责，规范委托执法职权，合理确定协助义务。另外在财力允许的条件下，加大对试点镇、重点镇建设专项资金投入，通过贴息贷款、转移支付等方式支持小城镇公共服务设施建设和产业发展。具备条件的小城镇，可以考虑直接建市。

赋予小城镇政府更多更大的职权，目的是提升地方政府管理创新和公共服务的能力，提高小城镇政府责任意识。因此，在行政管理体制改革的同时，小城镇政府必须坚持"小政府、大服务"的改革方向，强化乡镇政府的公共服务职能，规范乡镇政府建设发展职能，授权乡镇政府行政执法的职能，加快地方政府治理转型和职能转变，促使小城镇政府向"服务型政府"转变。

在小城镇的职能配置、机构设置和人员编制按照"精简、统一、效能"的原则，要因地制宜，充分考虑小城镇之间的差异，根据小城镇不同的人口规模、区位条件、资源和产业等特点，确定其机构和人员编制。健全小城镇政府和官员的政绩考核制度。改革对小城镇政府官员采取的以经济增长和财政收入增长为重点的急功近利式政绩考核制度，将业绩考核的重点放在与民众生产生活息息相关的农民增收、生态环境治理、社会治安、科教文卫和规划管理等方面。

七、加快区域信息化工程建设

全面加快珠三角城乡信息化发展，推进政务、产业、商务、生活数字化和网络化，构建信息社会框架。建成覆盖城乡的现代信息基础设施，建设无线宽带城市和光纤宽带网络，率先推进数字电视网、互联网和电信网"三网融合"，打造国际枢纽型信息中心。

广泛推进信息技术和互联网应用，加快推进生产自动化、设计数字化、管理网络化和商务电子化，大力发展电子商务，逐步建立起由垂直交易市场和区域横向交易市场组成的电子交易市场，打造国际性电子商务中心。全面推进信息化与工业化融合，增强产业优势，发展数字经济。

深入推行电子政务，促进政务公开，推动城市管理模式创新，实现"数字大城管"。建设电子化小区，实现社区公共服务电子化。将建设社会保障网络，完善新的社会安全管理、户籍管理、监控体系和数字化档案系统，初步建立起城市综合数字化环境。推进农村信息化建设，实现农村社会管理和公共服务双提升。

加强地方信息立法和信息安全保障工作。实施信息富民、信息兴业、信息理政、网络文化四大工程和数字家庭行动计划。大力普及信息技术教育培训，不断提高市民信息素质，倡导数字化生活方式。

八、引导城镇体系有序发展

未来珠三角城镇发展应抓住机遇，加快协调发展，全面提升区域整体竞争力，进一步优化人居环境，建设世界性现代装备制造业基地，走向世界级城镇群。构建城市中心区、副中心、卫星城和小城镇组团发展、相互协调的城镇体系。

以快速轨道交通和高速公路串接沿线城市、城镇、产业聚集区，培育沿线各城镇和产业聚集区的发展，加强交通枢纽建设，提高各类交通方式的网络化程度，建成区域综合交通运输网络，形成1小时都市圈，建立新的城市生活模式。

进一步强化中心城市建设，充分发挥两大核心城市——广州、深圳的辐射带动作用，突出珠海区域副中心的专业化服务职能，培育、强化等地区性中心和地方性中心，引领周边地区协调发展。通过多级中心的发展联动，逐步形成体系完备、功能合理、特色鲜明、组合有序的网络型城镇中心体系，促进城镇群的健康发展。

以珠江水系的西江、北江、东江干流及区域内诸河水体及岸线为主，自然山体、海面、农田、各城镇的环城绿带、主要交通走廊的沿线绿化为基本要素，构筑环境友好型，资源节约型、城镇网络型的生态结构。另外结合村庄改造，致力于多样化、高品质城镇景观风貌的塑造，保存和强化地域文化特色和自然风貌，珍惜和利用城镇内的自然山体、河流、岸线等宝贵的自然景观资源，改造打造岭南水乡特色，创造多样性和宜人的城镇生活空间。

第四节　中部地区旅游小城镇规划调研思考

执笔：文　辉

我国的小城镇是城市之尾，农村之首，起着承上启下的作用，既要服务城市，又要服务农村。根据小城镇产业类型不同，可以分为工业型、农业型、商贸型、旅游型等，各类型小城镇的发展不是一蹴而就的，离不开小城镇自身的资源禀赋、区位条件、制度环境等。对于中部地区小城镇而言，在发展机遇、产业集聚等方面比不上东部地区小城镇，在生态环境、资源条件比不上西部的小城镇，如何根据自身发展条件和阶段，选择适合小城镇发展的路径，值得探索。河南省巩义市竹林镇是中部地区的一个小城镇，城市发展中心规划课题组曾在竹林镇进行了为期一周的实地调研，对中部地区小城镇如何发展旅游进行了战略思考并提出建议与对策。

一、基本情况

竹林镇位于河南省巩义市东部浅丘山陵区。总面积 19 平方公里，建成区面积 3.2 平方公里。辖三个村四个居委会，常住人口 15038 人，其中外来人口 3000 人，GDP12.2 亿元，财政收入 5799 万元。2008 年农民人均纯收入 9860 元。以耐火材料、制药、碳素砂芯等产业发展为主，第二产业比重占 80% 以上。

竹林能从一个小村庄发展成为目前 19 平方公里、1.5 万人的小城镇，首先是地方领导制定了一系列政策。从"三评"、"十好评选"、"两高一带"到"工业强镇、旅游兴镇、文明塑镇"发展战略的规划等。这些政策有的是坚持了 20 多年的被实践证明的先进做法，有的是根据经济社会发展过程中的新情况，作出的新决断并抢抓住新的发展机遇。其次，竹林镇是一个安居乐业、社会和谐、生态优美的小城镇。竹林作为一个丘

文辉：国家发改委城市和小城镇改革发展中心规划研究部主任、中心副研究员。

陵山区小镇，人均耕地很少，在依托自身的工业发展解决就业的同时，对于山上的老百姓，政府通过统一规划，建设集中居住区，让他们下山并以旅游业带动农家乐的方式解决居住与就业。在与派出所同志的访谈中，得知他们经常为了完不成上级破案、办案等硬指标而有着幸福的烦恼，这说明竹林的社会治安非常好；在北山公园上，夜市、舞蹈、桌球等老百姓自娱自乐的悠闲生活让人羡慕不已；长寿山优美的自然风光也让人流连忘返。

二、机遇、挑战和定位

1. 产业发展方面

从工业发展来看，竹林的耐火材料行业还有很大的发展空间，表现在几个方面：①企业表现出一定的实力，开始实施走出去战略，有的是参与大型企业的总承包，有的是与外面大型企业建立战略合作。②几个大企业无论是产量还是产能上都有翻番的趋势，都在扩建上新的生产线，例如天祥、红旗等企业。③新引进的大项目碳素有很好发展前景。这些企业会对政府的税收贡献很大，课题组也初步估算了一下，竹林财政收入在未来3年内会有翻番。④从旅游业发展来看，还处在起步阶段，需要很大的投入，前期来说只是富民还不能对财政收入有很大的贡献。⑤从农业发展来看，大型养殖业能够进一步做大做强，但仍以传统农业的自给自足为主，暂时无法形成特色农业。

2. 空间发展方面

土地资源紧张，这个紧张倒不是指标方面的原因，而是由于地形地貌的影响，如果要进行推山建设，则会带来很高的土地开发成本。在增量无法满足的情况下，要考虑盘活存量土地，下一步可以考虑充分利用城乡增减用地挂钩政策，竹林是全国发展改革试点镇，可以享受这一政策。空间布局方面，工业区、居住区、行政商贸区、风景区等基本定型。沿国道还有可深度开发的潜力，从镇区到长寿山这段还可以更高效地利用，采取"退二进三"的策略，让一些污染大、能耗高、效益低的企业逐步退出，重点发展第三产业，打造商贸服务业。

3. 竹林发展定位

继续优化和提升以耐材和医药为主导的工业结构，做强财政；以

"竹林精神"为政治文化特色，以"长寿、休闲、度假"为旅游资源特色，打造特色、差异化旅游景区，富裕农民；进一步实现产业协调发展、人与自然和谐共生、竹林经济再次腾飞。

三、旅游产业发展

1. 总体看法

通过比较杨树沟、雪花洞、慈云寺等几处景区发现，长寿山有自身的优势。①政治优势。书记镇长的影响力是其他景区所不具备的，政治优势也可以说是集中力量办大事的优势，这可以从长寿山连续几次大型活动成功举办看出来。②交通优势。虽然这几大景区都没有交通优势，但是相对而言，长寿山风景区的优势要比其他几处好，杨树沟、雪花洞、慈云寺等远离国道，道路险要，不适合自驾和旅游大巴。③后发优势。可借鉴几大景区的成功之处，利用差别化发展，形成自己的特色。

2. 旅游主题的选择

对于一个旅游景区来说，必须具备特色鲜明的主题。主题的选择要以满足游客的多样性需求为目标，只要能够吸引游客，产生效益的主题都是好主题。从座谈来看，竹林目前打算围绕长寿、养生做主题，但在实际过程中引进的是年轻人的户外拓展、会议等项目，事实上不是围绕长寿、养生主题，而是休闲、健身的主题。这也是各地发展长寿养生旅游的通常行为。主要原因是长寿养生主题的目标市场主要是中老年人，选定这个主题意味着放弃其他很大一块市场。所以一般号称发展长寿产业的地方都存在这样的问题，一方面，看到了老年市场的美好前景，选定了这个主题，但另一方面又不甘心放弃其他市场，加上引进项目时并不凑巧能找到愿意做长寿主题的投资商，引进的项目往往会背离长寿主题。

一个地区要做长寿文化主题，成功的要素有：要有让人信服的居民长寿纪录。有一群老寿星的存在能证明当地具有让人长寿的元素。长寿的元素主要有：生活方式、居住环境、饮食习惯。然后才能据此做文章，形成一个产业链。旅行社组织的活动，可以是访长寿老人、住长寿屋、吃长寿饭，衍生出长寿纪念品加工、长寿体验居住等产业。竹林是否具备这些元素还有待于进一步考察。但是有一点可以肯定，长寿文化是一个区域概念，各地的长寿文化是适应当地人的，外人未必适应，而中原地区还没有做得非常成功的长寿文化景区。竹林如果做长寿主题，可以吸纳中原地区人民的所有有关长寿、养生的文化，借为己用。有一定的可行性。

除了长寿文化，还可以考虑直接做山地度假，以大城市居民的休闲度假为主题。郑州作为一个中原大城市，市民度假需求非常旺盛。度假在国外主要是海滨度假，但对中国来说，尤其从传统文化来看，是山地度假。山地度假意味着目标市场不再主要是老年游客，而是包含各个年龄段的大众阶层。如果做这个主题，开发的产品可能更多的是以青少年、中年为主的项目，比如体育旅游项目。总之，旅游发展主题的选择，是下一步工作的关键。

四、竹林旅游发展的建议："一转化、三转变、三结合"

1. 把竹林的政治资源转化为重要的旅游资源

竹林的每一次发展，都能抓住机遇，走在中国改革开放、经济转型的前沿，创造了一个又一个的奇迹，受到郑州、河南乃至全国的关注。竹林从一个吃不饱饭的小村庄走到全国先进镇的经济社会发展过程本身就对社会各界具有很强的吸引力，是一项宝贵的旅游资源。可以建立一个反映竹林发展的博物馆，采用现代高科技的声光电技术，陈列展示竹林经济社会发展的历程和成就。博物馆作为一个"竹林精神"的宣传教育基地，本身不具有盈利性质，但通过人气带动作用，把各界人士吸引到竹林，参观博物馆后参与其他旅游消费项目。

2. 发展模式转变：由观光旅游模式向度假旅游模式转变

观光旅游的基本特点，是游客以团队的组织方式，以参观、学习为目的，以线路旅游为基本运营方式，旅游活动的中需要参观的要素是空间上完全分散的，由旅行社进行组织和安排，往往一天参观好几个旅游点，游客在每个点逗留时间不长，不需要居住、娱乐设施。因此凡是观光型的景区，盈利主要来自门票和纪念品。目前竹林是按照观光旅游的模式在做开发，如花大力气打造景区，收高门票为主要收入来源，以旅行社客源为主导。

度假旅游是满足城市居民度假需求的。工业化和城市化的发展，城市里面的一批人需要寻找有别于城市环境的一种差异，因此度假旅游是围绕大城市展开的。主要是满足城市居民双休日以及国家法定假期旅游需求的。除了五一、十一、春节之外，度假旅游事实上就是双休日旅游。既然是双休日，也就决定了度假旅游范围在城市周围一日之内。度假旅游不需要高等级的旅游资源，要求交通方便，区位条件好，其次才是一定的旅游资源。

度假旅游的游客主要是散客。因为都是一日范围之内的，文化上不存在差异，而且可能多次光临，因此不需要导游，也不想交门票，出行方式上也不愿意跟随旅行社。可以借鉴北京周边区县的旅游发展思路。八达岭、故宫是满足线路旅游的，是观光旅游的概念。而怀柔、密云发展的休闲度假旅游，主要面向北京居民，一般来说它是开放式的，没有门票，游客基本都是自驾车，无需导游。

通过调研，课题组认为：竹林景区要做成观光景区没有太大优势。因为资源价值和周围的观光景区存在不小差距。即使能够通过人造方式和周边持平，也没有取得竹林期望达到的创造旅游发展奇迹这样的高目标。只有做休闲度假旅游才有希望。因此，首先要实现观光旅游到度假旅游思维的转变。

3. 客源市场转变：由紧盯旅行社市场向重视散客市场转变

通过调研，课题组了解到：竹林景区游客跟旅行社有很大的关系，目前来看竹林景区处于不利地位。这是旅游发展中的正常现象。从旅行社组织来看，往往一次旅游活动涉及几个省很多市的代表性景点，这些代表性景点具有丰富的历史文化或自然价值，比如龙门石窟、开封相国寺等，由于要涉及许多省市的吃住行等问题，游客面对这种不确定性很难自己解决好这些，只能依靠旅行社。在这种旅游模式下，所有的景点都是旅行社包价旅游产品的一个组成部分，景点必须被旅行社纳入线路才有效益。景点和旅行社之间是下游产业和上游产业的关系，两者的讨价还价能力取决于景区的价值。像兵马俑、龙门石窟这样的景区，旅行社没有讨价还价的余地。但竹林这样的景区，只能做出更大的让步，才能让旅行社把人带来。对竹林来说，寄希望于旅行社有风险。

要做休闲度假旅游，旅行社客源不是重点，必须抓住散客。目前全国旅游者有90%都是散客，尤其是城市周边休闲旅游。因此，竹林下一阶段应该抓住的是散客市场而不是去抓旅行社客源。

4. 目标定位转变：从旅游线路上的节点到旅游目的地转变

每一级行政单位在做自己区域旅游规划的时候，都是以自己区域为本位设计旅游线路。郑州会设计郑州区域的串联各景点的线路，巩义会设计巩义区域内的旅游线路。这里面都假定旅游者以本行政区域为中心在开展旅游活动。而旅游线路更多的时候和行政区域是没有关系的，旅游者也很难按照行政管理部门推荐的一日游线路、二日游线路开展旅游活动。

竹林和周边的旅游景点，课题组认为只存在一个有限意义的线路合作关系。除非两个景区之间具有互补的关系，对休闲度假旅游者来说，一般会直奔目的地，然后在目的地内利用各种设施进行休闲活动。一个郑州市民可能这次选择长寿山，下次选择其他山，但绝对不会在一次旅游活动中在长寿山交了一次门票，然后又前往下一个景点。即使对观光的线路旅游者来说，在巩义附近选择景点参观也不会再选择其他山。因此和周边的自然景点，很难说有线路合作关系。双赢的模式是各开发各的主题，形成差异。

5. 把政府投入与社会资本投入结合起来

目前竹林发展旅游的投入主要是镇政府投入，镇财政能力强是竹林的优势。目前基础设施建设的资金政府投入，包括群众捐款等，应该鼓励，但不是长远之计。因此，下一步发展旅游所需要的资金更应该通过招商引资的方式。因为大手笔开发旅游，需要的资金往往涉及几个亿，政府拿不出。目前景区建设刚刚开始，就已经花掉了近亿元投入，将来还有大笔花钱的地方。镇政府在确定发展主题的基础上，引进投资商进行开发。仅由一位投资商开发有利于主题完整性。如果今天吸引一个会展公司，明天吸引一个拓展公司，后天一个养老院，到后来就没有了主题，而且想调整很难。在具体治理模式上，可以采取股份合作方式，外来投资商出资金，政府以资源入股。

6. 把政府宣传和民间宣传结合起来

目前长寿山的宣传还是借助政府的力量，通过举办大型活动等来宣传，而且受众面比较窄，主要是政府机关、事业团体等机构。下一步要充分利用民间宣传，比如网络体验者博客、摄影爱好者、各大旅游论坛发布帖子等等。不要小看了网络的力量，辽宁绥中的海滩就是通过网络传播后，吸引了大量的北京自驾游者前往的。

7. 把矿山治理和旅游开发结合起来

通过调研，竹林正在申报一个 6200 万元的矿山治理项目。地址就在长寿山风景区内。课题组认为在项目实施过程中，可以有意识地把一些原来矿山开采的遗留物或者工艺流程保留开发出来，变成一种特有的旅游资源，同时开展采掘业旅游活动。

第五节 环首都经济圈商贸型城镇规划思考

执笔：荣西武

一、引言

商贸型城镇是指在产业结构中商贸服务业相对发达、对地方经济增长的贡献比重较高、吸纳就业人口占比较高，同时，商贸服务业对地方财政贡献较大的一类城镇。这类城镇的商贸服务业发展大多是源于区位优越、交通便捷，也有一些是缘于某一单项产品的技术或市场优势而衍生出来的城镇，他们大都有较为悠久的商贸传统，且商贸服务业的发展早于且快于工业的发展速度和水平。

本部分所用案例白沟镇是典型的依托箱包产业发展起来的商贸型小城镇，文中从分析白沟箱包市场的发展历程、发展壮大过程中遇到的问题和解决这些问题的规划对策等出发，希望通过总结回顾白沟镇的发展历程、发展经验尤其是规划引导作用的分析，为我国不同区域小城镇集贸市场的培育以及发展过程中遇到的一些类似的问题提供一些有益的帮助。

二、白沟镇的基本情况

白沟，中国北方著名的商镇，位于河北省高碑店市所辖副县级建制

荣西武：国家发改委城市和小城镇改革发展中心规划研究部副主任、副研究员、博士。

镇。地处京、津、保三角腹地，高碑店、雄县、容城、定兴四县交界，北距北京102公里，东至天津108公里，南到保定62公里，紧邻白洋淀、温泉城、野三坡等旅游胜地。津保高速、津保公路、津同公路、高雄公路于此交汇；京开、京广公路，大广、京深高速，京广和京九铁路等从白沟东西两侧经过。白沟镇域总面积54.5平方公里，其中，镇区建成区面积16平方公里，总人口10万多人。

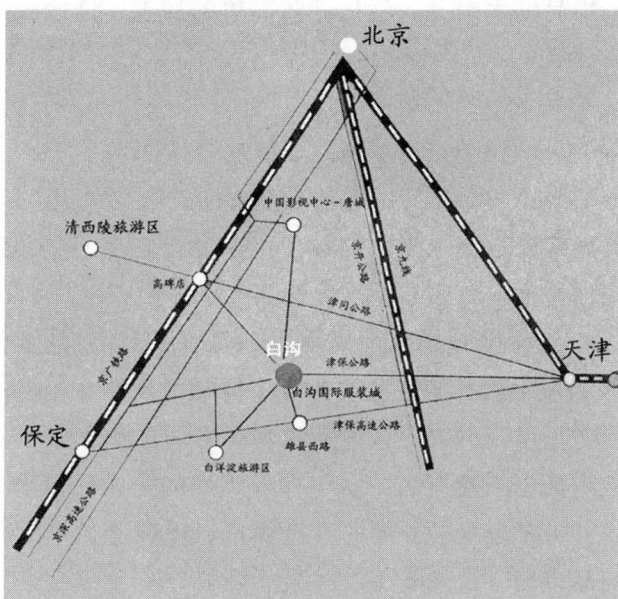

三、白沟镇市场发展历程

白沟镇有记载的历史始于汉。据历史记载，汉时范阳有五沟，沟分五色，白沟镇乃其一，因多白芙蓉而名"白沟镇"。三国时，白沟镇已有水上运输能力，到了宋代，白沟镇已成为驿站和渡口，宋朝皇帝曾上契丹封事，其中提到："自雄州白沟镇驿渡河四十里至新城。"至元代，白沟镇逐渐繁荣，据历史记载，当时过往白沟镇河的船只可直接驶入大运河，北达大都，南抵杭州。到了清末，白沟镇商号愈百，每日车水马龙，诗人韩渊在诗句《白沟镇河》中这样描写道："白沟镇河上晚烟屯，千百沽船争渡喧。"白沟是历史上北方著名的水陆码头和以商品集散为主要特点的商贸城镇，数百年间保持着"日过千帆，商贾云集"的繁荣与辉煌，素有"燕南大都会"之美誉。

新中国成立后，白沟镇商贸经济发展经历了一段跌宕起伏的不平凡历程。

计划经济年代，白沟是远近闻名的穷乡。1971 年的暮秋，白沟镇高桥村的张国清、李明新等人利用多方筹措的 250 元钱买回两捆人造革料，加工成了第一个人造革自行车座套。随后的两年间，这些农民生产出了白沟第一批最简易的手提兜，就是这些简单的加工，让白沟人的箱包梦想开始了扬帆远航。

1974 年，白沟人推出了第一个公文夹；

1976 年，白沟人又生产出了第一个学生包；

1977 年，白沟人开始配置简单的五金饰件；

白沟人开始拿着自己家做的简单手工制品，走南闯北，到全国各地去推销，白沟慢慢富了。

1980 年，个别村民开始利用集市、庙会悄悄出售自己制作的箱包；1981 年，高桥及其他村街的一些农村剩余劳动力开始从土地经营中脱离出来，形成了数量可观的家庭式专业作坊，形成了箱包加工专业户的雏形，白沟箱包市场越来越有名。多年在外奔波的白沟人回来了，他们由行商变坐商，并带来了全国各地的大批客户。1984 年，白沟乡陆续建起了白芙蓉小商品市场、箱包市场。

改革开放以来，白沟人发扬敢试、敢闯、敢为人先的精神，坚持"市场建设、城镇建设和产业发展"协调发展的基本思路，通过完善市场体系，着力营造产业品牌、环境品牌、城镇品牌，把实力做强、环境做优、形象做美、品位做高，促使白沟经济社会发展驶入了快车道。2009年上半年，白沟完成地区生产总值 18.76 亿元，同比增长 14%；实现财政收入 9750 万元，同比增长 25%；固定资产投资完成 18.26 亿元，同比增长 260%。独具特色的"白沟经济发展模式"正在形成。

四、科学规划，引领白沟市场健康发展

首先，规划明确了"完善市场体系，促进市场升级"的发展路径。

面对一浪又一浪的白沟投资热，经历过市场大起大落的白沟镇政府意识到了规划的重要性，为确保白沟市场的健康科学发展，2003 年，白

沟请国家发改委小城镇中心为白沟量身制定了《白沟社会经济发展总体规划》。随后，他们又请有关机构制定了《白沟箱包产业集群 2005～2020 年发展规划》，提出了具有战略意义的"白沟模式"，即："商业化—工业化—城市化—国际化"四步走的科学发展战略，构筑起了白沟跨越式发展的基本框架。

白沟镇政府围绕"以商贸为主体，以工业为基础，集商品聚散、购物旅游、休闲娱乐等多功能为一体的现代化小城市"的城市定位，集中力量重点实施"市场升级"工程。通过市场升级改造的集群化效应，对产业的集聚、发展和壮大产生了强大的促动力，增强了产业的扩张力，从而壮大了城镇的经济实力，白沟箱包业正是靠白沟市场体系的不断完善而培育、发展、壮大起来的。市场的升级带动了工业化聚集，同时，随着市场服务功能和聚集力的拓展，促使了乡镇企业的发展和聚集，实现了白沟工业企业的跨越式发展。同时，市场的升级带动了为其服务的交通运输、餐饮住宿、文化娱乐，以及金融、通讯等相关产业的发展。

其次，强化了"人性化服务"理念。

通过对国内外同类市场以及白沟市场发展现状的分析比较，在白沟镇经济社会发展规划中明确提出，白沟市场在升级改造过程中，必须突出"人性化"概念，积极打造"中国北方第一大购物天堂"和"中国精品名城"。一是树立人性化理念，坚持以人为本，充分考虑人的需求，积极构筑"人性化白沟"的城市形象；二是完善人性化设施，在市场建设和改造过程中，增添休闲坐椅、餐饮及休闲娱乐设施，为顾客营造舒适的购物环境；三是加强人性化管理，组织实施高等院校在白沟建立实习基地和培训基地，为白沟提供人才信息资源，在人才资源管理、培训、咨询等方面提供智力支持，同时，每月聘请专家、教授为机关干部、企业、商户进行培训；四是提高人性化服务水平，在市场中全面推广"三声"服务标准，"来有迎声，问有答声，走有送声"，做到贴心服务，细心服务。同时，举办法律、法规、商业企业管理、市场营销知识培训班，提高商户素质，规范商户经营行为；五是创优人性化环境，在执法部门中开展行风评议活动，杜绝吃拿卡要和"三乱"行为，成立优化环境办公室，每月组织部门和市场监督员召开优化环境座谈会，使白沟的投资环境得到了进一步优化；六是弘扬人性化文化，白沟专门成立了旅游文化办公室，从多角度挖掘白沟的历史文化、箱包文化、企业文化、市场文化，提高产品的文化含量，并投资 5000 万元建起了文化广场。

白沟市场优良的环境和大开放的氛围产生了强大的吸引力，白沟市场正在从第二、三代市场向第四、五代市场迈进。

第三，规划提出了"诚信和品牌"市场营销策略。

"诚信"是市场准入的通行证，显示着企业、商户的道德水准。白沟规划在市场建设中提出"扬善、律己、疏导、法制"，努力打造"诚信白沟"品牌。

我们在研究制定白沟发展规划时，把创建品牌市场列为整顿和规范市场经济秩序的重要内容，作为实现跨越式发展的重要思路。规划对策之一，明确了向优秀同行学习取经的整改思路。在这一思想指导下，白沟镇各界通过走出去学习考察，从比较和对照中使大家切实感到：品牌是走向世界市场的准入证，是争得消费者认定的信用证，维护品牌的信誉就会赢得巨大的效益。规划对策之二，下大力抓市场经济秩序的整顿和规范。为此，政府明确要求所有企业和商户对无品牌和假冒伪劣商品坚决做到"三不"：不生产、不购进、不销售。限制无牌商品上市，打击假冒伪劣，对名牌店予以政策支持和大力宣传，形成对品牌经营的强力推动之势。在规划指导下，通过政府及社会各界的共同努力，"品牌热"已成为白沟前所未有的共识，到目前，全镇注册商标品牌 1200 多个，大大增强了产品的竞争力，白沟箱包在全国市场占有率达 36%，"三北"市场占有率达 56%。

同时，白沟以大开放的理念，宽松的环境，先进的流通业态，吸引了国内外 4000 多个名牌商品在白沟开设了 2000 多家直销名店。现在的白沟市场，诸多品牌纷呈，中外名牌荟萃，名牌专卖店、直销店、精品屋鳞次栉比，形成了白沟商品"同等质量价格最低，同等价格质量最好"的独特优势。

在诚信市场的建设上，规划明确提出，白沟镇政府要按照"扬善、律己、疏导、法制"的八字原则，大力整顿和规范市场经济秩序，严厉打击有悖于诚信的违法行为，弘扬诚实守信的社会风气，建立社会信用体系，强化市场的信用意识，严格兑现政府的各种承诺，努力打造"诚信白沟"的城镇品牌。

"白沟之所以能有今天，关键在于重树了市场信誉"，白沟·白洋淀温泉城管委会副主任兼白沟镇党委书记李洪强说。"诚信，让白沟市场从无序走向有序；品牌，让白沟市场重新崛起"。依靠"诚信和品牌"，白沟市场赢得了全国乃至世界的认可，也为白沟发展奠定了坚实基础。

参考文献

[1] 2009 年白沟镇经济社会发展统计月报

[2] 张卓元. 政治经济学大辞典. 北京：经济科学出版社，1998

[3] 马克思，恩格斯. 马克思恩格斯全集（第 2 卷）. 北京：人民出版社，1960

[4] 李燕燕. 文化与经济转型：基于中原发展经验的分析. 北京：社会科学文献出版社，2007

第六节　城市群内中小城市和小城镇规划思考

执笔：冯　奎

一、城市群覆盖范围内小城镇的基本情况

"十一五"规划提出发展城市群，党的十七大报告明确提出要形成辐射作用大的城市群，2007 年《国务院关于编制全国主体功能区规划的意见》提出要形成以城市群为主体形态的城镇化格局。2008 至 2009 年间，国家出台多个区域规划，体现出城市群发展的内容。"十二五"规划明确提出，城市群是中国城镇化的主体形态。2008 至 2009 两年间，国家密集出台了多项区域规划（表 2.1），这些区域规划都以城市群作为主体和主要空间形态。

城市群是多种类型城市和小城镇的空间组合，它是中国城镇化进入

冯奎：国家发改委城市和小城镇改革发展中心国际合作部主任、城市中国网主编、研究员、博士后。

快速发展阶段之后出现的重要现象。据 2000 年人口普查数据和 2005 年全国 1% 抽样调查结果推断，"十二五"至 2020 年期间全国预计新增 1.65 亿城镇人口，约 1.3 亿属于迁移人口，其中流向城市群的占 60% 以上。据有关部门研究，我国长三角城市群、珠三角城市群等 24 个城市群，覆盖行政县和县级市的数目约 760 多个，覆盖小城镇的数目约 8000 个，占所有建制镇数目的约 40%。这些小城镇集聚的人口占所有小城镇集聚人口的 60%，经济总量占所有小城镇的 75% 以上。

表 2.1　　　　　　　　我国主要城市群及其涵盖小城镇

	城市群	主要构成（行政县/市数）	人口规模（万人）	形成区域土地面积（平方公里）	行政县和县级市以及小城镇总数
东部地区	长三角城市群	上海（1）、南京（2）、杭州（2 县 3 市）、宁波（2 县 3 市）、苏州（5 市）、无锡（2 市）、常州（2 市）、镇江（3 市）、南通（2 县 3 市）、扬州（1 县 2 市）、泰州（4 市）、湖州（3 县）、嘉兴（2 县 3 市）、绍兴（2 县 3 市）、舟山（2 县）	7798.89	100703	19 县 33 市约 500 个小城镇
	珠三角城市群	香港、澳门、广州（1 市）、深圳、珠海、佛山、惠州（3 县）、肇庆（4 县 2 市）、东莞、中山、江门（4 市）	3617.11	56304	7 县 7 市约 150 个小城镇
	京津冀城市群	北京（2 县）、天津（3 县）、唐山（6 县 2 市）、保定（2 县）、廊坊（6 县 2 市）、秦皇岛（4 县）、张家口（13 县）、承德（8 县）、沧州（10 县 4 市）等	6219.89	166653	54 县 8 市约 600 个小城镇
	海峡西岸城市群	福州（6 县 2 市）、厦门、泉州（5 县 3 市）、三明（9 县 1 市）、莆田（1 县）、南平（5 县 4 市）、宁德（6 县 2 市）、漳州（8 县 1 市）、龙岩（5 县 1 市）等	3440.66	123416	45 县 14 市约 600 个小城镇
	山东半岛城市群	济南（3 县 1 市）、青岛（5 市）、淄博（3 县）、潍坊（2 县 6 市）、东营（3 县）、烟台（1 县 7 市）、威海（3 市）、日照（2 县）等	1545.93	73799	14 县 22 市约 380 个小城镇
	浙中城市群	金华（3 县 4 市）、衢州（3 县 1 市）	706.93	19782	6 县 5 市约 100 个小城镇

续表

	城市群	主要构成（行政县/市数）	人口规模（万人）	形成区域土地面积（平方公里）	行政县和县级市以及小城镇总数
东北地区	辽中南城市群	沈阳（3县1市）、大连（3市1县）、鞍山（2县1市）、抚顺（3县）、本溪（2县）、营口（2市）、辽阳（1县1市）、铁岭（3县2市）等	2739.17	77614	15县10市约250个小城镇
	吉中城市群	长春（4市）、吉林（1县4市）、四平（2县2市）、辽源（2县）和松原（4县）等	1918.27	88000	9县10市约200个小城镇
	哈大齐城市群	哈尔滨（7县3市）、大庆（4县）、齐齐哈尔（8县1市）、绥化（6县3市）等	2404.38	151720	25县8市约330个小城镇
中部地区	太原城市群	太原（3县1市）、晋中（9县1市）、吕梁（10县2市）、阳泉（2县）、忻州（12县1市）部分县区	1467.36	74295	36县7市约450个小城镇
	江淮城市群	合肥（4县1市）、六安（5县）、巢湖、淮南（1县）、蚌埠（3县）、滁州（4县2市）、马鞍山（3县）、芜湖（4县）、铜陵（1县）、池州（3县）、安庆（7县1市）等	3868.53	86165	35县4市约400个小城镇
	环鄱阳湖城市群	南昌（4县）、九江（9县2市）、景德镇（1县1市）、鹰潭（1县1市）、上饶（10县1市）	1946.13	58226	25县5市约300个小城镇
	中原城市群	郑州（4市1县）、洛阳（10县）、开封（5县）、新乡（5县3市）、焦作（4县4市）、许昌（3县2市）、平顶山（4县2市）、漯河（2县）、济源	4159.90	58756	34县14市约480个小城镇
	武汉城市群	武汉、黄石（1县1市）、鄂州、孝感（3县3市）、黄冈（8县2市）、咸宁（4县1市）、仙桃、潜江、天门等	3145.79	57962	16县6市约250个小城镇
	长株潭城市群	长沙（2县1市）、株洲（4县1市）、湘潭（1县2市）	1310.40	28110	7县4市约130个小城镇
	赣吉抚城市群	赣州（15县2市）、吉安（10县1市）、抚州（10县）	1741.86	83122	35县3市约380个小城镇

续表

	城市群	主要构成（行政县/市数）	人口规模（万人）	形成区域土地面积（平方公里）	行政县和县级市以及小城镇总数
西部地区	成渝城市群	成都（6县4市）、重庆（21县）、德阳（2县3市）、绵阳（6县1市）、眉山（5县）、乐山（6县1市）、资阳（2县1市）、内江（3县）、遂宁（3县）、南充（5县1市）、达州（5县1市）	8397.68		64县12市约760个小城镇
西部地区	呼包鄂城市群	呼和浩特（4县1旗）、包头（1县2旗）、鄂尔多斯（7旗）	579.43	131744	5县10旗约150个小城镇
	关中城市群	西安（4县）、宝鸡（9县）、咸阳（10县1市）、渭南（9县2市）、铜川（1县）等	2279.79	55627	33县3市约360个小城镇
	兰西城市群	兰州（3县）、西宁（3县）、白银（3县）等	710.98	41908	9县约100个小城镇
	天山北麓城市群	乌鲁木齐（1县）、昌吉、石河子、奎屯、乌苏、克拉玛依、吐鲁番（2县1市）等	537.18	100671	3县7市约100个小城镇
	南宁城市群	南宁（6县）、玉林（4县1市）、北海（4县1市）、贵阳（3县1市）、钦州（2县）、来宾（4县1市）、防城港（1县1市）	2645.89	67947	24县5市约300个小城镇
	昆明城市群	昆明（7县1市）、玉溪（8县）、曲靖（6县1市）等	1332.99	65202	21县2市约220个小城镇
	贵阳城市群	贵阳（3县1市）、遵义（10县2市）、安顺（5县）、都匀、凯里等	1461.74	51647	18县5市约230个小城镇

注：人口数包括了市域范围内的全部人口，小城镇数为大约数，因为近年来一些地方小城镇数目出现增减。表中数据根据国务院发展研究中心《经济要参》2010第二期及中国行政区划材料进行整理。

二、城市群因素与小城镇的地位与功能分析

城市群是大中小城市和小城镇在空间上演进的结果，同时，城市群的形成与发展，也在一定程度上影响小城镇的前途。城市群与小城镇的

关系，是整体与局部的关系；城市群内部的核心城市对小城镇具有直接而重要的影响。合理分析城市群因素内部小城镇的地位与功能，是制定小城镇战略的前提。

首先，小城镇成为城市群内部城镇体系的重要组成部分。

以往的观点是，小城镇属于城镇的尾、农村的头。地级市管辖县级市，县级市管辖小城镇，在行政序列里，小城镇属于最末一个等级。从城市群的角度来看，城市群内部的核心都市区、新城、县（县级市）、小城镇共同构建起立体的城镇体系。小城镇与其他城镇的关系，至少呈现三种关系。一是从行政意义上说，小城镇受到县级市、地级市的管辖，在行政资源分配上遵从着自上而下的原则。二是从区域经济意义上，小城镇与周边其他小城镇、县级市、城区等，是竞合的关系，即既竞争又合作。比如温州市苍南县龙港镇，与一江之隔的鳌江镇就是这种关系。三是国际产业分工上说，有的小城镇受所在地域的影响较重，有的外向型程度较高，更多地受本地之外的其他城市的影响较大。例如"中国袜都"——绍兴县大唐镇，受发达国家的袜业研发与贸易影响巨大。在这样的情形下，就袜业来说，大唐镇实则是城市群内部各类城镇的"头"。

因此，从城市群的角度来看，小城镇与城市群内其他城镇的关系要做全面的分析。传统意义上假定小城镇就是垂直的城镇体系的末梢的观点是不全面的。小城镇只有在行政角度来讲，它是最低端。从区域经济及国际产业分工的角度来看，它可与城市群其城镇的关系既可能是"平"的，也可能它本身是"头"而非"尾"。

其次，核心城市对小城镇的影响呈现不同的阶段与特征。

城市群范围内，有各种不同类型的城镇，简而言之，就是两大类：核心城市与周边小城镇。核心城区的特征是发展历史较长、行政资源较为集中、城市经济较为发达，但城市更新与可持续发展的任务可能较为迫切。小城镇的特点是人口较少、产业配套发展尚需完善，但机制体制相对灵活，生态环境较好，具备一定的比较优势。

根据核心城市与小城镇化的发展阶段与特征，二者之间的关系有三种状态。一是核心城市仍处于资源要素集聚阶段，小城镇的人口、产业被进一步吸附到核心城市。二是核心城市处于资源要素向外扩散阶段（"郊区化"）阶段，小城镇可以较多地承接人口与产业。三是核心城市与小城镇处于互补促进的阶段，表现为小城镇承接核心城市的某些产业（如制造业），满足核心城市的某些需求（如旅游休闲），核心城市与小城镇人口之间出现多种情形的"对流"。

由于我国城市群发展状况不同，城市群内部核心城市与小城镇的发展阶段各种各样，因而兼有上述第一、第二和第三种情况。我们要认真分析具体城市群内部核心城市与小城镇的关系，推动形成核心城市与小城镇互相促进、共同提升的局面。

三、城市群因素影响下小城镇的发展战略

结合我国城市群与小城镇发展实际，城市群因素影响下的小城镇发展战略主要包括：

1. 标杆成长战略

城市群内有一类小城镇，我们称为特大型小城镇，即特大镇[①]。这些特大镇都可按小城市培育与发展。2008 年，我国镇区人口超过 10 万人的特大镇有 152 个。这类特大镇一般具备人口多、产业特色鲜明、财政收入高、城镇形态良好、外来人口比重高等特征（表 2.2）。特大镇多数是县的城关镇，也有部分不是城关镇（如绍兴县钱清镇和杨汛桥镇），全部分布在长三角、珠三角和京津冀等城市群中。对这些特大镇，可通过配套相应的管理权限、财税支配权限等手段，将其培育成为小城市，即"扩编"、"分税"、"设市"。浙江省首批小城市培育试点名单中，就有杭州市桐庐县横村镇、温州市苍南县龙港镇、平阳县鳌江镇、湖州市安吉县孝丰镇、台州市玉环县楚门镇、绍兴市绍兴县杨汛桥镇、平水镇等特大镇被列入该省首批小城市培育名单（参见专栏）。

---

① 2008 年，我国小城镇镇区人口超过 10 万人的镇有 152 个，其中人口在 10 万~20 万达到小城市规模的镇有 142 个，人口在 20 万~50 万达到中等城市规模的镇有 9 个，镇区人口规模最大的东莞市虎门镇已达 57 万。

表 2.2   "特大镇"的主要特征

	一般描述	例证
人口规模大	镇区超过 10 万人的有 152 个	虎门镇达到 57 万人
产业特色鲜明	广东"专业镇"、浙江的"块状经济"	大唐镇年产袜子 160 亿双,占全球 1/2
财政收入高	2008 年财政收入超过 10 亿元的镇有 94 个	绍兴县钱清镇 6.7 亿元
地域分布集中	东南沿海地区	如浙江:大溪镇、柳市镇、龙港镇、店口镇
外来人口比重高	千强镇中,外来人口超过本地人口的 136 个	钱清镇本地人口 6 万,外来人口 6.5 万

资料来源:课题组整理。

专栏   **绍兴市"五个强化"推进中小城市培育**

一是强化高标准定位,科学谋划布局。按照推进新型城市化发展的要求,从绍兴大城市建设全局的高度,把合理布局、科学规划中心镇和小城市作为构建城市体系的一个重要战略节点来抓,进行科学合理功能定位,选择 17 个人口数量多、产业基础好、发展潜力大、带动能力强的中心镇作为中小城市培育对象开展试点,使绍兴市初步形成了"中心城市—县域城市—中小城市—中心镇—一般乡镇"五级城市体系发展框架。

二是强化创新发展,推进"五大"改革。按照绍兴市《关于创新中心镇发展方式加快培育中小城市的若干指导意见》,明确深化扩权强镇、行政管理体制、投资体制、户籍制度、综合执法体制等五大改革作为推进中小城市培育的工作重点。通过在试点镇推行扩权强镇的延伸扩面、规划等职能部门驻镇设所、设立镇级城市综合执法中心、垂直部门领导纳入试点镇考核体系、加强扩权镇权力规范运行等,进一步创新绍兴市中小城市培育的体制机制,激发试点镇由中心镇向小城市二次转型的动力和活力。

三是强化产业集聚,发展城市经济。各试点镇通过制定《中小城市培育试点方案》,按培育中小城市理念重新确定自身的功能定位和发展目标，优化空间布局和功能分区，实施特色产业向工业功能区集中发展，商贸服务业向建成区集群发展，一批新的产业重镇、商贸强镇、市场大镇、旅游名镇脱颖而出；一批如牌头环保装备等产业集群基地建设不断壮大；一批像钱清、崧厦的市场商贸大镇在逐渐提升转型；一批如店口铭士广场等商贸综合体不断涌现；节能环保、生物医药、新装备新能源等高新技术和战略性新兴产业被许多试点镇纳入了培育主攻方向。

四是强化要素保障，激发内生动力。绍兴市中小城市培育试点镇确定后，各地结合实际，积极出台政策加大试点镇土地、资金和人才等方面的要素供给，上虞市已于年初出台意见，就深化中心镇发展和加快小城市培育提出了具体政策举措，实施"一镇一策"加强对崧厦镇小城市培育的扶持力度，绍兴县即将出台专门扶持钱清镇小城市培育的扶持政策。试点镇纷纷通过探索和实践计划指标单列、盘活存量土地等方式，对试点镇经营性建设用地予以倾斜；加大财政金融扶持力度，对中心镇实施融资贴息补助和提高统筹基金等办法，增强试点镇自主发展的实力和动力；以增配和挂职方式加强试点镇领导班子，增编和自主薪酬方式扩大试点镇人员配置等，通过这些土地、资金、人才等要素补充输血，进一步加大中小城市培育的内生源动力。

五是强化上下联动，合力推进试点。为加快推动试点镇向中小城市的跨越发展，市委市政府领导高度重视，在出台中小城市培育政策、确定培育试点镇的基础上，市里积极做好对各试点镇试点方案制订、中小城市规划的修编完善等方面的指导。

各县（市、区）相继启动培育试点工作，主要领导亲自进行调研部署，并责成有关部门切实抓好针对中小城市培育的政策出台及措施落实工作，给试点镇以全力支持。各试点镇作为中小城市培育主体，也紧紧抓住培育试点的契机，把试点工作放到首要位置上来来抓，结合自身实际，分解落实，主动推进，使绍兴市的试点培育工作形成市县镇三级合力推进的良好工作局面。

2. 小城镇的差异化战略

小城镇与核心城市、新城在经济意义上具有互补关系。体现互补关系的就是差异化战略。结合当前新型城镇化的实际,小城镇可从如下方面实行差异化战略:

首先,在吸纳进城人口方面,城区面临较大的压力。小城镇要大胆改革,抢先一步。有条件的地方,在尊重农民的意愿的前提下,尝试通过"宅基地"换房等促进农民市民化。放开户籍限制,推动农民工市民化。出台有利于人口落户的政策,鼓励城市间流动人口市民化。

第二,在功能定位方面,大城市或城区的定位比较综合,小城镇的定位则要体现综合性与独特性相结合。综合性是指,小城镇要为镇区人口提供基础设施与基本的公共服务。独特性是指小城镇在区域城镇发展中,要着眼于满足一至两个独特的功能。比如休闲旅游功能、商务会议功能、现代农业生产功能等。

第三,在产业发展方面,城区一般会逐渐定位发展成为区域的生产性服务业中心,产业形态日趋高级化。周边小城镇可以较多承接城区的产业转型,做好产业配套。同时,也要立足于自身优势,形成具有深度"根植性"的特色产业集群。比如,有的小城镇形成以农业产品生产为核心的特色产业集群;有的形成以特色旅游景点为核心的产业集群等。这些产业集群的价值链条都从小城镇延伸到城区,充分利用城区的技术、资金等促进小城镇的产业发展。

第四,在城镇风貌与形态方面,城区是人造建筑、人造景观最为集中的区域,体现了最为现代化的一面,小城镇则要努力保持原生形态,保护古风古貌。从长远来看,文化风貌等资源条件是小城镇最可傲人、引人的一笔财富,是其充分体现比较价值的条件,也是其竞争力的重要组成部分。

第五,在竞争与合作关系上,小城镇不但要善于发挥差异化战略,与城区、新城形成互补的格局,也要善于与其他小城镇差异化竞争合作合作。例如有的地方有若干个旅游型小城镇,它们发挥不同的特色,有的以观光为主,有的以寺庙文化吸引游客,还有的以休闲养生见长,这些不同风格的小城镇共同打造的精品旅游线路颇具吸引力、竞争力。

3. 小城镇的跟随战略

综合来看，我国城市群的核心城市都已经比较发达。由于城区的能量能够极大地左右并影响到其辐射范围内的小城镇，因此城市群的区域背景从根本上决定了多数小城镇的功能定位、产业发展具有一定的被动性。多数小城镇要正视这个现实，通过采取跟随战略，壮大实力，促进自身成长。

采取追随战略的小城镇，其功能定位不能追求自成一体完整性，而应主动"咬合"到城市群的功能分工中去，成为其一部分。应通过加强城市群中小城镇在交通、信息等基础设施方面的对接，尽快让这些小城镇参与到城市群的功能分工体系中去，融合发展、借力发展。

要不断优化小城镇的数量与结构。以县城为依托，调整优化城关镇现有的职能结构、规模结构和空间结构，壮大县城人口规模，把城关镇建设为县域经济文化中心并逐步发展成为中小城市。摒弃"撒芝麻盐"的做法，精简乡镇数量，集中力量打造县域内若干重点小城镇。条件较差的小城镇要逐步发展成为社区服务中心。

参考文献

[1] 中国区域经济学前沿：十二五区域规划与政策研究. 北京：经济管理出版社，2011

[2] 冯奎、王俊沣. 双流城市发展战略. 国家发改委城市和小城镇改革发展中心内部报告. 2010年3月

[3] 冯奎. 县域城镇化战略研究. 国家发改委城市和小城镇改革发展中心内部报告. 2012年11月

第三章　影响城镇规划的相关因素分析

第一节　人口因素

执笔：白　玮

一、人口因素分析的必要性

经济社会发展规划是确定小城镇发展的重要依据和参考，而人口因素是城镇发展的重要核心因素。当前我国城镇化进入快速发展和由数量增长向质量提升转变的关键时期，城镇化质量的核心就是要以人为本，在改善人口居住生产环境的基础上，注重人口的多样化需求，重点解决农民工和农村人口市民化的问题。传统的规划编制中，城镇人口规模是城镇用地规模和基础设施建设标准的关键因素。如果人口规模预测偏低，造成用地紧张，基础设施建设滞后，影响城镇健康发展，而人口规模预测偏高，盲目增加人口规模，极易造成贪大求洋的政绩工程，造成用地闲置浪费和基础设施利用效率低下。其次，人口的学历、职业技能、收入水平和发展需求等因素是影响城镇产业发展、性质定位和公共服务方向的关键因素，为人口提供宜居、宜业的生产和生活环境是城镇发展和城镇规划的核心目标。人口分析是规划编制的重要内容，新的发展时期，人口因素分析不仅仅局限于传统的人口规模预测，应对人口规模、空间流动和需求进行全面深入的研究，以满足人口就业、生活和公共服务需

白玮：国家发改委城市和小城镇改革发展中心规划研究部发展规划室主任、博士、高级经济师。

求服务为宗旨，科学编制城镇发展规划。

二、影响人口的规划因素分析

1. 环境因素

环境因素包括区位、交通、生态环境、基础设施等因素，体现了小城镇已经具备的发展基础和潜力。如果小城镇区位优越，交通便利，基础设施容纳能力强同时生态环境优美，则小城镇经济社会发展的基础条件较好，对产业、人口的吸引力较强。

2. 经济因素

经济因素主要指小城镇产业类型和经济结构。就业是人口生产生活的基础，是带动人口集聚的重要动力，因此产业类型和经济结构决定人口规模、学历、收入结构的核心因素。劳动密集型产业类型和以第二、三产业为主的小城镇有利于吸纳人口，同时大力发展二、三产业，提高农业产业化水平是促进农村劳动力转移的主要途径。

3. 公共服务水平

公共服务水平是城镇发展的核心竞争力。公共服务水平包括教育、医疗服务水平、社会保障和文体活动开展等方面。人口生产生活的需求直接体现为对公共服务水平的要求。小城镇公共服务水平与城镇经济实力密切相关，经济实力较强的城镇对公共服务方面的投入水平较高，良好的教育、医疗服务和社会保障水平是吸引人口集聚的有利因素。

4. 政策因素

目前，我国执行的是以户籍管理为核心的，由教育制度、医疗制度、住房制度和社会保障制度等构成的城乡二元的体制，虽然目前各地在农民工市民化和外来人口本地化的过程中，在子女教育、医疗和保障方面做出了有益的探索和尝试，但目前制度约束和障碍依然存在，对人口发展和城镇规划存在一定的影响。

三、人口因素与规划分析内容

根据规划的要求和内容，人口分析着重从数量分析，空间分析、结构分析和需求分析四个方面进行。

根据我国现有的人口统计口径和方法，人口数量分析主要包括常住人口数量、外来人口数量、户籍人口数量三个方面。人口数量的分析主要用于用地空间、水资源、排污设施、教育、医疗等公共服务设施承载能力的分析和预测。

人口空间分析，主要对人口在区域范围内的空间分布情况进行分析。人口空间分析是规划引导各类用地空间，交通运输、商贸服务设施、产业发展空间布局城市导向等各要素的合理发展。

人口结构分析包括人口在三次产业间的就业结构、年龄结构、学历、职业技能和收入结构等。人口就业结构分析主要指劳动力在三次产业间的分布情况，年龄结构主要指不同年龄段人口数量；学历、职业技能和收入结构主要是不同学历层次、职业资格和收入水平人口的数量和比例关系。人口结构分析是分析产业发展潜力，城镇发展定位、居住、服务设施空间布局等的重要参考。

人口需求分析，针对特定问题对特殊人群的生活和生产服务需求进行分析，如针对工业集聚区周边居住人口的环境保护需求分析，针对集中居住小区餐饮、超市等商贸服务需求分析，针对城区更新改造居民的居住生活需求分析，针对外来人口子女教育，医疗保障和社会保险等方面的需求分析等等。

四、规划编制中人口分析的原则和理念

1. 科学客观合理预测

由于人口规模是城镇空间用地预测的重要依据，同时人口集聚能有效促进地方商贸服务业的发展，因此许多地方政府在规划编制时，忽视产业发展和就业吸纳能力等因素，盲目扩大人口规模，不理性分析人口对公共服务的需求，片面追求占地规模大、利用效率低的政绩工程。规划编制时要坚持科学客观的原则，合理分析人口增长因素和人口需求，避免造成资源浪费。

2. 与空间分布相结合

规划编制时在人口数量和规模预测的基础上，要重视和加强人口空间分布研究。根据产业布局、居住分布、商贸服务设施、公共服务设施等情况，综合研究人口空间分布，精确配置相对应的基础设施和公共服务设施，提高设施利用效率和规划实施效果。

3. 充分考虑不同人口需求

针对城镇发展的核心问题，对所涉及人口的需求进行详细了解的分析，充分考虑不同学历、收入和职业的人口对公共服务和基础设施有不同的需求，如外来人口就业、子女教育和社会保障需求，外来高学历技术人才对就业和投融资环境的需求，城市更新改造区居民对生产生活服务需求。细化的需求分析可为有针对性的，合理配置公共资源，有效满足人口需求提供有利的参考和依据。

五、规划编制过程中人口分析的主要任务和方法

1. 人口数量分析

人口数量方面，需要收集本地近 10 年常住人口、户籍人口和外来人口的变化情况，历年人口自然增长率（包括出生人口、死亡人口数量），历年人口机械增长率（包括迁入人口和迁出人口数量），户籍人口劳动力数量和外来人口劳动力数量。

数量分析的目标是为了更加准确地确定规划期间小城镇人口总规模和外来人口规模。根据收集数据，通常采用平均增长率法计算规划期末人口规模。人口规模预测公式为：$P = P_0(1 + K_1 + K_2)^n$。式中，P 为规划期末城镇人口规模，P_0 为城镇现状人口规模，K_1 为城镇年平均自然增长率，K_2 为城镇年平均机械增长率，n 为规划年限。

如果近期有重大建设项目落户小城镇，在规划期内人口机械增长较为稳定的情况下，可采用带眷系数法计算人口规模。具体预测公式为：$P = P_1(1 + a) + P_2 + P_3$。式中，$P$ 为规划期末城镇人口规模，P_1 为带眷职工人数，a 为带眷系数，P_2 为单身职工人数，P_3 为规划期末城镇其他人口数。式中，P 为规划期末城镇人口规模，P_1 为带眷职工人数，a 为带眷系数，P_2 为单身职工人数，P_3 为规划期末城镇其他人口数。

随着农村经济的发展，机械化程度和劳动生产效率的不断提高，出现了大量的农村剩余劳动力，具体预测公式为：$P = P_0(1 + K)^n + Z[f \cdot P_1(1 + k)^n - \dfrac{s}{b}]$。式中，$P$ 为规划期末城镇人口规模；P_0 为现状城镇人口规模；K 为城镇人口的综合增长率；Z 为农村剩余劳动力进镇比例；f 为农业劳动力占周围农村总人口的比例，一般为 45% ~ 50%；P_1 为城镇周围农村

现状人口总数；k 为城镇周围农村的自然增长率；s 为城镇周围农村的耕地面积；b 为每个劳动力额定担负的耕地数量，一般为 $1.4 \sim 1.7\text{hm}^2$；n 为规划年限。这种方法适合对具有剩余劳动力的小城镇人口规模进行预测。

2. 空间分析

人口空间分布方面，需要明确常住人口、户籍人口和外来人口集中分布地区的范围，人口数量，集中区域主要产业和服务功能。

空间分析的目标是为了确定现状人口和规划期末人口主要分布地区。编制小城镇规划，结合人口数据和 GIS 方法，将人口现状分布和规划分布结构体现在图件上，给地方政府以直观的印象。

3. 结构分析

人口结构方面，需要收集近 10 年本地劳动力和外来人口劳动力在三次产业间的就业人数，以及劳动力在本地主要行业间的就业数量。利用收集数据，主要明确本地劳动力和外来人口在三次产业间的就业结构。对一般小城镇而言，外来人口通常在二、三产业间就业分布比例较大。

4. 需求分析

人口需要方面，通常采用实地访谈和问卷调研的方式，对特定人口对特殊问题的看法，需求和改进期望进行调研，用统计分析的方法对人口需求进行分类归纳，为规划编制提供依据。

参考文献

[1] 林兆武. 小城镇总体规划编制中关于"人口规模"的思考. 福建建筑高等专科学校学报，2002（3）

[2] 王炜，纪江海，冯洪海，王广和，陈会云. 城镇规划中人口规模分析与预测. 河北农业大学学报，2001（7）

第二节 项目因素

执笔：吴　斌

建设项目是城镇发展的载体，是城镇经济社会活动的基本组成部分，也是城镇规划和建设的一个重要环节。如何处理好重大项目引进与城镇规划的关系是保证项目顺利建设、充分发挥重大项目的带动作用、推动城镇更好更快发展的关键。深入探讨重大项目建设对城镇规划的影响有利于我们今后更加科学合理的规划城镇发展。

重大项目具有城镇事件特殊性和突然性的特征，会对城镇原有功能、环境和运转秩序产生一定的冲击，并存在着容纳和对抗的矛盾。对于地区发展、文化延续来说，市场机遇在国内外经济发展条件下具有不确定性，多数小城镇的经济总量不大，如果招来规模较大的项目，很可能就引起突发性的经济增长和产业结构的根本性变化。目前，在国家提升城镇化质量、扩大内需的宏观背景下，重大项目的落地对城镇规划发展的影响就显得尤为重要。为此，我们从理论上并结合广东省大岗镇为例探讨重大项目建设与城镇规划的关系。

一、重大项目与城镇规划的关系

重大项目和城镇规划发展有着紧密的关系，它们既相互促进，又相互制约，而且有的重大项目本身就是城镇规划发展的重要内容。

首先，项目因素影响着城镇的性质和规模。尤其对于规模不大的城镇，往往一个重大项目的建设就决定了这个城镇的主导产业和主要职能，也决定了城镇的人口规模和用地规模。如邯郸的井店镇，天津钢铁集团进驻后，迅速将当地矿业开采优势转化为经济优势，又围绕钢铁产业链，相继引进建成了精密铸造、粉煤灰开发等一系列项目，形成了规划总面

吴斌：国家发改委城市和小城镇改革发展中心规划研究部土地规划室主任、助理研究员、博士。

积6平方公里并店循环经济生态产业园，并配套延伸出物流运输等生产性服务业。

其次，在现有城镇引进、扩建重大项目，不仅需要城镇提供基础设施及生活服务设施，而且将对城镇的性质、规模、布局发生重大影响。在新区，一条道路的出现，往往就是一个城镇的雏形。一个国家大型项目或企业的进入，一般都会形成几万甚至十几万人口的就业人口。如南沙新区成立前，中船龙穴造船项目落户就给广州市带来几万的就业人口，但当时南沙工业区规划建设缺乏相应的配套生活服务设施，区内工人每天坐班车往返于广州城区，形成了"钟摆式"人口流动，一方面加大了广州城区的居住、交通压力，另一方面没有在南沙形成相应的生产性成本和居住成本。

再次，应加强城镇规划对重大项目的引导作用，只有在科学城镇规划的指导下，加强与城镇服务功能的融合，才能更好地保证重大项目的综合服务效应，并推动其顺利实施。如上海的安亭镇从2000年起，以自身独特的地理位置和雄厚的汽车产业基础，规划定位为上海汽车国际城，明确提出引进世界大规模汽车生产企业，随之而来吸引国内外一大批的零部件配套企业入驻，不断完善和优化工业园区的建设，经过这十几年的发展，安亭镇已经成为全球知名汽车贸易中心。

二、重大项目与城镇规划之间的主要矛盾

重大项目引进对城镇规划的主要影响表现在这几个方面。一是影响城镇的总体布局。由于重大项目建设占地面积一般比较大，加上建成后往往会形成一个产业集群和相关配套项目，使得不少城镇总体布局受到重大项目建设的多重制约和影响，项目的实施必然要对规划进行适当调整。二是重大项目建设一般都伴随占用大量土地和农民搬迁、安置，严重影响当地居民的生产生活，有时还会给当地造成一定污染。如华阴县的华能火电厂的投产给当地水质和空气带来严重的污染，所以重大项目建设对地方来说具有长期性、不确定性，困难多，矛盾大。三是重大建设项目的实施，必然会增加城镇基础设施的运行负荷，影响城镇功能的正常发挥。不少重大项目的建设不仅需要相当规模的基础设施，还对某些基础设施更有特别的要求，如电力项目对输配电线路和设施用地的要求，炼油项目对输油管道建设的要求，物流项目对道路交通设施的要求等。

城镇规划对项目引进和建设的主要影响表现在：城镇规划一旦审批，就具有法律性和强制性，一些重大项目的引进就要按照城镇规划布局避、让、绕，这样就会延长项目建设周期、增加项目建设投资成本、提高项目建成后的运行成本。

三、处理好重大项目对城镇规划的影响

1. 重视重大项目的前期可行性研究

在重大项目引进的前期工作中既要考虑项目自身发展前景，也要考虑项目整体和长远的综合效益；既要研究项目的总体设计，也要根据所在城镇和区域的条件，统一规划相应的城镇基础设施。通过城镇规划与重大项目前期工作的衔接，使重大项目与城镇统一规划，协调发展。

凡在城镇规划区范围内，重大项目的选址都必须符合城镇规划要求，既要满足建设项目的使用和发展之需，又不得破坏城镇环境，影响城镇合理布局和长远发展。在项目可行性研究和选址的过程中，要分析论证项目对城镇经济、社会和环境等方面的影响，充分研究城镇规划对项目的要求与制约，充分考虑项目能否带能动当地居民的就业，为老百姓增收服务，能否促进当地原有产业的发展和提升，以及提出合理的与项目有关的城镇基础设施和生活服务设施安排建议。因建设需要对城镇规划进行重大修改时，须按程序报请批准。

2. 充分考虑多方意见

凡与城镇建设有关的重大项目，应在当地多部门的共同参与下进行选址。各级有关部门在审批项目建议书、设计任务书和可行性研究报告时，应征求环保、城建、水利、交通、土地等相关部门的意见。完善重大建设项目决策的公众参与机制，一方面是落实信息公开制度，政府要及时、准确地向社会公开项目信息，确保公民的知情权、参与权、表达权、监督权。另一方面完善程序性制度，包括调查公众意见、征询咨询专家意见、召开座谈会、举行论证会和听证会等。调查范围应当与建设项目的影响范围相一致，调查内容的设计应当简单、通俗、易懂，避免

可能对公众产生明显的诱导，被调查的公众必须包括受建设项目影响的公民、法人或者其他组织的代表。目前尤其是一些环保类项目更应注重公众参与，避免造成恶劣影响。

3. 统筹安排各项基础设施建设

城镇相关部门还应积极配合国家重大项目建设，提供有关规划资料，做好项目选址与城镇规划的衔接工作，保证城镇功能的合理布局。各级政府和相关部门要按照城镇规划的统一部署，安排好与项目配套的基础设施和服务设施的建设，统一规划城镇基础设施的建设。为保证重大项目建设，在安排项目的同时，应当合理安排城镇布局，根据区域和城镇的水文、地质、气象等自然条件和城镇社会经济发展现状，应科学合理规划相应的城镇供水、排水、道路、桥梁、公共交通、通讯、防洪、供电、热力、煤气等基础设施的建设。

4. 提升城镇规划质量，服务于重大项目建设

凡拟在现有城镇新建、扩建、改建的项目，应依据已批准的城镇规划，研究是否适宜在当地建设；对确定可以建设的项目，应按城镇规划安排其用地位置。凡在新区建设的项目，在选址的同时要考虑新区的建设条件，审批项目亦应同时审查新区总体布局方案。另外也要系统研究本地区内国家区域性规划、国家重大项目投资情况，城镇规划的编制工作要抓紧与之对接。为适应和配合重大项目引进，要加强城镇规划的研究力量，创新城镇规划编制方法，综合运用经济学、社会学、生态学、环境学等多学科，探索城镇经济社会发展规划、空间规划、土地利用规划等"多规融合"的编制办法。

四、重大工业项目引进对城镇规划的影响——以广东省大岗镇为例

1. 大岗镇原先的规划思路

大岗镇位于广州市的东南部，是广州5个重点中心镇之一，距番禺区中心27公里，距省会广州57公里，处于珠三角发展的核心区域，是珠三角城镇网络的重要节点，水陆交通便利，区位优势突出。

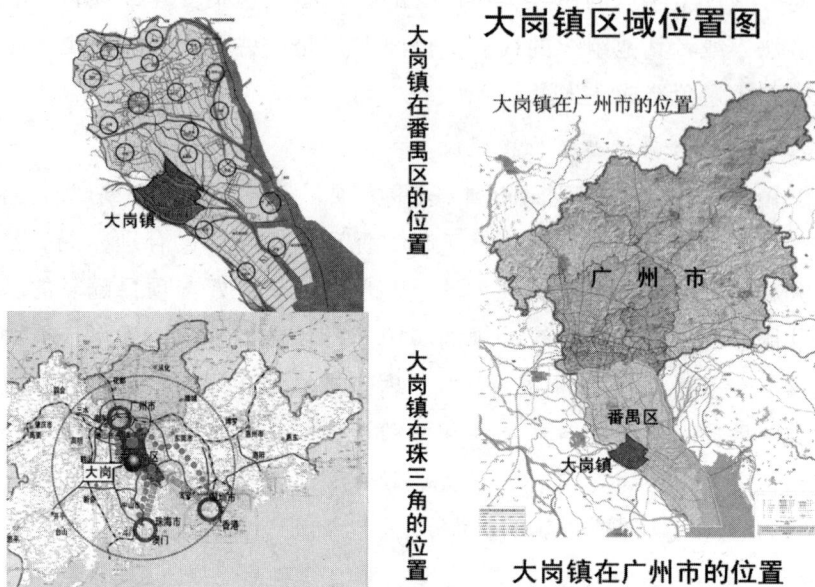

大岗镇区域位置图

大岗镇在番禺区的位置

大岗镇在珠三角的位置

大岗镇在广州市的位置

大岗镇在广州市的位置

图 3.1 大岗镇区位分析图

2008 年，我们在编制大岗镇经济社会发展规划时，恰遇金融危机的冲击，产业结构升级压力巨大，另外中船柴油机基地、沈阳重工和广州热电厂等项目拟落户大岗。当时根据其自身的发展特点和面临的发展机遇，对大岗镇提出发展定位是：国家现代装备工业基地，发展现代化产业；广州南拓生活服务发展轴上的重要节点；适合中等以上收入人群宜居宜业的小城镇。

根据大岗镇总体规划、空间布局现状、行政区划调整及未来发展方向的要求，规划同时提出大岗镇空间布局总体框架："两心一环，三轴四区"。两心包括由原大岗镇区和部分原灵山镇区组成的综合服务核心和由十八罗汉山山体及其周边山体、公园、水体组成的集休闲、度假、生态涵养功能于一体的城市绿心。一环是指围绕两心的镇区建成区扩张环，是未来 10 年的重点发展区。三轴是以东新快线发展轴、蕉门水道发展轴和中部拓展轴为主的空间拓展轴。四区为工业集聚区、商贸服务区、生活居住区、生态休闲区。

土地利用方面，合理规划镇域建设用地总量：包括建成区建设用地、农村建设用地、镇域交通用地。规划至 2020 年，镇域建设用地总量为 1880 公顷。建成区建设用地达 1120 公顷，新联工业集聚区面积达 484 公顷，农村建设用地 153 公顷，镇域交通用地 123 公顷。

2. 重大项目引进后，规划调整的思路

2008 年底出台的《珠江三角洲地区改革发展规划纲要》，对珠三角地区的产业升级提出了要求，部署的五大战略定位之一就是要在珠三角建设一个世界先进制造业基地。广州大型装备产业基地项目是广东省、广州市积极响应国家扩内需、保增长、调结构的总体部署，2009 年 1 月 18 日正式落户大岗镇，考虑其除了具有中心镇的政策优势和多年积蓄的后发优势之外，同时还具备良好的天然地理优势，海岸航道非常适合建设大型装备产业之需。项目占地面积 42 平方公里，规划为大型船舶配套区和大型装备区两大主功能区，主要发展船舶、新能源发电装备、数控机床等重型装备、关键零部件制造以及海洋工程项目。2011 年 10 月，广州市为拓展南沙新区的发展空间和承载能力，将沙湾水道以南原属于番禺区的大岗、榄核、东涌三个镇划归南沙新区管辖，南沙新区也成立为国家级新区。

南沙新区在其发展规划中提出要成为粤港澳优质生活圈、新型城市化典范、以生产性服务业为主导的现代产业新高地、具有世界先进水平的综合服务枢纽、社会管理服务创新试验区。大岗镇以装备制造业和信息技术产业为代表的先进制造业正填补了新区之前的发展空白。因此，大岗镇未来发展应致力于增强产业极化能力，提升产业服务功能，并具备一定的专业化服务职能，与南沙一起成为广州参与区域竞合的战略地区，真正发挥联动珠江两岸产业经济合作与交流的节点作用。随之大岗镇的发展定位也重新明确：以生态型综合新城模式为导向，具有区域性节点价值，面向特色化服务的大型装备制造业新城，实行先进制造业和现代服务业"双轮驱动"的竞争力提升战略。产业发展目标定位为：集中精力做大做强第二产业，以大型装备制造业为主导产业，以现代服务业和生活服务业为支撑，以特色农业为补充，形成三次产业协同发展、优势综合集成、结构优化升级的可持续发展产业体系。

发展举措提出：①依托基地，带动大岗镇传统产业升级，全面提升大岗城镇化水平；②完善、特色化生产性服务、生活性服务配套，打造珠三角产业工人综合素质培训和输送的基地；③有效安置失地农民，充分保障农民的合法权益，鼓励"折股量化"的土地流转。

大岗镇的镇域空间结构也随之改变，重新规划将形成"一城三片六组团"的空间结构。沿广珠快线、南港大道、入园大道为发展轴形成南、中、北三个发展片区，其中南北片区集中发展大型装备产业，中部片区为新城的综合配套中心。装备产业按分工形成四个组团，另外再加物流组团、新城的综合服务中心组团。

随着占地42平方公里的广州市大型装备制造业基地的规划布局，基本农田将在全市范围内进行占补平衡，而对于大岗镇，其建设用地的规模必然剧增，因此必须对大岗镇土地利用规划进行调整。用地结构规划提出：城镇建设用地约3060公顷，约占总用地的60%；工业用地约1590公顷，约占总建设用地的占建设用地的50%；仓储用地约580公顷；混合用地约300公顷；居住用地约240公顷。

针对广州大型装备产业基地的落户，规划中提出大岗镇今后要做好以下几点：

①在产业升级与整合方面，要处理好几大关系。即国内与国际市场、原有制造业项目和新引进项目、大企业与中小企业、制造业与服务业、资本密集加技术升级趋势与劳动力密集流入之间的关系。

②完善外来农民工的公共服务体系，接收外来人员子女入学，加大对本地居民和在本地工作外来人员的再教育和职业培训，建立完善外来人口的医疗保障、社会保险以及劳动合同管理方面的制度。

③进一步优化人居环境，建设世界性现代装备制造业基地，以快速轨道交通和高速公路串接沿线城市、城镇、产业聚集区，培育沿线各城镇和产业聚集区的发展，加强交通枢纽建设，提高各类交通方式的网络化程度，建成区域综合交通运输网络，引导城镇体系有序发展。

参考文献

[1] 张军. 小城镇规划中的"不定性"及其对策研究. 城市规划汇刊, 1997 (6)

[2] 占世良. 做好重大项目建设与城市规划的总结研究. 中华建设, 2009 (8)

[3] 石楠. 试论城市规划社会功能的影响因素——兼析城市规划的社会地位. 城市规划, 2005 (8)

［4］杨伟民主编．规划体制改革的理论探索．北京：中国物价出版社，2003

［5］张同升，刘长岐．快速城镇化发展背景下的中国城镇规划问题．城市发展研究，2009（8）

［6］陆大道，叶大年等．关于遏制冒进式城镇化和空间失控的建议．中国科学院：2008年科学
发展报告．北京：科学出版社，2008

［7］汪光焘．科学修编城市总体规划，促进城市健康持续发展．城市规划，2005（2）

第三节　资源因素

执笔：鲍家伟　吴　斌

城镇经济社会发展离不开资源的支撑，而这些资源要素可分为两种类型，即必需型资源和特色型资源。必需型资源为城镇发展提供坚实的物质基础，缺乏其中任何一种资源，城镇就无法可持续发展，包括土地资源、水资源等自然资源；特色型资源是为少数城镇所拥有，在一定条件下可吸引人力、资本等经济要素积聚，从而为城镇发展添砖加瓦，增添另一份动力，包括农业资源、矿产资源、生态资源、人文资源、旅游资源等。缺乏特色型资源并不必然使城镇处于不可持续发展状态，但如果一个城镇既缺乏必需型资源又没有特色型资源，那么该城镇必然是不可持续发展。

制定城镇发展规划时，需要对城镇的资源状况进行充分的调查、分析和研究，在资源基础上决定经济社会的发展方向，这样的规划才能体现出科学性、针对性和可操作性。

一、必需型资源

1. 土地资源

土地是城镇发展的最基本载体。一方面，城镇发展需要足够的建设用地来支撑城镇建设、产业发展、住宅商贸、旅游休闲等各类用地需求；

鲍家伟：国家发改委城市和小城镇改革发展中心规划研究部助理研究员、博士。

吴斌：国家发改委城市和小城镇改革发展中心规划研究部土地规划室主任、助理研究员、博士。

另一方面，耕地、园地等农用地资源，在发挥生产功能保障粮食安全的同时，也发挥了其生态功能，为城镇发展创造良好的生态环境。因而，如何优化配置土地资源，对于城镇发展来说，至关重要。

就内部因素来说，要关注城镇自身是否有充足的发展空间，即有多少适宜开发建设的非建设用地。每个城镇因为经济发展水平、功能定位、地形地貌等不同，发展空间的多与少也不尽相同。处于沿海经济发达省份的城镇，经过长时间的快速发展，建设用地占比较大，已很难有大块成片可开发的非建设用地，发展空间捉襟见肘；处于粮食主产区的城镇，因多位于平原地区，可用发展空间看似较多，但在保障粮食安全的大环境之下，这些优质的耕地等农用地资源必须加以好好保护，不可能都拿来搞建设；处于山地丘陵地带的城镇，地形地貌导致适宜利用的土地资源相对贫瘠，发展空间十分有限。而发展空间的紧与松，直接影响着城镇规划的制定。

就外部因素来说，有充足的发展空间，未必就都能用于城镇发展。当前，在最严格的耕地保护制度之下，建设用地管理坚持控制总量、优化增量、盘活存量、用好流量、提高质量，有疏有堵、有保有压，形成了"1+8"的组合政策，以此保障城镇发展的合理用地需求。

"1"是指建设用地的增量安排，以年度新增建设用地计划指标来调节和约束。但随着增量指标的逐渐趋紧，靠传统粗放型方式支撑城镇发展已不合时宜，土地利用必须向集约型转变；过度依赖增量用地外延式发展已难以为继，必须主动探索走存量挖潜内涵式之路。增量指标的紧缺所造成的城镇发展用地瓶颈，倒逼地方政府践行节约集约用地理念，探索土地供给新途径，从而拓展建设用地新空间。

在实践中，各地已探索出拓展建设用地新空间的8条途径。包括：农村土地整治，即"田水路林村"综合整治，不仅可新增耕地10%～15%，还可改善农村生产生活条件；严格规范开展城乡建设用地增减挂钩试点，在建设用地规模不增加的前提下优化用地结构和布局，在保护耕地的同时也为城镇化提供用地保证；低丘缓坡开发，即在保护生态的前提下城镇和产业建设上坡上山，少占或不占耕地；工矿废弃地复垦利用；城镇低效用地再开发，挖掘存量用地并促进城镇的更新改造和产业结构调整转型；闲置建设用地处置，通过盘活闲置土地增加用地空间；科学围填海造地；戈壁、荒滩和沙漠等未利用地开发利用。

通过用好增量，用足存量，坚持最严格的耕地保护制度和最严格的节约用地制度，在保护耕地的同时，用有限的土地资源来支撑城镇可持续发展。

2. 水资源

水是生命的源泉，人类的生存和生产都离不开水。水资源丰富与否，影响着水的供给，也决定城镇发展过程中的人口容量、产业选择等。城镇如有丰富的水资源，在满足居民日常生活用水需求的同时，也能保障农业、工业等生产用水需求，从而吸引人口集聚、促进产业发展。城镇如果缺水，水资源供给矛盾便会显现，不仅给居民生活带来不便，制约城镇人口的增长，而且还会影响产业发展，给城镇发展带来影响。我国是一个水资源短缺的国家，水资源人均占有量仅为世界平均水平的1/4，许多城镇都面临着缺水的困境，在现实生产生活中不得不采取限量供水来节约宝贵的水资源。

当前，由于环境污染、生态破坏等原因，水资源的质量也开始不断恶化。一些城镇虽然水资源丰富，但仅仅表现在数量上，由于水体污染，已不能成为合格的饮用水水源，甚至都不能当作一般用水来使用。由此可见，城镇发展中的水资源保护应引起重视。作为饮用水源地、水源涵养地的城镇，应提高产业准入门槛，避免高污染、高能耗行业进入；水资源质量不佳的城镇，应加强水环境治理、水生态保护，改善水体质量。

面对日趋尖锐的水资源供需矛盾，制定城镇发展规划时，应弄清城镇所辖区域内的水资源数量和质量，重点分析水资源的承载容量，明确人口规模、产业发展方向，实施可行的水资源供给对策。城镇发展离不开宝贵的水资源，城镇发展也要保护宝贵的水资源，通过合理配置有限的水资源，坚持节约用水，保障城镇发展用水需求的同时，也需加强水资源的开发和保护，实行开源节流并重。

二、特色型资源

1. 农业资源

在发展传统农业的同时，一些特色农业逐渐兴起，比如特色林果、特色水产等，这些特色农业已成为一些城镇所特有、具有品牌价值、能够形成产业的资源。具有特色农业资源的城镇，通过将特色农产品品牌化、规模化、产业化，打造成国家地理标志保护产品，可显著提升农产品的附加值，促进农业特色化发展。

农业资源不仅具有生产功能，还具有生态、旅游等其他功能。农业资源其实就是一种生态资源，所提供的绿色产品能间接地保护和营造优良的生态环境；农业资源也可视作一种旅游资源，都市现代农业、体验农业的发展，需要农业资源的有效支撑，在这个过程中，也实现了农业和三产的联动发展。

2. 矿产资源

矿产资源属于不可再生资源。矿产资源对城镇发展的影响体现在生产和消费两个方面。从生产方面来看，矿产资源的储量、品质以及开采年限直接影响到以开采矿产资源为主的资源型城镇发展，当矿产资源开发进入衰退或枯竭的过程时，城镇将面临产业转型问题。从消费方面来看，一旦地球上某种矿产资源开采殆尽，对以消耗该种矿产资源为主的城镇的发展影响较大，此类城镇必须寻找替代资源，以消耗该种资源为主的产业也将面临转型。

矿产资源丰富的城镇，即资源型城镇，其经济社会发展与资源产业相伴相随，资源型产业既是主导产业，又是支柱产业，城镇对资源产业的依赖性很大，造成城镇发展受到限制，城镇功能不完善，第三产业以及可替代产业发展落后。而根据资源型城镇发展的规律，资源型城镇必然要经历建设—繁荣—衰退—转型—振兴或消亡的过程。因此，此类城镇的发展规划，应居安思危，着重关注产业如何由单一转向多元，寻找新的产业支撑，以实现城镇的可持续发展。

3. 生态资源

良好的生态环境对于城镇来说，是一个重要的加分因素，在生态文明建设摆在重要位置的今天，丰富的生态资源可遇不可求，是一笔宝贵的财富。城镇的河流、湖泊、水库、山林、农田等，都可视作生态资源，它们不仅仅是一种资源，同时也是一种竞争力。生态环境优越的城镇，因为能提供良好的生产生活环境，会更受人们的欢迎，更容易吸引相关产业的进入。

在充分认识生态资源经济价值的同时，也要保护好这些优势的生态资源，为城镇发展留存更多绿色空间。因此，制定城镇发展规划，应强调优化生态环境，使之为居民提供生态服务的功能进一步强化；保护自然生态系统和资源，使之对城镇发展的支撑功能进一步强化；探索将生态建设与农业生产、旅游休闲结合起来，力求生态效益和经济效益的统一。

4. 人文资源

我国是历史悠久、文化灿烂的国家，先人给我们留下了许多宝贵的文化遗产，也使得一些城镇蕴藏着丰富的人文资源，历史文化底蕴深厚，诸如我国现有的历史文化名城、名镇、名村。人文资源不仅具有文化价值，也具有较大的经济价值。通过对人文资源的挖掘和开发，一些人文资源已形成产业规模，如剪纸艺术、版画艺术等，促进了城镇的文化产业发展。当人文资源与旅游深度融合，将文化之"魂"与旅游之"体"有机统一，不仅可以提升旅游的品位、精神价值和人文含量，也能增强文化的传播力。

具有丰富人文资源的城镇，应注重对人文资源的保护和管理，在此基础上，才能考虑如何去挖掘和开发人文资源的经济价值。

5. 旅游资源

在众多历史文化、自然山水甚至社会风情较为富集和独特的地区，随着当地政府对旅游业的日益重视，许多潜在、隐形的资源本体附加上旅游职能，逐渐转变为现实的旅游资源，并随着相关交通和接待条件的改善，使得周边城镇快速的成为具有一定知名度，且拥有良好接待能力的新兴旅游目的地。

众多与旅游者旅行游览相关的经济活动均需旅游资源所在地周边的城镇参与或提供条件，这就使得越来越多的人员开始从事旅游服务接待工作，其生活亦开始向城镇化转型，加速了人口向中心城镇的集聚，随着人口集聚到一定规模，便形成了新的城镇，或使得原有城镇的规模进一步扩大，致使区域内的城镇数目不断增加，规模不断扩大，最终带动整个区域城镇化水平的提高。

案例：土地资源对城镇规划的影响

——以广东省中山市小榄镇为例探讨土地集约利用模式

近年来，随着耕地保护政策和措施的加强和新增建设用地指标的严控，地方政府越来越感觉到发展的用地瓶颈。一方面是粮食安全的全局性战略问题，一方面是地区城市化发展的强烈需求，两方面压力促使各地政府开始把目光移向存量建设用地，纷纷寻求挖潜存量和集约用地的措施和方法，比较有影响力的当属城乡建设用地增减挂钩。

在山东、天津等地运行良好的挂钩政策，到了"长三角"、"珠三角"是否仍然适用，就需要具体的评估和衡量。本案例就是基于这样的初衷，以广东省中山市小榄镇为例，综合考虑土地利用、城乡差距和产业发展，分析建设用地增减挂钩在"珠三角"典型的工业城镇的可行性，并在此基础上探讨城乡布局优化和集约用地的新模式。

1. 研究区域概况

小榄镇位于广东省珠江三角洲中南部，属中山市管辖，是中山市北部地区重要的中心镇。小榄镇东和北与东凤镇隔河相望，东南与东升镇相连，西南与横栏镇接壤，西与古镇连接，西北与顺德市均安镇为邻。镇域面积 71.47 平方公里，另有新增土地 3.91 平方公里，合计 75.38 平方公里。小榄镇现状总人口 32 万，其中户籍人口 16 万，流动人口 16 万。流动人口多为外来打工人员。全镇经济总收入达 332 亿元，在国家统计局公布的全国综合实力千强镇中，小榄镇位列第七。

2. 城乡建设用地增减挂钩可行性分析

（1）城乡土地利用格局分析

2009 年小榄镇土地总面积为 71.97 平方公里，其中建设用地 55.87 平方公里，占到土地总面积的 77.63%；农用地 12.33 平方公里，仅占土地总面积的 12.33%。从 2005～2009 年，小榄镇建设用地扩张了 15 平方公里，城镇建设和产业发展是土地利用的主导方向。结合小榄镇 2008 年影像图可以看出，小榄镇城镇化发展迅速，近80%的面积被建设用地占据，农用地仅分布在镇区中部，且多为花卉苗木和观赏鱼养殖基地。

这种城乡格局和土地利用结构与内地及北方的省份有较大差别。因此，在城乡建设用地增减挂钩的条件上也存在差距。

内地及北方省份城乡之间界限明显，基础设施及资源分配差距大，从农民来看有参与城市化的自身愿望，从政府来看经过挂钩可以腾退一定的建设用地指标，在建新区出让土地收益拆旧安置成本很容易平衡，双方都有动力驱使，大规模的城乡建设用地增减挂钩推动起来就顺理成章。而小榄镇则情况不同，城镇建设程度较为均一，完善的基础设施配套和公共服务设施建设，使得村民的居住条件以及周边生活环境的舒适和便利程度也都很理想，也与镇区没有太大差距。因此，农民们改善自身生活条件的动力不强，没有进城的迫切要求。

小榄镇农用地面积比例小，农业大部分是花卉苗木和观赏鱼养殖等高附加值精品农业，不同于实施挂钩的其他省份大田农业，对农田的集中连片和规模化经营没有很高的要求。因此，土地挂钩之后，耕地集中连片带来的效益增加也不明显。

（2）现状农村居民点用地特点

早期土地利用规划意识薄弱，有些村集体在自建村民宅基地时选址过于随意，使得农村居民点分布比较零散。改革开放以来，小榄镇工业发展日渐繁荣，有一定的积累和基础，成为典型的珠三角工业强镇。全镇有8100多家注册工业企业，民营和集体企业就占到95%以上，许多企业就是当初诞生于村民集体或家庭作坊。工业厂房用地也就理所应当的混杂在居民点用地中，出现"村村有厂房"的现象。从小榄镇北部老镇区周边到镇域南部工业区，工业用地和居住用地呈现"插花式"分布、杂乱无章的状态，两种用地类型面积都不在少数。

小榄镇的工业企业规模以中小型为主，且多为劳动密集型工业，吸引了大量的外来人口。要解决外来务工人员的居住生活问题，就必须配置大量的建设用地，尤其是居住用地。除了较大规模的企业可以建得起职工宿舍外，中小企业考虑到成本和灵活性等问题，一般选择让职工在外租住房屋的方式来解决；当地村民不但将自住房屋出租，而且很乐意建出租房，供外来打工人员租住。在工业产房与村庄住宅搭配分布的情况下，小榄镇的农村居民点实际上承担了蓝领公寓的功能。这种经过长期相互选择得出的模式，不但解决了外来流动人口的住宿问题，同时也给当地村民增加了一部分收入，居民点从利用强度上来讲可谓比较集约。

在小榄镇这种土地利用率很高的城镇，如果开展城乡建设用地增减挂钩，肯定会同时涉及大面积居民点、厂房的拆迁和大量的人口安置。即使村民的安置用地能够解决，工厂及职工宿舍的选址也将需要大量的新增建设用地，挂钩前后用地的集约程度是否会有明显提升，是否与成本的投入相平衡也未可知。因此，从经济可行性和实施难度上来讲，传统的城乡建设用地增减挂钩在小榄镇未必真正合适。

（3）城乡居民收入

对于小榄镇这种珠三角典型的工业型城镇，另一个重要的特征就是城乡居民收入分配的差距。1980多开始，小榄镇从农业村镇慢慢过渡到工业重镇，农业用地面积每年逐渐缩小，特别是从1999年到2006年之间，3.5万亩农地转化为工业等建设用地。全镇16万城镇人口，从事农业只有6000多人，其他基本都是从事二三产业，农民和居民享有同样的工作机会，从工作收入上来讲可谓差距甚微。除去工作收入以外，农民每年还有家庭承包土地的收入、自有物业出租的收入、股份分红的收入等部分，这是城镇居民没有的收入。在小榄，经过多年来的培育，一个"两头小、中间大"的橄榄型社会已初步形成。据统计，小榄有6.4%的家庭家产超千万元，3.1%的家庭生活比较困难，其他90%以上都属于有一定基础和稳定经济来源的中间收入家庭。随机调查的三个村庄居民及村委会的收入情况如表3.1。

表 3.1　　　　　　　村委会及村民收入情况表

村名	总人口（人）	家庭年纯收入（元/户）	收入构成		企业总数（个）	村委会收入	
			农业收入（元）	非农收入（元）		总收入（万元）	收入来源
埒西一村	5153	67600	5000	62600	430	3162	土地、物业租赁
盛丰村	7463	71800	5000	66800	73	3706	土地、物业租赁
联丰村	8023	72000	4000	68000	420	4702	土地、物业租赁

从统计数据上可以看出，由于有大量企业的入驻，村委会每年的土

地和房屋出租收入也是相当可观。小榄镇股份分红每股每人约 3300 元，加上出租屋和个人的工作收入，小榄镇农民家庭年均收入平均在 7 万元以上，明显高于城镇工薪阶层和外来打工人员的收入水平。另外，政府实行城乡一体化发展，推进村改居政策，农民社保医保完善。因此，小榄镇将以往的"城乡差距"变"乡城差距"，农民变得比居民富有。

实施城乡建设用地增减挂钩很重要的一个目的就是要提高农民生活水平，让农民带着自己的土地资源参与城市化，享受经济发展的成果。这当然是在城乡差距普遍存在，农民生活和收入水平明显低于城市生活水平的前提和假设之下而得出的。而对于小榄镇这样一种城乡一体化发展的小城镇来说，城乡建设用地增减挂钩缺少内在动力，换句话说就是农民根本没有提高自己生活水平、参与城市化的强烈愿望。增减挂钩实施之后，工业用地和居民点都存在重新规划和安排，工业进园区，农民上楼房，职工进公寓。这对于部分村庄的土地、厂房等物业出租收入以及村民的自有出租房收入都会有一定程度的影响。

另外，就小榄镇现状来看，征地和安置补偿将是政府要考虑的主要成本。工业用地按照原用途的补偿已经是不小的数目，反观当地农民，他们的生活水平比居民还高，并且充分了解土地所能带给他们的收益和价值，如果不得到一个令他们满意的高价，他们是不会轻易同意拆迁的。而且，本来富有的农民万一得到高额补偿，会形成新的不公平，很可能引发社会问题。所以，即使实施挂钩，征地安置补偿也将是小榄镇的头等障碍。

3. 城乡布局优化和集约用地模式探索

综合以上几个方面的分析，由于小榄镇城乡差距不明显，工业与居住用地混合分布，收入分配和社会结构稳定等显著特点，传统意义上的城乡建设用地增减挂钩不存在基本的实施条件和发展动力。因此，必须从该镇社会经济发展水平和土地利用格局出发，本着城乡建设用地增减挂钩节约集约用地、保护耕地的原则，以城镇建设、产业发展和人民生活水平提高为核心，寻求城乡建设用地增减挂钩的"小榄"模式。

"三旧改造"，是指旧城镇、旧厂房、旧村居改造，是国土资源部与广东省开展部省合作，推进节约集约用地试点示范省工作的重要措施。

2008年开始，广东省以佛山市为试点，高举"三旧改造"大旗，大力推广"政府出政策、所有者（使用者）出土地、投资商出资金"的市场化改造模式，在具体项目建设中实行"谁投资谁收益"，充分调动了社会各界参与"三旧"改造的积极性，实现多方共赢。有效解决用地矛盾的前提下，完成了产业转型、城市转型和环境再造的目标。目前，"三旧改造"经过试点的实践检验，已经上升为广东全省的发展战略。

对于发展中的小榄镇来说，撬动民间资本，盘活存量用地，实现城市和产业转型正是其目前发展的迫切要求。而"三旧改造"也经过实践的检验，在这些方面是有其独到的优势。不仅如此，其灵活多变的运行模式和多方共赢的参与机制从根本上体现了广东省经济社会发展的实际，对小榄镇也有很好的指导意义和参考价值。因此，小榄镇要实现产业转型和集约用地的目标，不妨借鉴和吸收城乡建设用地增减挂钩和"三旧改造"的优点，将两者有机结合，创造出更加符合自身实际的用地和发展模式。

（1）村镇尺度——实施城乡挂钩，形成用地组团，优化城乡格局

针对小榄镇"村村有厂房"等用地杂乱无序的现象，优先要理清各用地类型的功能和用地集约度，以村镇和工业小区为基本单位，重新组织、合理划定用地分区，形成村镇混合用地组团，以便于基础设施和公共服务设施的进一步配套完善。同时加强各分区内部用地之间的分工和协调，变无序为有序，提高用地效率，改善生活生产环境。例如，可将原来功能单一的村级工业基地打造成一个工业为主导、居住和公共服务设施配套相对完整的城市新区，营造以工业促进商业、以商业带动工业的和谐发展局面，实现"腾笼换鸟"。

（2）村镇内部——配合三旧改造，促进产业提升，改善城镇、村居和厂房面貌

对于村镇和工业小区内部，不适合大规模的拆迁合并，适宜配合"三旧改造"进行小范围内的空间重组和厂房村居的更新，建成集"工商住"为一体的混合组团。商业区、旧城、旧村、旧工业区等均可被纳入"三旧改造"。参与机制上，鼓励权利人自行改造，改造项目无需由"发展商"实施。改造功能方面尝试多样化，可以"工改商"、"工改住"等。另外，过程中可以继续推进"村改居"的工作，提高村镇建设的容

积率和集约度，完善基础设施和公共服务设施建设，真正从硬件和软件上实现村镇的就地城市化，让农民在家门口享受到城市的生活。腾退出的建设用地指标在优先满足各社区村镇基础设施建设的前提下，可以通过镇级汇总用作镇区建设发展。

通过在两个尺度上采取不同的模式进行城乡布局优化和集约用地，既可以避免传统的大拆大建带来的弊端，又很好地吸收了"三旧改造"的宝贵经验，充分调动各方积极性，达成共赢局面。

4. 结论与讨论

用地指标紧张向来是令地方政府，特别是经济发达地区最头疼的矛盾。因此，节约集约用地一直是国土资源部门研究的重点问题。各地政府也根据当地实际做了很多大胆的尝试，但是不管是城乡建设用地增减挂钩、"三旧改造"抑或是"大村建设"等等，都是在特定的条件下产生的，也都存在一定和局限性和适用范围，实际操作中如果生搬硬套往往造成政策的水土不服，不但看不到效益而且浪费了资源。所以，在真正推行之前应该充分考虑当地的土地利用格局、产业发展现状、社会经济实力等方面因素，综合衡量政策的可行性，把握好实施的预期效果，选择恰当的发展和用地模式，这样才能创造多方共赢的效果。

参考文献

范国文，熊宁. 我国小城镇不可持续发展的资源因素探讨. 经济地理，2003（1）

第四节 财力因素

执笔：吴晓敏

一、政府财政

政府财政能力是指政府对财政资源的运筹能力，例如对财政收入的

吴晓敏：国家发改委城市和小城镇改革发展中心规划研究部。

汲取、分配、管理等等。财政能力是政府发挥职能的基础，也是促进地方经济、社会发展的基础条件。通常财政能力由财政收入和财政制度两个核心因素决定，可以反映出政府在财政收入汲取和使用过程中对经济、社会所产生的影响。政府财政能力实际上是一种质与量的统一，财政收入为量，财政制度为质，但通常在财政制度相对固定的条件下，政府财政能力的大小侧重于财政收入的多少。

我国从 1994 年起至今采用分税制，地方政府的财政收入来源主要由税收收入、中央转移支付、非税收收入、债务收入和制度外收入构成，一般地方政府财政收入构成如表所示。

收入来源			分享比列（%）		备注
中央与地方共享收入	增值税		中央	75	2009 年开始实施增值税转型改革，容许企业抵扣其购进设备所含的增值税
			地方	25	
	所得税	企业所得税	中央	60	除铁路运输、国家邮政、四大国有商业银行、三家政策性银行、中石化及中石油等企业外。2003 年前中央与地方共享所得税 50%，2003 年之后调整为中央 60%，地方 40%
			地方	40	
		个人所得税	中央	60	
			地方	40	
	资源税	海洋石油资源税	中央	100	海洋石油开采企业没有向中央上缴这一税收，而是以矿区使用费的形式上缴，从而使资源税成为单纯的地方税种
			地方	0	
		其他资源税	中央	0	
			地方	100	
地方固定收入	证券交易印花税		中央	97	1997 年中央与地方分享比例由 50：50 调整为 80：20，2000 年后调整为 97：3，只有上海和深圳分享
			地方	3	
	营业税		地方	100	不含铁道部门、各银行总行、各保险公司总公司集中交纳的
	城市维护建设税		地方	100	不含铁道部门、各银行总行、各保险公司总公司集中交纳的
	契税、房产税、车船使用税、印花税、耕地占用税、烟叶税、土地增值税、城镇土地使用税等				

分类 A	具体组成	分类 B	
税收收入	增值税（25%）\ 企业所得税（40%）、个人所得税（40%）营业税、城市维护建设税、契税等主要税种	预算内收入	
中央转移支付收入	税收返还		
	一般性转移支付（财力性转移支付）		
	专项转移支付		
非税收入	行政事业性收费（《2008 年全国性及中央部门和单位行政事业性收费项目目录》的 236 个项目中有 141 个项目于地方财政相关或全部归于地方财政，除此之外，各地方政府还出台有其他种类行政事业收费项目）	预算内收入	预算外收入
	专项收入（排污费、水资源费、教育费附加等）		
	罚没收入		
	政府性基金		
	国有资本经营收入（地方国有企业上缴利润）		
	国有资产与国有资源有偿使用收入		
	其他费税收入，如彩票公益金，以政府名义接受的捐赠收入、政府财政资金产生的利息收入、行政许可收入		
债务收入	直接债务收入	债务收入	
	间接债务收入：主要是城投公司负债		
其他收入	制度外基金、制度外收费、制度外集资源摊派、制度外罚没和"小金库"等	制度外收入	

资料来源：刘志广："我国地方财政收入来源及其规模"，《地方财政研究》，2010 年第 4 期。

二、政府财政与规划的联系

通常经济社会发展规划是在对城市的基本现状进行分析的基础上确定城市未来发展的战略方针，并且制定出具体的规划目标、规划对策和发展措施。对城市基础现状的分析则应涵盖区位条件、人口概况、产业、生态环境、公共服务、空间结构等各个方面的现状分析概括，并提出当前发展面临的主要问题。

政府财政能力和城市规划的直接关联主要集中在两方面，合理的规划对地方产业发展会提出明确的发展指导能够有效的促进当地经济发展，从而保障政府财政收入在较长的时期内稳定的增长；而另一方面政府财政是城市建设的物质基础，财政能力的好坏决定了规划提出的目标及措施是否在实际中能够得到落实，这方面集中体现在政府财政对城市公共事业的投入。

从政府财政的指标体系来分析与城市规划的关联。政府财政能力的指标体系可总结如下表。

第一层次指标	第二层次指标	第三层次指标
政府理想的财政能力	确保社会稳定能力	贫困率
		就医率
		入学率
		文盲率
		不同学历人口比例
		破案率
	促进经济发展能力	经济建设之初占财政支出比重
		引导性支出占财政支出比重
		民间资金挤入率
	实现区域平衡发展能力	人均财力
		赤字率和赤字面
		债务依存度
		地区差距指数
	应急反应能力	灾害损失占 GDP 比重
		预备费占财政支出比重

资料来源：李学军、刘尚希主编：《地方政府财政能力研究，以新疆维吾尔自治区例》，中国财政经济出版社 2007 年版。

政府财政能力体系的中的第三层次指标反应出了政府财政和规划中涉及内容的关联。首先是直接集中体现在政府财政对城市公共事业投入，例如：教育、医疗、治安、应急能力等方面；其次间接关联则以促进经济发展能力为主，例如经济建设占支出比重、民间资本挤入率等。规划中涉及的各个方面由于资金需求的不同以及自身性质的不同对建设资金的供应方式也有所不同，即规划中部分内容的项目建设资金依赖于政府财政的完全投入，而部分内容的项目建设资金则依赖于市场化的融资渠道。

按照公共产品理论，城市公共设施及服务分为公共产品、准公共产品、和私人产品，不同的产品对项目建设资金有不同的供应方式。

	基本特征	供应方式	实例
公共产品	共同消费，不易排他	政府提供政府投资	城市道路、绿化、防灾设施
私人产品	单独消费，无外在利益消费，易于排他	市场提供，向消费者收费	电信、电力
准公共产品	单独消费，具有外在利益消费，易于排他，可能发生拥挤	市场提供，或政府资助市场提供，直接收费	供水、供电、供气、公共交通

资料来源：秦虹：《城市公用事业市场化融资概论》，中国社会科学出版社 2007 年版。

按照经营性质划分：

项目属性		市政公用基础设施实例	投资主体
经营性项目	纯经营性项目	收费高速、桥梁等	全社会投资
	准经营性项目	供水、供电、供气、公共交通等	政府适当补贴，吸纳各方投资
非经营性项目		城市道路、绿化等	政府投资

资料来源：秦虹：《城市公用事业市场化融资概论》，中国社会科学出版社 2007 年版。

由此可见对公共产品而言由于其公益性属于非经营性的项目，因此在规划中应明确政府对此类保障性项目的建设责任，对准公共产品由于其也具有一定公益性属于准经营性项目，在规划中应强调一定的政府职责提出建议性的投资模式合理确定各方的投资比重，而对纯经营性的项目，规划中应给出建设性的参考，提出参考及建议来积极吸纳社会资金的投入。

三、城市建设投入与负债

城镇化带来的巨大需求是目前我国经济发展的最大动力，也是关系到缩小城乡差距的核心问题，可以说在目前以及未来一定时期内没有什么比城镇化更重要。但我国城市建设中基础设施和经济社会发展水平不协调的问题尤为突出，早期城市建设对基础设施投入的不足带来的例如交通、环境、就业等问题已经造成对城市发展的负面影响，而目前快速城镇化又带来了基础设施建设新的需求。根据联合国开发署研究，发展中国家基础设施应占 GDP 的 3% ~ 5%，应占到固定资产投资的 10% ~ 15%，并且在城镇化的快速阶段中，基础设施投资所占 GDP 比重还应适度提高。2011 年我国 GDP 总量为 472881.6 亿元，按照"十二五"期间预期每年增速为 8%，截至 2015 年 GDP 估计约为 643350 亿元，按照3% ~

5%的标准推算，截至 2015 年的城市基础设施投资约为 19300.5 亿 ~ 32167.5 亿元。如果按照固定资产投资比例计算，投资需求则更大，2011 年固定资产投资为 311485.1 亿元，2001 ~ 2011 期间年均增长率为 22.6%，"十二五"期间按照年均增速 20% 的保守计算，2015 年固定资产投资约为 645895.5 亿元，按照 10% ~ 15% 的标准推算，2015 年城镇基础设施投资约为 64589.55 亿 ~ 96883.33 亿元。国家开发银行业务发展局局长刘勇也曾表示"十二五"期间中国城市化率将每年提高大约 1 个百分点，大致需要在城市基础设施建设领域融资 48 万亿元。由此可见目前我国每年城市基础设施的资金需求是巨大的，这对于政府财政来说无意是一个严峻的挑战。面对如此庞大的资金需求依靠传统的政府财政投入，已无法解决实际需求，因此必须将城市建设的资金需求按照项目属性进行有效的划分，对公益性的公共产品，明确政府责任的同时加强财政投入的监管提高资金使用效率；对半公益性以及私人产品加大对社会民间资金的吸纳，积极引导社会闲散资金的投入，同时对此类建设项目按照市场规律加强价格监管，在确保项目有效运转的同时，价格也处于合理的范围。

随着我国经济发展信贷环境的逐步完善，负债经营已经成为城市建设主要的筹资方式。对城市这种负债式的经营在解决城市建设的巨大资金缺口中发挥了重要的作用，但负债经营也引致了部分城镇过度举债、无力偿还等问题的出现。原因集中在几方面：第一，渠道单一，过度依赖于银行贷款。城市建设项目大多属于公益性，政府职能要求此类项目必须投入建设，但是由于项目投资大、建设周期长、受益见效慢都造成了政府财政负担过重，同时单一的贷款渠道也导致了金融风险的增高。此外部分准经营性项目例如公共交通、能源供应等项目也由于收费有限、回报率低、回报周期常无法完全依托市场化解决，因此往往政府负债也是无奈之举。第二，缺乏风险意识，我国城市建设中存在一定的盲目性对建设项目没有明确的方向甚至有好大喜功形象工程，盲目举债造成资金使用效果不佳，负债难以偿还，对政府财政带来问题的同时严重影响了政府形象。第三，项目建设及运营过程中缺乏长期有效的监管。项目盲目建设的同时带来的是对债务及偿还能力的考虑不足，缺乏科学合理的论证及监管，对投资绩效缺乏有力的约束，造成达不到预期效果，成本无法收回同时债务加大的困境。

四、规划建议

政府财政能力决定了城市建设的成效关系着规划内容的落实，在编制城镇发展规划的过程中针对城市建设问题从政府财政的角度给出以下建议。

第一，对政府财政能力的有效评估。可根据当地产业发展现状对税源的稳定性和增长速度给出合理的预测。充分挖掘地方政府财政潜力，从外部来看地方在全国所处的位置，能够得到上级的政策、资金支持，从内部方面改进相应的财政制度，提高财政支出效益。从实际财政收入和财政潜力两方面合理的确定政府财政能力，对规划编制中各项发展目标及重点建设项目提出合理的财政依据，确保规划内容和财政能力相匹配，避免规划过于超前而造成无法落实，同时对城市建设在实际操作中的政府融资及负债能力评估奠定基础。

第二，规划编制过程中对经济、社会涉及的各个领域及重点项目按照公共产品、准公共产品、私人产品经行划分；明确哪些项目属于非经营性完全需要政府投入的，哪些是需要政府部分投入，以及哪些是完全可以依靠市场解决的。清晰的罗列出政府财政支出对城市建设部分的比重，同时最大可能的筛选出可以通过市场融资来解决的建设项目。对城市建设涉及的项目进行科学的筛选分类，明确政府责任并清晰界定出政府和市场各自承担的建设份额。

第三，政府投资项目的选择。根据对政府财政的分析，界定出政府财政的举债边界，根据建设项目需求确定政府财政在满足必须支出之后可用于其他非基本投资的资金。以此对投入项目进行相对合理的排序筛选，来确保必须建设项目的投入。同时为其他投资项目的选择提出了具有实际意义的指导，避免了盲目投资造成的资金浪费及其带来的金融风险。

第四，规划中强调政府财政的风险意识。城市负债类似于企业负债，负债前应有明确的建设方向、科学的论证对债务的成本核算、时间、风险、举债是否适度有理性的观念。强调树立合理的风险观念，保持城市建设中的适度负债，将债务边界控制在财政能力可承受的范围内，建立财政风险的化解机制。

第五，积极探索城市建设的融资模式。1997年国务院下发了《关于投资体制近期改革方案》，许多城市及地区开始组建城市建设投资公司，2004年颁布的《国务院投资体制改革的决定》进一步明确了政府职责和市场智能，鼓励市场资金投入城市建设。进一步推进城建公司建设，完善融资主体，拓宽融资渠道。目前社会信用、企业信用体系有待完善，未来将是拓宽融资渠道的重点区域。规划中根据其他地区所属同等发展阶段以及同区域内的城镇在城镇融资模式的尝试上总结提出适应于当地的融资模式供地方参考。

参考文献

[1] 李学军，刘尚希. 地方政府财政能力研究：以新疆维吾尔自治区为例. 北京. 中国财政经济出版社，2007

[2] 秦虹. 城市公用事业市场化融资概论. 北京. 中国社会科学出版社，2007

[3] 刘志广. 我国地方财政收入来源及其规模. 地方财政研究，2010（4）

[4] 袁凤林. 我国城市负债经营中存在的问题与解决建议. 财务与管理，2007（6）

第五节　技术因素

执笔：郗　望　高舒元

一、规划编制过程中技术的必要性

小城镇发展规划是研究小城镇的未来发展、合理布局和综合安排小城镇各项工程建设的综合部署，是一定时期内小城镇发展的蓝图。以小城镇空间的使用和组织为基准面，对小城镇研究中的各门学科的研究成果进行综合，通过对土地使用反映的社会经济关系及其发展变化为依据，

郗望：国家发改委城市和小城镇改革发展中心规划研究部。

高舒元：国家发改委城市和小城镇改革发展中心战略策划部。

进行空间调整，引导小城镇的发展。

由于规划的研究建立在空间使用和组织层面之上，因此决定其有较高的技术性。再者，规划的工作阶段和调研基础资料内容包含了大量专业性极强的数据、资料、图件：如地形资料、地质和地震资料、气象资料、水文资料、植被情况资料、自然资源资料、建筑物现状资料、产业发展现状资料、人口资料、财政资料等，为分析并处理内容众多、信息量庞大的各类专业资料，规划编制过程中需要多种必要的技术支持。

规划最终研究成果的表现形式分为规划文本和规划图件两大部分。其中规划图件的绘制本身就是一项需要经过长期训练的专业人员才能胜任的技术性工作。专业的绘图工具、设备，一套完整的制图标准等都是规划成果编制的必备条件。并且为了遵循规划美学原则和符合多学科交流需要，规划编制成果的最终效果展现和传播形式也越来越受到人们的重视。因此，规划编制的各阶段过程中，不同技术的应用和配合有必要性。

规划学科经过长时间的发展，技术手段也经历了不断发展更新的过程：从传统的手绘阶段，到现在被普遍应用的 CAD 电脑制图阶段，以及目前越来越多地被应用的基于 GIS 地理信息系统平台而发展的更为强大的分析、制图综合阶段，以及微博等新媒体对规划带来的信息变革等等。值得注意的是，不同阶段产生的不同技术之间并不是相互取代的关系，每一种规划技术手段都有其特殊性和不可替代性，而每一种新技术的诞生更多是提供了对规划某一方面研究或分析的更优解决方法，并从整体上丰富了规划编制过程中的技术手段。可以说，随着时代的发展，规划理论的演进和编制的需要在对技术方法持续地提出更新、更高的要求，而技术进步不仅在不断地提升优化规划成果的表达方式，也慢慢地对规划的整个编制方法进行更加深远的影响。

二、规划制图技术

手绘制图技术。规划人员在进行空间问题分析时，首先要依靠自身的手绘功底，在草图纸上进行方案创作，且线条和草图的感觉都需要经历长久的磨炼，在传达设计师建筑规划意图的同时也传达着作者本人的创意与审美。此外，在出现电脑绘图之前，所有的规划图件都是规划人员利用专业工具手工绘制的，包括地形测绘图、城市土地利用图、城市总体规划图、城市控制性详细规划图等等。并且由于手绘图有独特的美学表达效果，以及独具一格的艺术表达力，因此许多效果渲染图也都是由设计师进行手绘制作的。手绘图也更加一目了然地让公众更好的理解枯燥的文字。

优秀的规划师都具备过硬的手绘能力，手绘既是技术，也是方法。它可以通过对人员的训练达到绘制标准图件的高度规范与精准的要求；也可以利用其随意性、易操作性和概括性，成为记录设计师创造性思维过程的最佳方法；还由于手绘技术与绘画艺术的相通性而使其具有的独特艺术性，为遵循规划美学原则，手绘渲染规划效果图也成为很多设计师偏爱的表达形式。而手绘技术的缺点就是花费时间较长、花费人力更多，灵活性较差，修改不便。

CAD 制图技术。1960 年初，美国麻省理工学院史凯屈佩特教授依照 1955 年林肯实验室的 SAGE 系统所开发出的全世界第一支光笔为基础，提出了所谓"交谈试图学"的研究计划，从而开启了 CAD 技术的起步。到了 20 世纪 70 年代，由于小型电脑费用已经下降，"交谈试图学"系统才开始在美国的工业界间被广泛使用。在发展之初，CAD 一词的意义应该是 Computer Aided Design，即意为"电脑辅助设计"。因为使用 CAD 的人多半是设计师，而应用软件的发挥在那方向也都是着重在某专业的辅助设计上。可是我们现在所说的 CAD 一般却是指"电脑辅助画图"（Computer Aided Drafting）。这是因为现在的 CAD 使用者层面已经扩大，不局限于设计师使用。

CAD 制图技术最早被应用于工业产品的制造领域。在电脑出现以前，产品图是在手致样品完成后再用手工绘制的，因此在这一时期一般工业产品的质量都较为粗糙而且不统一。应用 CAD 来绘制产品图样后，可以直接以软件连接专业生产机床生产产品模具，使得工业产品在精密度、修改效益、生产效益、前后批产品的统一上都要好上许多。由于 CAD 制图技术的以上优点，如今已被普遍推广，广泛应用于工业之外的各个领域，进行辅助制图的工作。

在如今的规划编制过程中，CAD 已成为规划人员不可缺少的重要辅助工具。它承担了大量规划标准图件的绘制工作，它操作便捷，绘图精确，标准统一，也便于随着规划的变化而进行修改。CAD 的出现使得规划编制的制图过程发生了根本的变化，制图效率得到了大幅度提高，节省了大量时间，也将规划设计人员从长时间繁重的手工绘图工作中解放出来。熟练掌握 CAD 制图技术成为初级规划从业者所必须具备的重要技能，CAD 制图技术也已经成为规划人才培养过程中的重要课程之一。

CAD 因为其强大的图形绘制、数据分析、图形处理功能，十分适合建筑规划设计的平面、立面图制作，也可用作与其他专业软件对接。但因局限于电脑制图的设备制约，CAD 制图适合于各种规划标准图件的绘制，但不太适合设计师用作方案推敲的手段，因而不能代替规划方案初期草图阶段的手绘。而且在小城镇规划中 CAD 的应用也极为重要，精确的镇界，村界，以及坐标确定，村镇面积等数据分析均可用到 CAD。

3D 建模技术。经过平面图绘制之后，像建筑学一样，规划也需要进行 3D 建模来实现对空间的模拟和分析。把平面图形进行立体化处理有多种方法，在没有电脑的时代，规划人员会使用标准的建筑制图方法来进行 3D 效果图的绘制，包括鸟瞰图、透视图、轴测图等等。利用电脑软件进行 3D 效果创建如今被广泛使用，在规划编制绘图过程中常用的软件有 sketch up，3D Max，犀牛等。规划的大量研究成果都是以空间为结果表现的，例如小城镇的总体布局、土地利用、功能分区等，在平面图的最终绘制完成后进行建模是研究小城镇空间合理性的最佳方法，甚至在方案的推敲过程中，通过建设草图模型来进行适当的空间组合对比也是很好的探索方法。在这里 GIS 地理信息系统中根据足够的数据可以将小城镇的地势地貌等特征以 3D 的模式展现出来，并根据不同数据类型进行不同分析，用于辅助规划的判断。

三、规划展示技术

规划分析图。在整套规划图件中也有大量的规划分析图。这些分析图以不同的图形分析元素对规划方案进行解释说明，或直接以专业软件对数据信息进行分析处理直接得出图形结果。为达到更好的分析效果，通常也会对这类分析图的成图效果进行适当美化。电脑绘制规划分析图常用软件有 Auto CAD、Photoshop、Illustrator、Indesign、GIS 等。

多媒体展示。如今，在规划方案完成后，为配合方案汇报或者方案竞标，使投资方和普通民众对规划方案在较短时间内就有基本了解，并且留下深刻印象，很多规划设计单位选择将规划进行多媒体展示。包括PPT制作和多媒体宣传片的制作。规划PPT通常是规划项目组在汇报规划时配合对规划方案的解释说明而配套制作的，是被各行业都普遍使用的常用汇报手段。而多媒体宣传片的制作需要专业多媒体公司承担制作，需要专门的宣传片文案、大量规划方案素材，以及后期效果处理和配音。好的规划宣传片会帮助规划方案在竞标中获得一定优势，使人们留下深刻的印象，也是对规划的更加强大和直观的宣传手段。

四、规划综合应用技术

GIS地理信息系统。地理信息系统（Geographic Information System 或 Geo – Information system，GIS）有时又称为"地学信息系统"或"资源与环境信息系统"。是一种特定的十分重要的空间信息系统。它是在计算机硬、软件系统支持下，对整个或部分地球表层（包括大气层）空间中的有关地理分布数据进行采集、储存、管理、运算、分析、显示和描述的技术系统。空间分析能力是GIS的主要功能，也是GIS与计算机制图软件相区别的主要特征。空间分析是从空间物体的空间位置、联系等方面去研究空间事物，以及对空间事物做出定量的描述。

GIS地理信息系统是一款功能众多的综合性软件，凭借其强大地信息库、分析功能、处理功能、空间分析功能，GIS可以应用到规划的各个方面，从规划编制到规划管理，从前期资料收集整理到成果出图，从小范围的详细规划到大的区域规划，从综合性的总体规划到专业性的专项规划，从项目选址到可持续发展战略制订等。随着时间的发展和城镇化进程的不断推进，规划与管理的工作量急剧上升，传统的工作方式和手段已经逐渐跟不上现代化小城镇建设和管理的需要。GIS能科学地管理和综合地分析具有空间特征的小城镇海量数据，保证数据现实性和准确性，科学、准确地反映小城镇的现状与发展，是提出合理决策、辅助规划和管理的先进技术工具。在国外，GIS技术和规划相互结合的研究较为成熟和系统，其已经成为规划中重要的信息管理和分析工具。

地理信息系统不仅是一种技术方法，更成为一项新兴产业。国家测绘地理信息局日前印发了《测绘地理信息发展"十二五"总体规划纲要》，目标是到 2015 年，建成数字中国地理空间框架和信息化测绘体系。规划还提出，争取把地理信息产业纳入国家战略性新兴产业规划。可以预见，未来随着多项引导性政策的出台，地理信息产业链上下游企业将迎来巨大的市场机遇，同时地理信息系统平台也会得到更完善的建设，迎来更多的技术突破，也为规划等其他学科带来更加深远的影响。

新媒体技术。随着微博等新媒体技术的出现，社会的各个层面均受到很大的影响并且发生了深刻的变革。微博的数据价值、信息价值、交流价值对规划的各个方面也起到了不容小觑的影响。微博的互动性极强，特定状况下在规划前期的公众参与阶段利用微博平台可以获得比传统问卷调查方式更好的公众参与结果。微博具有定位功能，这赋予其一定的空间属性，因此其附带传递的信息可以利用 GIS 地理信息系统进行和搜集和分析处理并进行有效利用。微博的传播性极强，由此而发展出的舆论监督功能在对新闻界进行冲击的同时，也对小城镇的规划决策和管理起到了相同的监督作用。规划利用新媒体技术"短、平、快"的属性可以更好地拉近与大众的距离，通过更加频繁、更加直接和更加畅通的交流来消除由于专业性而带来的隔阂，使规划走下"神坛"，让规划所服务的对象更加方面地参与到规划的制订和讨论中，这也从根本上对规划的发展和演变起到了关键的作用。

第二部分
实践篇

第四章 中国首个小城镇发展规划
——以鹿泉市大河镇为例

执笔：李 铁 杨晓东

大河镇经济社会发展规划作为一项重要的课题研究，由国务院体改办中国小城镇改革发展中心主持完成，是在全国小城镇综合改革试点制订和实施的第一个探索性的综合规划。课题研究也作为中日友好合作项目，得到了日本农文协的资助。青木志郎等日本著名规划专家和北京大学、中国农业大学等高等院校研究人员共同参与了课题研究。规划借鉴了日本、巴西等一些国家的先进规划经验。

第一节 规划思路与分析

一、规划思路

本规划以九届全国人大四次会议通过的《国民经济和社会发展第十个五年计划纲要》、《中共中央十五届五中全会决定》和《中共中央、国务院关于促进小城镇健康发展的若干意见》（中发【2000】11 号）为指导方针。规划研究过程中，始终秉承"为大河镇提供一个有用的规划"的理念，主要从以下几个方面着手，对大河镇的现状、问题、解决策略等进行了系统的分析和规划安排。

李铁：国家发改委城市和小城镇改革发展中心主任、博士生导师。
杨晓东：国家发改委城市和小城镇改革发展中心原规划处处长。

科学规划，促进小城镇健康发展。根据大河镇目前的社会经济发展水平、城镇居民和农民的实际承受能力，确定小城镇人口规模与用地规模及近期建设和远期发展的方针，实事求是，量力而行，循序渐进，防止公共资源和土地的浪费。

实现城镇的可持续发展。促进资源的有效利用和合理配置，培育经济基础，注重环境的保护和生态的改善，体现自然景观、人文景观、生态环境的协调，加强古迹保护和历史传统的继承。

以人为本，把服务于城镇居民、服务于农民作为小城镇规划的宗旨。小城镇建设要充分尊重城镇居民和农民的意愿，要特别注重城镇居民和农民生活质量和生活环境的改善。

利用小城镇联结城乡的区位优势，促进农村劳动力、资金、技术等生产要素优化配置，巩固农业的基础地位，推动一、二、三产业协调发展。坚持物质文明和精神文明一起抓，在搞好小城镇经济建设的同时，大力推进文化、教育、科技、卫生以及环保等事业的发展，实现小城镇经济社会的共同进步。

政府引导与市场机制相结合。规划中强调政府应注重公益性基础设施和公益事业建设，引入市场机制推进城镇基础设施建设；在经济发展上，充分运用市场规律，引导产业结构的调整，不直接干预企业和农民的生产经营活动。

二、镇情分析

1. 规划基础

（1）大河镇区位

大河镇位于河北省鹿泉市东部偏北，东经 114017′～114027′，北纬 38006′～38012′，西依太行山，东临滹沱河，东南与石家庄接壤，西南与获鹿镇相连。镇政府所在地位于大河村，东南距石家庄市区 12 公里，西南距鹿泉市区 10 公里，东距石家庄市北二环路 3 公里，南距石太高速公路 2 公里，东北距石家庄飞机场 25 公里。

（2）重要社会经济指标

1999 年，大河镇总人口（包括外来人口）为 49342 人，其中外来务工经商人口已达到 10501 人，占总人口的 21.3%。

表 4.1　　大河镇的人口、教育、医生和行政人员情况（1999 年）

指标		单位	数值	比重（%）
总人口		人	49342	
外来人口		人	10501	21.3
常住人口		人	38841	78.7
其中	男	人	19950	50.1
	女	人	19891	49.9
总户数		户	10207	
人口密度		人/km²	609	
人口出生率		‰	6.1	
人口自然增长率		‰	1.5	
老年被抚养人口（65 岁以上）		人	5208	13.1
负担系数			0.60	
学生		人	9181	
教师		人	420	
九年义务教育普及率			100%	
医生		人	80	
行政事业人员		人	91	

注：①外来人口指没有本地常住户口，但在本地长期务工、经商的人员和随同的家眷，以及外来的在校寄宿生。②除总人口外，其他有关人口的指标均以常住人口数为依据。

　　1999 年大河镇政府财政收入 1955 万元，占全镇 GDP 的 4.5%。根据我们对各建制村农户抽样调查，并参照其他省经济发展水平相似的小城镇推断，大河镇农民人均纯收入的统计数据存在一定的泡沫，农民人均实际纯收入应该在 2500 元左右。

表 4.2　　　　大河镇人均收入、财政收支情况（1999 年）

指标	单位	数值
人均 GDP	元	8883
城镇居民人均可支配收入	元	5821
农民人均纯收入（统计数据）	元	4135
政府财政收入	万元	1955
上解上级财政	万元	944
政府公共教育支出	万元	390

注：人均 GDP 中的人口包括常住人口和外来人口两部分。镇区居民人均可支配收入的数字是通过与鹿泉市统计局、大河镇政府和居民访谈综合获得。农民人均纯收入（统计数据）是由鹿泉市统计局提供。

（3）镇区概况

大河镇由于刚撤乡建镇，现有镇区只是以大河镇政府驻地为依托的小集镇。规划中把大河、小河、曲寨三个村和由石家庄北方专修学校和河北中山专修学校等组成的教育产业区作为镇区，镇政府位于现在的大河村。

表 4.3　　大河镇规划中的镇区人口、用地现状（1999 年）

	大河村	小河村	曲寨村	教育产业区	合计
常住人口（人）	4225	830	1936		6991
镇区外来人口（人）	1439	374	2836	4000	8649
非农建设用地（km²）	0.91	0.26	1.04	0.3	2.51

注：镇区外来人口指没有本镇常住户口，但在镇区长期务工、经商人员和随同的家眷，以及镇区以外来镇区就读的在校寄宿生。教育产业区指大河镇东部位于五七路，由石家庄北方专修学校和河北中山专修学校等组成的教育区。

（4）农村概况

1999 年大河镇农村人口总计 38841 人，大河镇总户数 10207 户，平均每户 3.8 人。建制村域平均面积 260 公顷，最小的村只有 37.8 公顷（新庄头村），最大的村 460.6 公顷（南故城村）。

大河镇按地形地貌条件大致可分为东部滹沱河漫滩区、中部洪积扇平原区、西部太行山低山丘陵区和南部平原地区。

2. 基础分析

（1）城镇规模分析

①总人口预测。1990～1999 年期间全镇人口自然增长率平均 5.9‰。目前，大河镇在册人口 38841 人，其中 14～18 岁人口占在册人口的 10.11%，这个年龄段的人口是大河镇今后 5～10 年主要的生育人口。根据我国计划生育的有关政策和大河镇目前的人口年龄构成，推测大河镇未来 10 年人口自然增长仍保持前十年的水平，即 5.9‰，预计到 2010 年人口自然增长累计 2600 人左右。

1990～1999 年期间，大河镇全镇人口机械增长率平均 41.7‰。目前，大河镇外来人口 10501 人，今后 5～10 年，随着大河镇经济的发展，镇区的建设，公共基础设施的不断完善，优惠政策的出台，未来 10 年大河镇的机械人口增长率将呈现上升趋势。今后 10 年大河镇全镇人口机械增长率按 33‰测算，到 2010 年大河镇人口机械增长 6600 人左右。

以上两项合计：到 2010 年大河镇人口净增加 9200 人左右。到 2010 年全镇总人口将达到 59000 人左右。

②镇区人口和用地规模。分析大河镇镇区人口增长思路是：首先测算大河镇工业发展能吸纳工业劳动力的数量；进而测算大河镇工业劳动力与第三产业劳动力之间的比例；第三测算出带眷系数。在此基础上测算出 2010 年大河镇的镇区人口。在此过程中还对一些镇区人口增长较快的小城镇的人口增长速度进行了分析，以此为大河镇镇区人口的增长提供依据。

大河镇工业增加值增长与吸纳劳动力的关系。1990～1999 年大河镇工业增加值年均增长 19.9%，其中 1995～1999 年工业增加值的增速有所减缓，年均增长 13.8%。1990～1999 年大河镇工业劳动力从 5989 人增加到 9384 人，净增加 3395 人，年均递增 5.1%。1990～1999 年期间，工业增加值每增加 5.3 万元（与全国相比偏高，这说明大河镇工业增长出现"泡沫"，现按偏高测算镇区人口能达到 3 万人，如按全国平均水平测算则镇区人口规模会更大），可吸纳 1 个工业劳动力（对工业产值与工业劳动力之间进行相关关系分析可知，两者之间存在着较强相关关系，相关系数达到 0.86）①。

大河镇第二产业与第三产业劳动力的关系。大河镇 1990～1999 年第二产业与第三产业的劳动力平均比为 1：0.53（两者相关系数 0.90）。可以看出，大河镇第二产业劳动力所占比重较大，第三产业劳动力所占比重较小，只占第二产业劳动力的一半。第三产业劳动力过少与大河镇只是小集镇，没有一定的人口聚集规模有直接的关系。根据 2010 年规划目标，大河镇在今后发展中将会加快镇区的建设和加大镇区人口的聚集速度，届时第三产业劳动力将会有较大的增加，第三产业劳动力增长的潜力也是最大的。根据 1996 年国家统计局对 1035 个小城镇抽样调查分析，抽样小城镇二三产业劳动力之比约为 1：0.8，1999 年国家统计局统计的

---

① 由于无法获取真实的第二产业固定资产投资数字，而工业固定资产投资与工业增加值之间存在一定的相关关系，故用工业增加值的增长来分析与工业劳动力之间的关系。

全国城市二三产业劳动力之比为1：0.88，由于大河镇目前只是一个小集镇，尤其是规划镇区第三产业较为薄弱，1999年镇区二三产业劳动力之比仅为1：0.24，在今后5~10年内加大镇区第三产业劳动力比重的任务还十分艰巨，这需要一段较长的时间，因此，镇区第三产业劳动力比重按偏低估算，到2010年大河镇二三产业劳动力之比为1：0.6左右。

大河镇镇区人口增长的预测。今后十年大河镇镇区人口预计达到3万人，新增人口15000人，其来源有三部分：一是现有镇区人口的自然增长（预计700人）；二是镇区新增二三产业的劳动力（预计8000人）；三是在校寄宿生、带眷系数、新增纯居住人口等（预计6300人）。

表4.4　　　　　　大河镇镇区人口增长和非农用地预测

		现状（1999年）		规划（2010年）	
		非农用地（平方公里）	人口	非农用地（平方公里）	人口
主镇区	大河	0.91	5664	2.2	20000
	小河	0.26	1204		
	教育产业区	0.30	4000	0.30	6000
	曲寨	1.04	4772	1.1	4000
	合计	2.51	15000（保守确定）	3.6	30000

注：镇区人均用地按120平方米左右测算，其中教育产业区人均用地按50平方米/人。统计人口（现状与未来）包括在册人口和外来人口。详见大河镇总体规划。

③主镇区空间发展方向分析。今后5~10年，主镇区拓展方向主要从以下几点考虑。一是在大河村北部和西部有高压走廊，限制了主镇区向北、向西发展。二是向南发展，则必须跨过大河路，这样既没有农村居民点作依托，又要占用大量农田，而且镇区不能紧凑发展，不是理想的规划方案。三是主镇区向东发展可以依托小河村现有的非农建设用地，尽可能少的占用耕地。镇区可以形成长方形格局，并且可以利用石阎路、大河路形成一个围绕镇区的公路环线，有利于镇区的建设和发展。

因此，大河镇主镇区未来空间拓展主要以大河村为依托，向东发展与小河村相连。

（2）大河镇经济增长和产业结构的测算依据

①大河镇经济增长速度分析。

"八五"时期，大河镇经济增长速度较快，年均增长达到16.2%。其

主要原因一是80年代中后期国家开始推进市场取向改革，特别是1992年十四大确立了市场经济体制，极大地解放了生产力，大河镇抓住机遇大力发展乡镇企业，促进了经济的快速发展；二是大河镇依托石家庄市的消费市场，发挥了运输半径短、交通便利的区位条件和土地、劳动力等资源成本低，以及拥有丰富的石灰岩资源的优势。积极发展以水泥产业为主的资源性工业和城郊型农业，推动了大河镇经济的快速增长。

在"九五"前四年，大河镇经济年均增长10.5%，与"八五"时期相比增长速度下降了5.7个百分点，特别是"九五"后两年，其经济增长速度已降至两位数以下，1998年和1999年经济增长速度分别为9.7%和8.2%。主要原因是由于亚洲金融危机的影响使国内宏观经济形势发生了变化。国家紧缩银根，调整压缩基建规模，大河镇自身一些传统产业同全国其他地区的乡镇企业一样，由于缺乏市场竞争力一些企业停产倒闭，导致全镇经济速度下降。客观地说大河镇这种经济增速减缓是正常的，是宏观经济在由短缺转为相对过剩的过程中，大河镇经济由盲目扩张、自发无序发展向顺应市场经济要求，积极调整，健康发展的一种表现。

今后几年，大河镇经济仍处在结构调整的关键时期，要保持"九五"时期较快增长速度是有一定难度的。

主要是因为大河镇的经济发展和经济结构存在着诸多必须解决的矛

盾，决定了大河镇经济增长速度的必然减缓。一是大河镇统计数据存在泡沫，与国内同类小城镇相比，大河镇数据尤其是经济数据明显偏高，由于受国家统计法的约束，只能应用这些数据，从实事求是的原则出发，在今后经济发展趋势预测上只能采取降低大河镇经济发展的速度，消除泡沫。二是国家加大了环境治理的力度，对于大河镇的水泥、造纸等污染型企业（产值占全镇总产值的1/3以上）是国家整治的重点，为此大河镇的工业结构需要进行较大的调整，关停并转规模过小、效益低下和污染严重的企业，这种调整必然在近期内影响大河镇经济发展的速度。三是大河镇农业结构调整虽然对经济增长有一定贡献，但这种小规模的，以粮食生产为主的传统农业和国内农产品结构过剩的市场形势决定了农业对经济增长贡献率不会太高。四是随着镇区的形成和发展，第三产业将是未来大河镇新的经济增长点，三产的发展是促进经济总量增长的主要动力。五是随着投资环境的改善，资本密集型企业、技术密集型企业会逐步得到发展，这是新的经济增长点。六是现有企业结构调整后，预计在"十五"后期会对经济增长形成新的贡献。

大河镇在此种大环境的影响下，加之自身产业结构需要进行大的调整，经济增长的速度将会进一步减缓。在没有特殊机遇的情况下，如石家庄市一些具有相当规模高科技企业的进入、针对日本的牧草加工出口、新品种奶牛的引进和推广等，大河镇的一些潜在经济优势在全国和区域经济中很难转化为现实优势，其经济增长速度不可能超过全国和区域经济的平均增长速度。

基于以上分析，大河镇今后几年的经济增长速度将继续呈现下滑趋势，在结构调整初见成效之后则会逐步趋于稳定。为此设定大河镇今后十年经济年均增长速度保持在7%左右。设定这个速度目标是留有余地、切实可行的，经过努力也是可以超过的目标。

②大河镇产业结构转变趋势和一二三产业增长分析。

大河镇产业结构演变过程。大河镇历史上就是以农业生产，而且以粮食种植为主的农业镇，虽然十年来大河镇第三产业较之第一产业表现出较快的增长，但是第三产业的发展仍相对落后。大河镇长期以来只是小集镇，难以形成人口集聚的规模，市场发育严重不良，商贸服务业的不发达严重制约着大河镇经济的发展。今后大河镇在经济发展中加快第三产业的发展，产业结构实现从工业型经济向工贸结合型经济转变，是大河镇今后 10 年经济发展的关键。

对大河镇产业结构调整和一二三产业发展速度的趋势预测。

目前大河镇产业结构已转变为"二一三"结构，且第三产业发展速度达到了 13.6%。根据以上小城镇发展的规律，大河镇通过对产业结构进行调整和优化，随着镇区的形成和人口的聚集，并依托石家庄大市场，大力发展商贸信息服务和休闲观光产业，在今后的 5~10 年内大河镇经济结构将从传统的工业经济为主向工商结合型的经济转变，社会形态将从农村形态向城镇形态的转变，产业结构必然要完成一个从"二一三"次序向"二三一"次序的转变。根据大河镇产业结构转变趋势的分析，今后 10 年内一二三产业的发展将呈现以下特点。

农业发展：大河镇近几年呈下滑趋势，1998 年为 3.9%，1999 年为 3.1%。在未来十年，大河镇的农业增长将继续降低，主要原因有以下几点：一是我国在加入 WTO 之后，农产品价格总水平可能继续下滑，在很大程度上影响了大河镇农业经济的增长。二是大河镇农业投资严重不足。长期以来，大河镇财政资金有限，用于农业投入的数额很少，1990~1997 年没有支农资金，1998 年和 1999 年仅投入 20 万和 13 万元，根本无法满足农业生产的要求。而国家金融部门用于农业生产方面的信贷资金几乎没有。农民自身收入有限，积蓄不足，无力组织资金投入农业生产。三是缺乏农产品的销售组织，单个农户无法及时掌握市场信息，不能根据市场信息及时做出调整，时常受到"卖难"问题的困扰，农业很难实现有计划、大面积的结构调整，同时也为"两高一优"农业的发展带来困难。四是农业生产配套设施不足，缺乏农业防洪排涝设施，抗灾能力差，一旦遭遇大的洪涝灾害，农业将受到重大损失。大河镇原有的农业设施多是围绕粮食种植，缺乏经营多种经济作物的配套设施，农业结构的调整的难度很大，短期内难以奏效。据此预测大河镇今后 10 年第一产业年均增长 2% 左右。

工业发展：我国的工业增长从 1992 年的 21.2% 下降到 1999 年的 8.1%，7 年下降了 13.1 个百分点。鹿泉市近 3 年工业增长也呈逐年下降

趋势，1999 年为 10%。大河镇近几年工业增长也呈现下降的趋势，1998
年为 12.2%，1999 年为 11.1%，今后 10 年，大河镇的工业增长将继续
降低，主要原因有以下几点：一是大河镇多数企业，尤其是铸造、建材、
造纸等企业设备老化、工艺落后，已经严重影响了工业的进一步发展，
急需进行企业技术改造和产业升级，同时在市场的激烈竞争下，相当一
批规模过小、效益低下的企业会关停并转。二是大河镇占全镇工业总产
值的 1/3 以上的企业是水泥、造纸等污染型企业，是国家环境治理的重
点整治对象。大河镇的污染企业要继续生存发展，在治理企业污染方面
必然要投入大量的资金，而对于治理无望的企业将被关闭，这在一段时
期内肯定会影响整个大河镇的扩大再生产和经营效益；三是大河镇在对
工业结构进行较大调整时，要发展具有一定高科技含量的、有一定规模
的无污染企业，这需要招商引资和较大规模的投资，其经济效益的显现
也需要一段时间。另外，目前大河镇还没有明确新的工业项目，今后工
业发展的速度会受到一定的影响。基于以上分析，大河镇今后几年的工
业增长速度将继续呈现下滑趋势，在结构调整初见成效之后则会逐步趋
于稳定。故按保守预测，大河镇今后 10 年第二产业年均增长 5% 左右。

第三产业发展：我国从 1991 年以来第三产业有一个较快的增长，
1990~1999 年期间年均增长达到 9.2%，最快达到 12.4%（1992 年）。鹿
泉市从 1994~1999 年，第三产业年均增长达到 18.8%。大河镇长期以来
缺乏一个人口集聚的镇区，第三产业门类极不齐全，仅有餐饮、百货批
零等小型传统服务行业，第三产业发育严重不良，近几年始终处于低增
长的状态。1999 年第三产业增速只有 4.7%，产值仅为 5039 万元，占全
镇 GDP 的 11%。今后随着大河镇综合规划的实施和镇区的建设，大河镇
第三产业将有一个大的发展。主要原因是：①随着城镇基础设施的建设、
政府管理水平的提高和人口的聚集，将会大力促进房地产业和交通运输
业的发展，加快全镇教育、医疗、科技、文化等行业规模的扩大，以及
餐饮、零售等服务行业的快速成长，进而加快第三产业的发展。②利用
毗邻石家庄市的优势，围绕石家庄建立农副产品批发市场和日用商品的
集贸市场，进一步开拓农产品、轻工业品和信息服务的销售市场。③结
合设施农业和特色农业的发展，围绕石家庄市发展观光农业和休闲度假

产业。大河镇的第三产业起点低，底子薄，随着镇政府今后工作重点向第三产业的转移，并制定相应的优惠政策，只要措施得力、调整得当，第三产业会有大的发展。据此预测大河镇今后 10 年第三产业年均增长 17% 左右。

按上述速度增长，到规划期末大河镇一二三产业结构比将达到 14：54：32。大河镇经济增长和产业结构预测见表 4.5 所示。

表 4.5　　　　　　　　大河镇经济增长和产业结构预测表　　　　　单位：万元

年份	GDP	第一产业	第二产业	第三产业
1999	43829	10220	28570	5039
2010	92000	12900	49700	29400
年均递增（%）	7	2.1	5.2	17.4

我们可以从一些产业结构从"一二三"或"二一三"转变为"二三一"的相关小城镇，以及它们各次产业增长速度的分析中找出一些规律性东西，为大河镇产业结构调整提供一些借鉴。

相关小城镇产业结构及经济增长分析（详见《大河镇发展规划》）。目前大河镇的第三产业所占比重仅为 11%，比相关几个镇的平均水平低 23 个百分点。一方面说明大河镇第三产业发展水平很低；另一方面也可以看出如果大河镇政府在第三产业发展上注重引导，政策得当、措施得力，那么大河镇第三产业将有很大的发展空间。

（3）环境评价分析

主要是针对大河镇域的电解铝项目对环境造成的影响进行分析，并作为大河镇空间功能安排的直接依据之一。

①分析过程及结论（略）

②环境评价结论提出以下要求和建议：

第一，落实各项环保投资，确保各项环保治理措施的实施和运行。

第二，加强环保治理设施的管理，保障各项技术指标达到设计要求，避免事故和非正常排污的发生。

第三，电解车间应建立完善的管理制度和奖惩制度，监督操作工加强对电解槽罩的维护和缩短启罩时间，保证集气效率达到 98% 以上。

第四，鉴于卫生防护距离不能满足对 51001 部队营房的要求，应将电解车间在靠厂区北界东西向建设，同时在厂区及厂界合理种植 具有吸收和抵抗氟化物性能的绿化带，降低氟化物对周围居民及农作物的影响。防护距离内不应建设永久性居民住宅。

第五，建立健全环境管理及环境监测机构，做好环境保护管理人员和环境监测人员的技能培训工作，确保环保工作的顺利开展．同时还应提高全厂职工的环保意识，学习采用同行业的先进环保技术。

第六，鉴于周围村落距厂址较近，仅能满足 13kt 生产规模下卫生防护距离的要求，所以建议如不能进一步费离电解槽，炯气集气效率、降低氟化物无组织排放量，则该厂址不宜再扩大生产规模。

3. 突出问题

（1）镇区建设滞后

从大河镇镇区现状看，镇区建设范围尚未明确，对镇域发展的带动作用不明显，没有形成镇域"中心"。

（2）镇区道路交通体系不完善

镇域内路网分工不明，未能形成通畅完整的道路体系，尤其大河路交通集中、拥挤，需要调整，需重新组织对外交通。

（3）空间布局凌乱

其一，乡镇工业布局分散，难以发挥规模效益，应进行用地及布局的调整，逐步集中，连片发展；其二，居民点小而散，需确定和重点建设中心村，适应农业结构调整和农村的进一步发展，为农业生产服务，为调整村庄体系打下基础。

（4）环境欠账比较多

主要表现在：生活环境质量差，采石、水泥厂粉尘、烟尘及道路二次扬尘，严重影响了空气质量；造纸厂、电解铝厂对水体造成不同程度污染；居民的生活垃圾及废物处理不善，无排水设施，生活污水随意排放，严重影响环境卫生；古运河亟待治理。

（5）三产发展亟待提速

直观表现在集贸市场无专用场所，占路为市，影响交通；从镇区未成为镇域中心的角度看，三产发展滞后是影响镇区服务功能提升的关键。

第二节　规划目标与定位

一、规划目标

1. 总体目标

经过 5~10 年的努力，形成规划合理，产业协调，公共基础设施完善，环境整洁优美，人民安居乐业，具有一定人口规模和经济实力以及较高文明素质的小城镇，成为带动鹿泉市东北部农村区域的经济文化中心。逐步形成以适度经营规模和两高一优农业为依托，工贸结合的城郊型小城镇。

2. 具体目标

（1）社会发展目标

未来 10 年，大河镇总人口增加近 1 万人，由现在的 49342 人增加到 59000 人；政府财政收入和公共教育支出增长 2.5 倍以上；成人识字率和村级选举的参与率分别达到 99% 和 90%。

表 4.6　　　　　　　　　大河镇 2010 年社会经济发展目标

指标	单位	标准
总人口	人	59000
人口密度	人/km^2	925
婴儿死亡率	‰	2
人均 GDP	元	15900
城镇居民人均可支配收入	元	7000
农民人均纯收入	元	5000
政府财政收入	万元	5000
政府公共教育支出	万元	1000
人均教育经费	元	170
九年义务教育普及率	%	100
高中入学率	%	80
成人识字率	%	99
每千人拥有医护人员	人	3.5
平均预期寿命	岁	72
行政管理人员	人	32
妇女干部比例	%	15
村级选举的参与率	%	90

（2）民生改善目标

表 4.7　　　　　　　　　大河镇城镇主要公共设施发展目标

住宅成套率（%）	人均铺装道路面积（m²）	自来水普及率（%）	每百户有线电视拥有率（%）	每百户通讯设施拥有率（%）	人均生活用电量（度/人）	液化气普及率（%）	供暖设施普及率（%）	每平方公里公共厕所数（个）	每平方公里公共电话数量（个）
85	6	100	90	90	400	100	90	8	25

表 4.8　　　　　　　2010 年教育发展规划目标一览表

指标	镇区标准	镇域标准
学龄前儿童入园率（%）	85	83
小学入学率（%）	100	100
初中入学率（%）	100	100
高中入学率（%）	90	80
成人识字率（%）	99	98
公共教育支出占财政支出比例（%）	22	20
人均教育经费（元）	200	180
大专以上学历人口比重（%）	1.8	1.5

表 4.9　　　　　　　　2010 年科技规划目标一览表

指标	镇区标准	镇域标准
劳动力中每千人拥有科技人员数	10	8
科技投入占 GDP 比重（%）	1.5	1
科技贡献率（%）	50	45

表 4.10　　　　　　　大河镇医疗卫生规划目标（2010 年）

指标	镇区标准	镇域标准
每千人拥有卫生人员数（人）	3.5	3
每千人拥有的病床数（张）	3.5	3
婴儿死亡率（‰）	1.9	2
平均预期寿命	75	72
自来水普及率（%）	100	100
安全用水普及率（%）	100	100

表 4.11　　　　　大河镇社会保障规划目标（2010 年）

指标	镇区标准	镇域标准
60 岁以上老人参加社会养老保险比例（%）	55	50
参加社会养老保险的居民比例（%）	50	45
医疗卫生保险人数占总人口比例（%）	12	10

（3）空间结构优化目标

综合考虑现状和经济发展的要求，本次规划将全镇域居民点划分为镇区、六个中心村和十三个基层村。镇区包括主镇区和曲寨工业区两部分。

（4）产业发展目标

通过努力实现全镇一二三产业的协调发展，到 2010 年大河镇国内生产总值将达到 9.2 亿元，三次产业的比重分别为 14%、54%、32%，其中第三产业产值达到 2.94 亿元，年均递增 17.4%。

表 4.12　　　　大河镇三次产业增加值结构表　　　　单位：万元

年份	GDP	第一产业	第二产业	第三产业
1999 年	43829	10220	28570	5039
2010 年	92000	12900	49700	29400
年均递增（%）	7	2.1	5.2	17.4

到 2010 年，大河镇劳动力中一二三产业所占的比重分别为 25%、42% 和 33%，其中二、三产业新增劳动力主要来自于镇域农业劳动力的转化和外来进镇的务工经商人口，且大多数集中在镇区。

表 4.13　　　　　大河镇劳动力结构表　　　　单位：人

	第一产业	第二产业	第三产业	劳动力总数
1999 年	15546	9384	3083	28023
2010 年	9000	15000	12000	36000

（5）环境建设目标

①空气质量目标。东部农业区、中部综合服务区、西部曲寨工业小区分别达到国家城市环境空气质量二类、二类、三类功能区标准。

②水环境目标。东部农业区、中部综合服务区、西部曲寨工业小区地下水严禁污染，均应保持饮用水标准，地表水应分别达到地面水二级、二级、三级标准。

③区域噪声控制标准。东部农业区、中部综合服务区、西部曲寨工业小区分别达到国家城市区域环境噪声Ⅱ级、Ⅱ级、Ⅲ级标准；主镇区达到国家城市区域环境噪声Ⅰ级标准；交通干线两侧达到国家城市区域环境噪声Ⅳ级标准。

④环境绿化目标。扩大植树造林面积，绿化荒山，建设路边田间林网，全镇林木覆盖率达到10%以上，镇区根据城市绿化标准的要求，绿化覆盖率达20%以上，城镇住宅区人均绿化面积达到4m²。

⑤改善生态环境，促进生物多样性，形成人与生态的和谐共存。

二、发展定位

大河镇东与石家庄市接壤，南邻鹿泉市市区，北与李村镇等相接，西面隔山与石井乡为邻。石太高速从镇南经过，境内有石岗公路、获平公路、五七公路等交通干线，另有大宋铁路专用线从镇域内经过，对外交通运输方便。

在1996年由河北省城乡规划设计研究院编制的《鹿泉市城市总体规划》中，大河乡职能被确定为"以发展食品加工及城郊型农业为主的城镇"。

大河镇有一定的自然资源优势和采石、水泥、运输、造纸、鞋业、冶金、铸造等工业基础及其他基础设施。1999年大河镇工农业总产值183835万元，居鹿泉市各乡镇之首，是河北省首批小康乡镇之一，分别被国家和河北省命名为百颗星乡镇，国家民政部命名为中国乡镇之星；1999年被确定为"全国综合改革试点镇"。大河镇现在的发展状况使其逐步占据了鹿泉市北部重点镇的地位。

基于此，本期规划赋予大河镇两个层面的定位。

总体定位：以农业为依托，工贸结合的、可持续发展的城郊型小城镇。

镇区定位：区域性文化、教育、商贸等综合性服务中心，大河镇域发展引擎。

第三节　规划任务与措施

一、产业发展

1. 主要任务

农业要加大结构调整力度，推动农业产业化经营，提高农业综合竞争能力，巩固农业的基础地位。

工业发展以改善质量、节能降耗、防治污染和推动传统产业升级为目标，优化乡镇工业结构，增强市场竞争力，同时促进生物沼气、生物砖等环境共生型能源产业的发展。

第三产业要在扩大商贸流通、运输等传统服务业的基础上，通过城镇基础设施建设、公共服务业的发展以及市场的培育，大力发展面向生产和生活的服务业，成为未来镇区新增人口就业的主要增长点。

2. 发展对策

（1）第一产业

加快农业结构的调整；积极推进农业产业化经营；完善农业生产防洪设施。

（2）第二产业

①优化工业布局。改变村村点火、户户冒烟的工业分散布局；完善工业小区的基础设施配套与政府服务水平。

②调整工业结构。加大对水泥、造纸等污染严重企业的治理力度；积极发展农产品加工业；发展劳动密集型产业。

③加强政府对企业的服务。优化投资环境；加快镇办企业改制步伐。

（3）第三产业

①加快镇区基础设施和公益设施建设步伐，促进人口和生产要素向镇区集聚；扩大第三产业的门类；发展各类市场中介组织，重点发展为农业产业化服务的营销、信息等组织。

②发展面向本镇和周边农村地区的职业教育、素质教育，为当地乡镇企业发展和农业产业化经营培育技术骨干和科技人才，推进教育产业

化进程。

③加强集贸市场和农产品批发市场的建设，提供各种优惠条件，吸引外省市的三产从业人员和能人到大河镇经商和落户，带动大河镇第三产业的发展。

二、空间优化

1. 镇区优化

逐步优化镇区空间结构，最终形成"一主一副"镇区空间架构。

主镇区以大河路为主线，以大河村和小河村为依托，是全镇商贸、居住、教育和行政、文化中心。并逐步发展服务石家庄市的农副食品加工业，逐步增加服务于周边农村的农业技术服务、农村人才培养和农民休闲娱乐等各项功能。

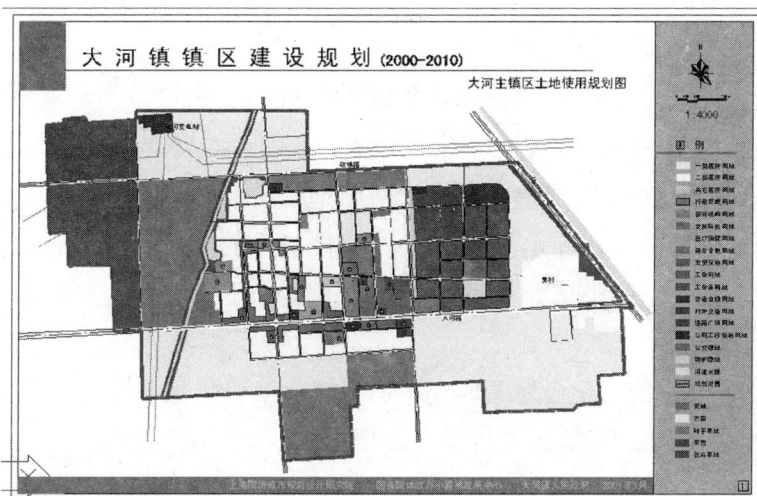

副镇区以曲寨村为依托，以建材工业为主的工业区。

镇区工业、商业、居住和教育产业的分布如下。

（1）镇区工业分布

镇区工业分布在曲寨工业小区和主镇区东部预留的工业用地内。

①曲寨工业小区。在曲寨建立以建材工业为主的工业小区。今后通过加大技术改造力度、开发新产品等措施推动传统产业升级，控制和治理工业污染，逐步将水泥、造纸等公害型工厂转建为工业废水达标排放

的生态型工业企业。

②主镇区东部的工业用地。在主镇区北部（高压走廊以北）和石阎路西侧之间划定为无污染或轻度污染（I、II类工业）的工业用地。建立农副产品深加工基地以及具有一定科技含量的轻工业品生产的产业园区。

（2）商业居住区

商业和居住向主镇区和中心村集中。在主镇区大力发展、商贸、餐饮服务和房地产等第三产业。在主镇区建立一个辐射周边乡镇的大型专业化集贸市场。

（3）教育产业

在五七路由石家庄北方专修学校和河北中山专修学校校区为中心，逐步发展成以大中专和职业教育为主的特色教育产业区。全镇初中、高中教育逐渐向主镇区集中。

2. 村庄布局

全镇规划为6个中心村和14个基层村。

中心村是一些规模较大、有一定经济基础和发展潜力的建制村，中心村是周边农村基层社区和农村居民的政治、文化、生活的中心。

基层村是分布于中心村周围的、规模较小的建制村。具有百货店、卫生室、文化室、托儿所等基本设施。并且享用邻近中心村的公共设施和社会服务。

在2010年前，积极稳妥地开展建制村调整和撤并工作。对一些村落相连、规模较小的建制村进行适当合并。

三、居民生活

1. 主要任务

未来5~10年，大河镇的城镇道路、公共服务和生活服务设施将有一个大的改观，能基本满足城镇居民在生活、居住、休闲、娱乐等方面的需要。以上规划目标主要通过完成以下任务来实现。

2. 发展对策

（1）道路建设。①镇区道路。完善镇区内道路网和地下设施的建设以及道路两侧的美化、绿化；②镇域道路。修建故城路（暂定名）、镇中路（暂定名）、落凌路、大城路，逐渐形成镇区、镇域内较为完善的道路网络体系。提高道路等级，主要道路及通向居民生活区的道路要硬化，主要路面地下铺设排水设施。

（2）改善现在居民供水状况，提高水的净化率。建设自来水厂，采用多元化的投融资方式，修建一座日供水能力达到5000～6000吨的自来水厂。

（3）修建镇区的污水排水排放管网和必要的污水处理设施。污水处理设施所需场地尽量利用废弃地，建设位置可考虑选在主镇区南部地势较低处。

（4）垃圾处理设施建设。添置垃圾车、垃圾筒等环卫设施，在有可能的情况下建立垃圾填埋厂，逐步引导对垃圾进行回收、分拣，并进行适当的处理。

（5）完善通讯设施。增加和扩充容量达20000门的电话交换机。

（6）供气设施建设。通过招商引资的方式，围绕居民点的建设，修建液化气站和液化气管道。

（7）公共绿地建设。在镇区的主要道路两侧、居民区、行政商业区以及工业区进行植树绿化，建立开放式公共绿地，使镇区的树木覆盖率大幅度提高。

（8）建立老年服务设施和活动场所。

（9）体育设施建设。在居民小区留出足够的公共活动空间，逐步开放学校运动场所，修建普及性的大众体育设施。

（10）治理古运河。疏通河道，美化两岸，形成优美的自然生态景观，为镇区居民提供良好的公共休闲场所。

四、生态环境

1. 主要任务

加大治理水、气、噪音污染力度；严格控制并逐步减少工业污染源，合理施用农药、化肥，并提倡使用生物农药，减轻对土地、空气、水环境造成的损害；镇区垃圾处理要达到国家生活垃圾填埋或焚烧污染控制标准。

2. 发展对策

（1）加强对大河镇的环境质量进行全面评价，制定环境保护的具体对策。严格监督现有企业各项环保治理措施的实施和运行，避免事故和非正常排污。

（2）加大对工业污染的治理力度。首先，逐步调整工业结构，从根本上减少工业污染物排放总量。其次，加大企业对环保设施的投入，减少工业废水排放总量等。

（3）建立政府为主导的多元化环境保护投融资体制；建立必要的污水处理和垃圾处理设施；加强农业环境保护，减少面源污染；提高全镇居民的环境意识乃至可持续发展意识。

五、教育科技文化

1. 主要任务

今后 5~10 年，重点加强教育、科技、文化设施建设，引导社会力量兴办科教文化事业；将一部分分散在各个建制村的小学校迁移或归并到镇区或中心村，集中人力、物力、财力办好镇区和中心村的小学校；鼓励兴办各类科教文化的群众性组织，开展各类科技交流、文化宣传、全民健身等群众性活动；在镇区建设中提供用地解决群众性体育运动场所，在中心村设立一些群众性体育设施。

2. 发展对策

（1）改革教育管理体制，调整教育结构，改进教育内容和方法

着力推进素质教育，重视培育创新精神和实践能力，促进学生德智体美全面发展。把加强基础教育放在重要位置，巩固九年义务教育成果，继续提高教育水平。

（2）提高科技投入，优化科技推广应用机制

要引进先进科技成果和适用技术改造传统农业，重点是引进农产品加工和转化、节水农业、农作物新品种选育方面的技术，并将良种扩繁、节水灌溉、高效栽培、集约化种养、平衡施肥和信息技术等农业高新技术作为优选内容。通过科技发展促进大河镇农业结构调整和农业产业化经营的发展，培育农村经济新的增长点。

（3）加强文化设施建设，丰富居民文化生活

要针对小城镇居民工作、学习、生活和休闲方式的新变化，充分利用各种形式特别是广播电视等现代传媒手段，积极组织开展群众喜闻乐见、通俗易行的文化活动，丰富群众的文化生活，倡导健康向上、形式

多样、文明和谐的社会氛围。文化发展的方向既要把握时代精神，又要贴近群众、有益于群众身心健康。

六、社会保障、医疗卫生

1. 主要任务

（1）医疗卫生

健全和完善以大河镇中心卫生院为枢纽和技术指导中心，以中心村卫生室（所）为基础的初级卫生保健服务体系，巩固发展全镇医疗预防保健网。

（2）社会保障

以大河镇的经济发展水平和各方面承受力为依据，逐步完善城镇职工养老保险、失业保险和医疗保险制度改革；农村养老以家庭保障为主，发展多种形式的养老保险，积极稳妥地推进农村社会养老保险工作；发展社会救济、社会福利、优抚安置、社会互助、个人积累等多层次的社会保障。

2. 发展对策

建立适应市场经济发展需要的、多渠道筹集社会保障资金的机制；镇村两级逐步增加对卫生事业的投入；建设农村医疗保险制度，既要考虑让群众普遍受益，又要考虑对大病、重病患者的重点补偿。

七、治安、消防、交通

1. 主要任务

健全和完社会治安防范体系，提高政法队伍的整体素质，改善司法保障工作；遏制和减少火灾的发生，保障乡镇经济发展和广大群众的生命财产安全；保障居民交通出行安全。

2. 发展对策

（1）治安管理

①落实社会治安综合治理各项措施，从根本上预防和减少犯罪活动，要建立群防、协防制度，树立全民关心和参与治安管理的意识。

②通过户籍管理制度改革，把外来人口的管理纳入户籍管理的范畴。

③提高全体干部和群众的法制观念，做到遵纪守法，依法办事。

（2）消防安全

①乡镇政府和村民委员会要提高消防认识，制定具体的防火工作措施和防火安全公约等规章制度，把农村消防工作与农村社会治安综合治理结合起来，纳入各级领导的任期目标。

②将民宅及企业的安全布局、消防道路、消防水池的建设纳入村镇建设规划；建立各种形式的消防队伍，包括建立相对固定的义务消防队伍，提高灭火自救能力。

③加强消防基础设施建设，改善消防安全条件。

④加强消防宣传教育，提高群众的消防安全意识和消防法制观念。

（3）交通管理

提高道路交通管理水平；健全道路设施；完善镇域道路网，重点建设镇区道路；加强交通的法制化管理；加强交通法规的宣传，建立驾驶员自我管理组织，提高居民交通安全意识和遵守交通法规的自觉性。

八、政府管理

1. 主要任务

未来大河镇政府行政管理体制改革的目标是：按照市场经济和现代城镇管理需要，在明确和上级政府事权划分的基础上，建立"以小城镇，大服务"为目标的新型行政管理体制；建设一支高素质、专业化的行政管理干部队伍和管理职能明确、管理手段先进、廉洁高效、运转协调、行为规范的行政管理机构。

2. 发展对策

（1）调整机构设置

按照"小政府，大服务"的目标，突破"上下对口、左右看齐"的传统机构设置模式，根据大河镇社会经济发展的实际需要，设立相应的机构。根据上述原则，大河镇政府机构精简合并为政府办、经济发展局、社会事务管理局、财政局、城镇规划局等 5 个部门。

（2）转变政府职能

镇政府应将主要精力放在统筹规划、掌握政策、依法行政、组织协调、提供服务、检查监督和公益性基础设施建设方面。

（3）改革人事管理制度

推行干部人事管理制度改革，引入竞争机制，逐步实行副镇级以下干部聘任制，公开招聘、竞争上岗，通过机构和人事制度改革，切实提高行政效率。

大河镇改革前后的机构设置见下图所示。

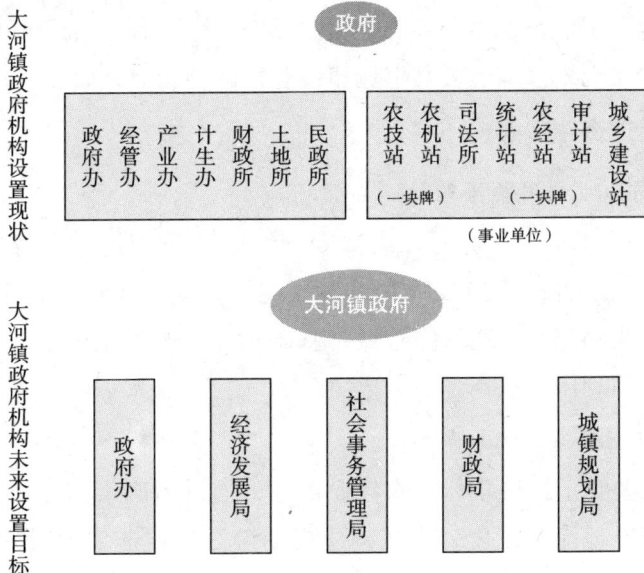

第四节 规划实施与保障

建立健全规划实施机制是确保大河镇经济社会发展规划目标顺利实现的重要条件。要从公共资源科学配置、完善规划实施机制、分类指导、组织落实、监督检查等方面，保障规划落实。

一、优化公共资源配置

1. 抓好财源建设，增强镇政府财力

大河镇要从扶持对象、资金筹集、资金管理上入手，制定符合大河镇实际的财源建设规划，并付诸实施。

要进一步强化基础财源，巩固支柱财源，积极培植新兴财源。同时，财源开发范围由主要培植集体经济财源转向发展包括集体经济、个体及私营经济等多种经济成分；开发机制由注重上项目、铺摊子转向改善总体发展环境；开发手段由依赖直接投入转向财政政策综合、间接引导；开发主体由政府为主转向企业、个人为主。

2. 优化财政支出结构

政府财政资金要从生产、生活性投入向社会公共事业投入转变，改变过去政府办企业，对城镇基础设施大包大揽的状况，而将财政资金投入的重点放在规划修编、公共事业建设和社区管理等方面。

二、土地资源保障

1. 提高土地利用的集约性

盘活规划镇区内一切闲置或低效利用的建设用地，完善功能分区，优化土地资源配置；适当鼓励建设多层建筑，提高建筑容积率，以缓和用地外延扩张的压力；通过完善城镇基础建设，改善城镇土地利用环境，为土地的集约利用提供条件。

2. 充分发挥集体土地的作用

首先，要盘活镇区集体非农建设用地，通过明确集体土地法人主体，规范和完善土地流转制度，尝试构建规划镇区集体非农建设用地流转市场，采取"保权让利"的形式（即保持集体土地所有权不变，土地收益大部分留给集体经济组织），使镇区集体土地直接参与到城镇建设。

其次，要把当前农村农民建房用地管理和进镇建房用地管理结合在一起，允许农民把农村建房指标等量或按一定比例折算带进城镇，也可通过与规划镇区的集体土地置换，使周边农民在进镇过程中，也能利用集体土地参与城镇建设。

3. 加大工矿用地的整理复垦

不仅要对已废弃的工矿用地进行整理，还要对濒临破产的三类企业和部分生产效益低、生产规模小的二类企业进行整理复垦，通过整理，既可以补充耕地数量，又能促进工矿企业的集中。

4. 加强农村居民点的整理复垦

要通过制定优惠政策，鼓励农村人口向镇区迁移，特别是生活条件差、规模小的自然村落，逐渐改变农村居民点分布零乱的状况，形成合理的居民点布局体系。

三、完备规划实施机制

1. 完善规划编制体系

经济社会发展规划是统领全镇经济社会发展全局的发展规划，是编制其他各类规划的依据。土地利用规划、城镇规划是总体规划的延伸、细化和落实。根据本规划，修编镇属各级土地利用规划和城镇总体规划

2. 形成分类实施机制

按照市场经济体制的要求，充分发挥市场配置资源的基础性作用，正确履行政府职责，调动社会各界和广大人民群众的积极性，形成有效的分类实施机制。

3. 明确规划实施主体

镇属各部门要按照职责分工，将规划确定的相关任务纳入本部门年度计划，明确责任人和进度要求，并及时将进展情况向镇政府报告。

课题组主要成员：荣西武　邱爱军　乔润令　顾惠芳　窦　红等

第五章　国家级新区的城镇规划
——以广东省东涌镇为例

第一节　规划思路与分析

国家级新区是指区域的成立和开发建设上升到国家战略，总体发展目标、发展定位等由国务院统一进行规划和审核，相关特殊优惠政策和权限等由国务院直接批复，在辖区内实行更加开放和优惠的特殊政策，鼓励新区进行各项制度改革与创新的套索工作。自从 1992 年以来，我国已经批准建成 6 个国家级新区，分别是上海浦东新区、天津滨海新区、重庆两江新区、浙江舟山群岛新区、甘肃兰州新区和广州南沙新区。

一、上升为国家新区对所辖小城镇规划影响

1. 定位目标的影响

国家级新区规划的重要内容就是站在全局发展的高度，充分考虑国家级新区的特点和优势，对新区的发展定位和目标有了高层次、高起点和特色鲜明的要求，如《广州南沙新区发展规划》对南沙新区的总体定位要求是打造粤港澳全面合作示范区，具体内容包括建设粤港澳优质生活圈、新型城市化典范、以生产性服务业为主导的现代产业新高地、具

白玮：国家发改委城市和小城镇改革发展中心规划研究部发展规划室主任、博士、高级经济师。

有世界先进水平的综合服务枢纽、社会管理服务创新试验区。

2. 行政区划的改变

为了保证国家级新区有足够的发展空间，国家级新区设立可能会涉及行政区划的调整，广州南沙新区就是在原南沙区的基础上，将广州市番禺区沙湾水道以南的东涌、大岗和榄核三个镇合并，形成新的南沙新区。随着行政区划的调整，由于两个区产业特点和发展阶段得不同，城镇经济社会发展环境发生较大变化，新区政府根据全局发展要求，对所辖城镇发展方向、定位有新的调整，同时会对城镇发展的资金、项目和用地空间等关键因素进行配置和安排。

3. 享受政策的支持

国家级新区建设发展属于国家发展战略，为了促进国家新区的发展，新区规划根据国家级新区发展定位和方向制定了有针对性的优惠政策，如为了更好地促进南沙新区与港澳地区的合作，新区规划赋予了南沙新区一系列与港澳往来便利化政策和扩大开放政策；同时针对经济社会发展面临的普遍问题，国家级新区也享受比一般区域更为开放和优惠的支持政策，如为了解决南沙新区建设的投融资问题，给予南沙新区财税和金融方面的支持政策，为了解决南沙新区发展空间的问题，新区规划提出在符合广州市城市总体规划和土地利用总体规划的前提下，首期新增建设用地规模控制在 60 平方公里以内。开放、优惠的支持政策为新区发展创造了宽松优越的投资环境，增强了新区的吸引力，是新区发展的强劲动力。

二、规划思路分析

随着区划调整进入南沙新区行政管辖范围，东涌镇的经济社会发展环境发生了较大变化，分析环境变化对东涌镇的影响，针对东涌镇发展基础和特点，在国家级新区发展的大背景下，找准自身定位，制定合理的发展目标，充分利用优惠政策，解决当前发展的突出问题和重点任务是规划编制的核心思路。

1. 区划调整影响分析

东涌镇原属于番禺区，通过对比 2011 年番禺区与南沙区的发展情况，可以看出番禺区与南沙区的发展特点截然不同。

表 5.1 番禺区和南沙区基本情况对比 （2011 年）

内容	番禺区	南沙区
成立时间	2000 年 5 月撤市建区	2005 年 4 月，原称南沙经济技术开发区（由番禺区部分街道组成）
土地面积（平方公里）	786.15	544.12
总人口（人）	1764869	259899
经济总量（亿元）	1235.78（13%）	571.06（13%）
人均 GDP（元）	70021 元	219723 元
地均 GDP（亿元）	1.57	1.05
三次产业比例	4.01：40.79：55.20	2.6：80.49：16.91
一般预算财政收入（亿元）	70.84	31.25
农民人均纯收入（元）	17428	17346
城镇居民人均可支配收入（元）	31745	28833

对比番禺区和南沙区基本经济情况，2011 年番禺区总人口规模达到170 万，而南沙区人口规模仅为约 26 万，番禺区人口规模远远大于南沙区，教育、医疗等公共服务设施和水平均远高于南沙区水平。

番禺区三次结构为 4.01：40.79：55.20，三产服务业比重最高，超过 50%，南沙区三次产业结构呈现二产为主导局面，第二产业比重高达80%，对比可看出，南沙区目前发展侧重第二产业，而番禺区产业结构协调，三产服务功能较强。整体而言，番禺区城镇产业和综合服务功能完善，而南沙区偏重产业，整体服务功能相对滞后。区划调整后近期，对东涌镇公共服务和城镇综合功能发展有一定不利影响。

2. 自身基础和特色的发掘

2011 年东涌镇常住人口 18.2 万人，其中户籍人口 7.4 万人，户籍人口以从事第一产业为主，外来人口从事二、三产业为主。东涌镇经济实力较强，城镇基础设施建设完善，长期以来重视公共服务投入和外来人口管理服务，镇域内生态环境优美，大稳村列为广州市名镇名村建设试点。但由于存在发展空间紧缺和产业竞争力不强的问题，东涌镇财政实力增长有限，随着公共服务需求的不断提升，城镇发展也面临较大的压力。根据东涌镇发展基础和特色，东涌镇规划期间的核心问题集中在发展空间拓展和产业转型升级，同时针对东涌镇岭南水乡特色和名镇名村建设要求，东涌镇还应加强生态环境保护、树立岭南水乡特色品牌。针对东涌镇而言，外来人口是东涌镇产业发展和城镇建设的基础，东涌镇还应继续做好公共服务水平，创造良好服务环境。

3. 与国家级新区规划衔接

根据南沙新区发展规划，南沙新区规划形成中部、北部、西部、南部四大特色功能组团。北部组团的城市功能定位为围绕庆盛交通枢纽进行布局，由教育培训与研发成果转化区、高新技术产业园区和汽车制造基地三个功能区块组成。发挥粤港澳教育、医疗和科技优势，重点发展高技术服务业、教育培训业、高新技术产业、高端医疗产业和汽车制造业。西部组团由高端装备制造业区、岭南文化旅游区、都市型现代农业区三个功能区块组成。利用岭南水乡文化和生态农业景观基础，重点发展都市型现代农业、文化旅游业；依托广州重大装备制造基地（大岗），重点发展高端装备及重型装备制造业。

从地域范围来看，东涌镇属于北部组团，重点发展方向为围绕庆盛交通枢纽，借助自由贸易试验区的平台，发展高端医疗、教育培训业，时尚产业，商贸服务区，技术服务业，高新技术产业，装备制造业等，依托现有生态景观和岭南水乡文化，发展生态休闲农业和文化旅游业。在制定东涌镇经济社会发展规划时，要与南沙新区对东涌镇发展定位和要求充分衔接。

表5.2 南沙新区规划主要内容

南沙新区规划	
范围	新增番禺区东涌镇、大岗镇和榄核镇，面积扩至803平方公里，水域面积233平方公里
发展定位	粤港澳全面合作示范区 粤港澳优质生活圈 新型城市化典范 以生产性服务业为主导的现代产业新高地 具有世界先进水平的综合服务枢纽 社会管理服务创新试验区

续表

	南沙新区规划
空间组团	中部组团（220平方公里）：城市综合服务区、合作配套区、明珠湾城和岭南"钻石水乡"示范区 北部组团（130平方公里）：由教育培训与研发成果转化区、高新技术产业园区和汽车制造基地三个功能区 西部组团（190平方公里）：高端装备制造业区、岭南义化旅游区、都市型现代农业区 南部组团（260平方公里）：南沙保税港区、海洋高新技术产业基地、生态保护与度假疗养区

规划新增面积

北部组团
全域面积约130平方公里
建设用地面积约60平方公里

西部组团
全域面积约190平方公里
建设用地面积约80平方公里

中部组团
全域面积约220平方公里
建设用地面积约100平方公里

南部组团
全域面积约200平方公里
建设用地面积约80平方公里

南沙现有面积

图5.1

4. 充分利用相关优惠政策

东涌镇发展过程中受到许多体制制约，主要体现在财政、土地和管理权限三个方面。财税体制方面：一是区、镇二级按现行财政体制在财力分配上，在市参与分成的基础上，区占大头，而镇级所得财力增长与支出增长不适应，一些主要的税种，如个人所得税、土地增值税，没有纳入分配范围，大部分的镇级固定收入又缺乏新的增长点，而教育、医疗卫生、社会保障、农村基础建设等公共事业支出则呈刚性增长形势，致使东涌镇镇级财政负担过重，收支矛盾突出。用地方面，"十一五"期间，为了确保市区发展和重大项目建设用地指标，东涌镇没有落实新增建设用地，导致东涌镇城镇发展和工业园区发展用地报批工作停顿，严重制约了东涌镇经济社会发展。管理权限方面：区级政府将城镇建设、管理和维护的事权下放，但是相应的财权却没有对应赋予基层小城镇政府，造成东涌镇财权、事权不对等，管理难度加大。

东涌镇经济社会发展规划中要针对自身发展问题，借助国家级新区享有大量优惠政策和先行先试优越性，积极争取利用相关优惠政策，为自身发展创造良好的环境。

三、东涌镇规划总体思路

1. 扩大开放，积极融入区域发展

充分发挥东涌镇在连接粤港澳、交通便利的区位优势，以《内地与香港关于建立更紧密经贸关系的安排》（简称 CEPA）为指导，加强与粤港澳地区人才、技术、信息交流和合作，以高铁庆盛站为节点，发展高端医疗服务和教育产业，以自由贸易试验区建设为平台促进现有服装、首饰和电子等时尚产业转型升级。

立足东涌镇发展基础，抓住南沙新区发展的机遇，强化服务配套能力，积极争取相关优惠政策，扩大东涌镇行政管理权限，拓展用地发展空间，争取财税、人才和社会保障等方面的支持政策，释放东涌镇发展活力。

2. 优化配置，加大统筹城乡发展

在城乡建设规划一体化的前提下，合理配置主要功能区空间布局，

统筹规划镇村土地利用，规范开展城乡建设用地增减挂钩试点，稳妥推进村庄土地整治，促进城乡土地资源要素优化配置，提高农村基础设施配置效率。

加大对农业和农村经济发展金融支持和项目支持，促进农业规模经营、提升农产品加工水平，提高农产品附加值，多元化农民收入来源，增加农民收入。

3. 包容和谐，继续加强公共服务

秉持包容和谐的理念，提高公共服务水平，缩小城乡公共服务差距，完善农村公共服务体系和水平；重视加强外来人口公共服务水平，扎实提升外来人口子女教育、医疗、出租屋管理方面的水平，提升人才吸引力，为企业发展做好人才服务。

4. 转型升级，促进经济持续增长

重视产业结构和经济转型升级，提升第一产业规模经营效益，增强第二产业自主创新能力和产品技术含量，增加第三产业规模，提高第三产业档次，增强东涌镇经济实力。

5. 打造特色，树立岭南水乡品牌

以建设广州市名镇名村为契机，依托较好的生态环境，特有的沙田风光，深入挖掘岭南水乡文化，发展生态休闲农业、打造岭南水乡的特色品牌。

第二节　规划目标与定位

深入发掘东涌镇经济社会发展现状，有几大发展特点：一是具有连接广深港的交通便利性，新建成的广深港高铁即将于 2015 年全线通车，位于东涌镇的庆盛站是广深港高铁进入广州的第一站，全程到达香港的时间约为 50 分钟，便利的交通成为参与粤港澳合作的有利条件。二是产业发展急需转型。2006 年以来，东涌镇地区生产总值、财政收入和农民人均可支配收入在番禺区的增长速度较快，名列前茅，但从地均指标来看，土地利用的经济效益不高，而且面临发展空间紧缺和产业竞争力不强等问题，随着财力有限增长与公共服务需求矛盾日益加剧，东涌镇急需通过产业转型发展，增强经济实力，借助粤港澳合作加强的契机，整合提升全镇时尚产业。

一、规划目标

以建设"时尚东涌、产业东涌、生态东涌、平安东涌、发展东涌"为目标，坚持走新型城镇化、工业化和农业现代化道路，着力打造粤港澳合作先行先试示范镇、广州市宜居宜业宜游新市镇、广州市名镇，加大经济结构调整和转型力度，提高农业产业化水平，提升公共服务质量，力争到 2020 年全面建成小康社会，基本实现现代化，把东涌镇建设成为产业繁荣、服务完善、生活富裕、生态优美、社会文明的现代化新市镇。

二、区域定位

根据南沙新区发展定位，东涌镇的总体区域定位是建设粤港澳合作先行先试示范镇，即充分发挥高铁庆盛站连接广州和香港的交通优势，利用国家实施 CEPA 综合示范区的机遇，积极争取国家和省市的政策支持，加强与深圳、香港等地区的技术、经济、信息交流，重点开展高端医疗、教育方面的交流和合作，建设高端医疗教育城，凭借自由贸易试验区平台开展时尚创意研发设计等领域的合作，对现有时尚产业进行升级，创新社会管理和公共服务等领域的合作模式，将东涌镇建设成为粤港澳合作先行先试示范镇。

三、功能定位

1. 社会功能定位

（1）广州市宜居宜业宜游新市镇

发挥东涌镇生态环境优美和区域交通便捷的优势，吸引广州市区产业和城市功能转移，积极承接外来人口定居，提升商业、商贸、餐饮、娱乐等服务业质量，打造广州市宜居宜业宜游新市镇。

（2）外来人口服务创新实践基地

塑造包容和谐的社会风尚，努力提升外来人口公共服务水平，积极创新并实践外来人口就业、子女教育、居住、劳动权利保护等公共服务模式，吸引人才、留住人才，将东涌镇建设成为广州市外来人口服务创新实践基地。

2. 经济功能定位

（1）广州市时尚创意产业基地

依托东涌镇天创、六福、惠威等知名品牌产品，借助自由贸易试验区平台发挥高铁庆盛站的交通优势和全球先进的消费品检测中心落户东涌的技术优势，结合港台市场元素和先进设计创意理念，大力发展时尚创意产业，打造一个产业带动、品牌集聚、配套完善的时尚创意产业基地。

（2）广州市现代电子制造业基地

以巨大集团长嘉生产总部基地项目、中德电控项目为重点，拓展斯泰克、展辉等高科技电子项目，优化整合提升电子产品企业，加快发展现代电子制造业，重视自主创新和品牌打造，支持建设人才和技术交流平台，加快推进现代电子制造业发展。

（3）广州市民营经济总部集聚区

把握周边开发机遇，持续不断地优化镇区产业及配套环境，加大引入生产性服务业技术力度，提升产业供应链的本地化协同水平，深度围绕民营企业发展做好配套建设，进一步吸引大中型民营企业及外资企业的关注，打造民营经济总部集聚区。

（4）华南电子商务物流园区

以万洲综合物流园为基础，结合便捷的立体交通优势，打造供应链物流网商务平台，吸引国内知名的电子商务企业进驻，形成华南地区最大的电子商务结算中心与现代物流配送基地。

3. 生态功能定位

（1）广州市名镇名村建设示范镇

继续深化名镇名村建设工作，将名镇名村建设与观光休闲农业发展相结合，与促进新农村发展相结合，加大城镇和村庄环境整治力度，完善村庄环境基础设施，改善河涌水网环境，将东涌镇建设成为广州市名镇名村建设示范镇。

（2）岭南水乡特色名镇

充分发挥东涌镇田园广阔，河涌水网交错纵横的生态优势，深入挖掘岭南文化和疍家文化特色，改造城镇和村落景观形象，开展形式多样的岭南水乡文化推广活动，打造岭南水乡特色名镇。

第三节 规划任务与措施

结合发展环境和东涌镇发展需求，规划期间，东涌镇应做好优化发展环境、夯实自身发展基础和努力争创品牌三个层次的工作。从优化发展环境的角度而言，借助南沙新区发展平台，积极树立融入南沙新区发展的观念和理念，积极争取优惠政策，优化投融资环境，同时发扬公共服务优势，继续完善外来人口创新管理，增强人口吸引力。从夯实自身发展基础的角度而言，积极促进城乡统筹和产业升级、重点通过发展农业产业化，促进农业劳动力转移，通过用地空间拓展，促进农业人口向城镇集中，通过产业转型升级，增强经济实力。努力争创品牌的角度而言，充分利用生态文化景观优势，扎实推进名镇名村建设，树立生态文化特色。

一、规划任务

1. 区域融入

坚持"积极融合，增进合作"原则，融入区域发展，积极参与分工和合作，为东涌镇发展创造良好的区域环境。

（1）树立区域融入理念

东涌镇在地理位置上处于广州、东莞和深圳等珠三角核心城市的中心地带，南沙新区发展为东涌镇创造了良好的发展机遇，因此东涌镇要认真分析区域环境、发展定位和方向，立足自身优势和发展要求，积极参与区域经济社会发展分工，为自身发展创造良好的外部环境。

（2）积极参与粤港澳合作

发挥东涌镇交通便利和高铁庆盛站的优势，结合本地产业发展要求，搭建自主创新和设计研发平台，吸引港澳先进的设计创意理念，努力成为粤港澳合作的窗口。

（3）争取区域发展的优惠政策

抓住南沙新区上升为国家级新区的发展机遇，理清东涌镇经济社会发展的政策需求，积极争取管理权限、财税支持、用地管理、人才社会保障和产业项目等方面的支持政策，确保经济社会发展的政策保障。

2. 城乡统筹

（1）要素合理流动配置

以城乡规划为龙头，统筹城乡资源要素合理流动配置。按照因地制宜、集约节约的原则，有序开展城乡建设用地增减挂钩、三旧改造等土地综合整治工作，优化城乡用地结构，提高土地利用效益。

根据东涌镇土地利用现状分析，目前共有农村居民点用地1401.74公顷，分布于大稳村、东导村等17个行政村，按全镇农业人口67078人计算，人均农村居民点用地208.97平方米。未来期，如将人均用地设定为150平方米，理论上可整理复垦农村居民点用地395.57公顷，通过实施城乡建设用地增减挂钩，将其置换为城镇建设用地，能有效为东涌镇城镇发展拓展用地空间。

考虑到穗港高速铁路、地铁、高速公路沿线居民长期受车辆行驶的噪音影响，不利于正常生产生活，居民也有强烈的搬迁诉求，规划期内，主要将此区域内的村庄纳入增减挂钩拆旧区，并整理复垦成耕地等农用地，将建设用地指标置换到城镇和工业园区使用，预计规模为80.62公顷，主要分布在大简村、马克村等村。

结合东涌镇创建广州特色名镇契机，扎实推进以"旧城镇、旧厂房、旧村庄"为主的城镇低效用地再开发工作，促进存量低效建设用地"二次开发"，拓展城镇发展空间。

采取市场与行政手段并用，新建与改造相结合的措施，推进旧城区整体改造工程，对镇区范围内建筑质量差、居住环境恶劣的旧城住宅区进行更新改造。降低建筑密度，增加综合配套设施，提高道路和绿化用地的比重，全面提高居住环境质量。

通过工业用地集中开发，带动旧厂区的搬迁和城镇中心区功能置换。将镇区内建筑质量低下、污染严重、干扰居民生活、影响城镇整体功能和结构的旧厂区、旧工业区逐步外迁，增建公共绿地，推动镇区工业用地合理置换。

力争将鱼窝头旧糖厂等144宗低效工业用地纳入区政府"三旧"改

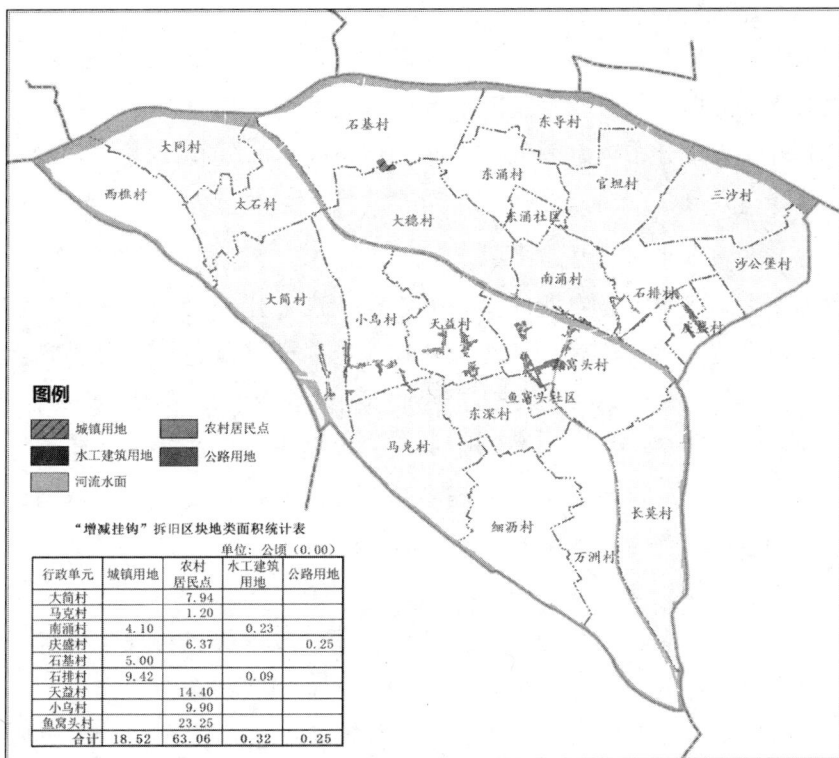

图例

图例	
城镇用地	农村居民点
水工建筑用地	公路用地
河流水面	

"增减挂钩"拆旧区地块类面积统计表

单位：公顷（0.00）

行政单元	城镇用地	农村居民点	水工建筑用地	公路用地
大简村		7.94		
马克村		1.20		
南涌村	4.10		0.23	
庆盛村		6.37		0.25
石基村	5.00			
石排村	9.42		0.09	
天盏村		14.40		
小乌村		9.90		
鱼窝头村		23.25		
合计	18.52	63.06	0.32	0.25

图5.2　东涌镇拆旧地块潜力图

造计划。在东涌片区主要通过政府力量，实施城区升级改造工程、市南路景观改造工程和广州市观光休闲农业示范村（大稳村，包括石基村）打造工程；在鱼窝头片区，发挥本地居民和社会主体的力量，推进"三旧"整体改造。

通过对东涌镇"旧城镇、旧厂房、旧村庄"用地摸底调查，可挖潜利用存量建设地223.54公顷，其中旧城镇、旧厂房改造53.58公顷，旧村居改造169.96公顷。

（2）提高农民收入

促进农村土地规模经营，大力发展农产品深加工行业，增加农业经营性收入；加大农民职业培训，鼓励农村劳动力向二、三产业转移，拓宽农民工资性收入来源；增加农业收入；加强对农民职业就业培训，加大农村劳动力转移力度，增加农民就业收入。

（3）增强农村公共服务

加强农村垃圾、污水处理等基础设施建设，建立城乡一体的基础设施服务网络。提高农村教育、医疗等基本公共服务质量，丰富农村社区尤其是外来人口分布较为集中社区的文化娱乐活动，创新农村社会管理。

3. 产业升级

（1）提高农业产业化水平

丰富生态休闲观光农业内涵，推进农业产业化经营。以现有特色农产品、苗木花卉和特色养殖基地为基础，走规模经营和特色发展的现代农业道路，打造东涌镇特色农产品品牌；积极培育农产品加工龙头企业，延伸农业产业链条，提高农产品附加值，提高农业生产经营效益；打造以疍家文化和岭南水乡文化为内涵品牌项目，重点建设集旅游休闲、体验参与和生态景观为一体休闲观光农业基地。

（2）巩固提升装备制造业

以裕丰钢铁有限公司为龙头，发挥企业的技术优势与规模优势，积极开发国内短缺的各种规格的钢材深加工产品，鼓励企业走出去，建立生产基地，促进企业由传统经营向电子商务以及总部经济的转型。同时，加快建设商品化钢筋加工配送网络，形成以东涌为总部的钢铁现代服务业体系。

以敏嘉数控机床制造技术有限公司等龙头企业为基础，以建设珠三角重要的机械装备现代产业基地为目标，坚持自主创新，重点发展为汽车、造船和轨道交通等行业配套的功能部件和数控机床，延伸产品设计、技术咨询等领域的集成服务领域，拓宽市场，推动机电装备制造业转型升级发展。

（3）促进时尚产业整合转型

抓住南沙新区建立自由贸易试验区的机遇，以东涌镇现有的服装、鞋帽、珠宝首饰、电子电器制造业为核心，发挥连接港澳便利的区位优势，吸引国际、国内先进的时尚创意、设计和制造方面的理念、技术和人才，整合提升珠三角地区的时尚产业制造及市场资源，提高产品知名度，增强品牌效应，打造以时尚产品研发、设计、制造、流通等配套服务完善的，具有岭南水乡特色的时尚产业基地。

（4）提升商贸服务业水平

以东涌镇中心区现有吉祥围街区为主体，以提升东涌镇商贸服务业水平为主，打造增强城镇核心功能的商贸服务业集聚区；整合提升鱼窝头片区和太石工业园区的商贸服务业，重点发展增强城镇核心功能和服务本镇居民的购物、餐饮、娱乐和商业服务等生活性服务业；在高铁庆盛站和万洲工业园区周边发展以创意设计、产品鉴定检测、电子商务和现代物流等为主的生产型服务业。

（5）大力发展生态休闲旅游业

充分利用广东省名镇名村建设的良好机遇，积极参与粤港澳合作分工，大力发展生态休闲旅游业，打造东涌品牌。充分挖掘东涌镇疍家文化和岭南水乡传统文化，强化外在旅游资源以文化内涵，整合旅游景点和服务设施，提升旅游服务水平，努力把东涌镇建设成为集休闲度假、文化体验、乡村旅游为一体的广州市及周边地区重要的旅游目的地。

4. 和谐创新

（1）扬长补短，突出公共服务优势

发扬镇政府长期以来重视居民公共服务的优势，多渠道收集社情民意，重视关注居民日常生活、生产的基本公共服务需求，为本地常住人口提供优质、高效的公共服务。针对目前东涌镇公共服务水平现状，秉持扬长补短的理念，继续发扬东涌镇在基础教育、就业服务等方面的优势，增强东涌镇教育知名度；努力改善公共服务方面的短板，提高医疗服务水平，扩大公共服务优势，增强区域竞争能力。

——教育。针对东涌镇农村幼儿教育相对薄弱的情况，加大对农村幼儿教育的财政支持，以"一村一园"为目标，加快农村幼儿园建设，同时全面推进村级幼儿园规范化配置和管理，同时在人口密集的鱼窝头社区新建一所高标准公办幼儿园。

根据农村发展实际需求，适当整合农村教学资源，加强农村基础教学的师资和设施保障，提高农村基础教育水平。合理规划农村教学点，撤并学校4所，扩建学校10所，新增校舍建筑面积20000多平方米，新增校园占地面积29000多平方米，新增设备设施价值达1500多万元，提前实现义务教育学校规范化率和中小学校园网建成率"两个100%"。

——医疗卫生。加快东涌医院升级改造工作和新建医院建设工作，拓展中心医院服务范围和内容；加强东涌、鱼窝头两所医院及镇内农村社区卫生站的软硬件建设，加大医务人才和先进医疗设备引进力度，扭转农村医疗卫生服务相对落后的局面。

全面推进农村社区卫生站建设，推动农村卫生机构向社区卫生服务转型，广泛开展送医送药下乡活动，努力让群众在家门口享受到健康教育、预防治疗、保健康复等公共卫生服务。

——就业及其他。以提高农产品附加值和农业生产效益为目标，加大农业科技推广，提高农民文化科技水平，推广特色农产品，促进高附加值农业生产。根据现有农业劳动力就业途径、文化水平和就业医院，努力做好农业劳动力职业培训和就业咨询服务，促进农业劳动力转移。

（2）管理创新，深化外来人口服务

坚持"和谐、服务"的理念，深化外来人口服务，努力扩大外来人口子女教育范围和比例，积极试点创新外来人口养老、医疗和就业等服务内容；深入企业和村庄，深入了解外来人口生产生活需求，有效促进社会管理和服务工作；丰富外来人口文化娱乐活动，为外来人口创造健康、向上的生活氛围，增强外来人口融入感。

——推动智能化管理。东涌镇外来人口多，分布密集，了解和满足外来人口生活、居住、就业等需求，及时、便捷传递政府服务与管理信息是外来人口管理的首要要求。镇政府应尽快建立政府公共微博账户，利用网络、微博等信息技术，广泛、便捷得收集民情民意，利用官方微博向居民及时反馈、传达政府服务动态，以及就业、居住等生活服务信息，扩大管理服务范围、提高管理服务效率。

——提供均等化服务。在完善外来人口信息登记平台的基础上，积极申请外来人口落户、社会保险、医疗服务、子女义务教育、保障方式申请等政策试点，按照市民化服务的原则和要求，为外来人口提供与本地居民均等的公共服务。

——塑造文明和谐氛围。在外来人口密集分布地区，建设集公共娱乐、图书阅读、文艺演出、体育锻炼等功能于一体的公共文化活动娱乐设施，定期举办主题健康、积极向上、贴近外来人口生活的各种文化活动，塑造文明和谐的生活氛围。

（3）围绕产业升级的公共服务建设

——加强职业技能培训。充分发挥东涌镇成人教育设施完善，基础好的优势，积极建立企业、成人职校和省内相关科研院所、院校的合作关系，围绕产业转型和产业发展，做好职业技能培训工作。根据产业和企业发展需求，合理设置培训课程，重点加强时尚创意设计、机械装备、电子等专业水平，为东涌镇产业转型升级做好人才储备。

——科技、品牌扶持。根据产业发展导向，选择科技含量高、经济效益高、资源消耗低、环境污染低的项目，培育优质项目和新的经济增长点。改变单纯的经济效益评价方法，建立对项目的科技评价，对科技项目实施管理进行监督、服务。

——做好人才服务。努力营造尊重人才、尊重创造的良好氛围，对高层次科技创新、创业人才给予项目资助、资金、税收支持和子女落户、入学等方面的支持，调动科技人员的积极性和创造性。

镇政府做好与上级政府的协调沟通工作，积极帮助企业申请上级政府高新科技项目立项、科技研发资金扶持、财税政策支持和专利申请等，增强企业科技自主创新能力。

5. 生态美观

（1）加强生态景观保护

纵横的河涌水网和广袤的农地资源是东涌镇生态景观的基础，东涌镇应加强生态景观的保护，高标准整治河涌水质、沟通水网水系、加强农地资源保护利用，突出东涌绿色景观特色，打造河清、水秀、岸绿、景美的岭南水乡风情。

（2）生态基础设施更新改造

结合特色名镇名村建设，整合提升现有资源，突出岭南水乡小城文化主题，以岭南水乡特色的建筑为载体，升级改造镇区内的公共服务基础设施，完善全镇排污管网建设，加强城镇中心区、工业园区和人口密集地区的污水排放、垃圾收集设施建设，循环合理利用绿色资源，塑造城镇园林景观，重点加强特色名村水乡民俗文化体验设施建设，将东涌城区及周边地区打造成为既保有岭南水乡传统风貌，又体现现代化大都市怀抱中的小城镇浓郁风情气息，集聚人流、涵养人气、生态灵秀、宜居宜业的岭南水乡名镇。

二、规划措施

1. 空间布局优化

（1）空间结构

构建"一主、一副、三轴"的空间结构。

"一主"即东涌中心镇区和励业工业园区。定位为东涌镇的行政办公、文化娱乐、公共服务中心，建成成为以居住、旅游休闲和公共服务为主要功能，以良好的生态环境和岭南水乡景观风貌为特色的现代化城区。

"一副"即鱼窝头片区，包括鱼窝头中心工业园区和鱼窝头镇区。鱼窝头镇区产业、人口集中，定位为东涌镇副中心，以满足鱼窝头片区居民生产和生活需求为主，完善教育、医疗、商贸服务和居住等主要功能，为鱼窝头中心工业园区和万州工业园区等提供必要的公共服务。

"三轴"即市南路发展轴、番禺大道发展轴、励业路—市鱼路发展轴。市南路发展轴体现东涌镇产业特色和景观优势，是沟通主要功能区以及未来发展潜力区的动力轴。励业路—市鱼路发展轴是连接"一主一副"两大镇区的功能轴，将东涌片、鱼窝头片区连接起来，并可延伸至番禺和南沙区，主要满足内部人口居住、就业和交通功能。番禺大道发展轴：连接太石工业园区、鱼窝头片区和万洲工业集聚区，与励业—市鱼路发展轴共同分担本镇人口居住、就业和交通功能。

（2）功能分区

东涌镇功能分区包括城镇综合服务区、工业集聚区、高铁综合商住区和农业发展区。

——城镇综合服务区。包括东涌镇中心区和鱼窝头中心区，涉及东涌社区、鱼窝头社区、东涌村、南涌村、大稳村、鱼窝头村，官坦村、东深村和万洲村的部分区域。城镇综合服务区定位为集教育、文化、商贸服务和宜居等多功能的城镇核心区，其中东涌片区为全镇政治和公共服务中心。城镇综合服务区是展示东涌镇城镇风貌、体现城镇形象和品位的重点区域。重点任务：一是提升商贸服务功能。提高城区容积率，增加商业服务业用地空间，合理规划建设商业街道和商业中心，加强商业区域街道环境整治，促进城镇核心区商贸服务经营单位和人气聚集。二是促进人口集聚。采用增加用地空间和旧村居厂房整治等方式，促进城镇综合服务区用地向商贸服务功能转化，适度增加保障性住房和商业住宅项目建设，吸引农村人口和外来人口向城镇综合服务区聚集。三是街道景观塑造。第一类是岭南水乡特色景观，根据东涌镇名镇名村建设要求，做好镇区河道水系清理、道路整治、建设绿化景观，打造东涌镇岭南水乡特色风情街，塑造具有岭南水乡特色的城镇景观；第二类是城镇休闲服务景观，在产业、人口集聚地区，建设公共绿地、文化休闲广场、街边休闲公园等设施，为周边居民提供休闲空间。四是完善基础服务设施。加强对产业和人口密集地区的道路、给排水、排污、垃圾处理、停车场、公共卫生间等基础设施进行升级改造，提高公共服务设施承载能力；完善地铁站周边道路交通和环境基础设施建设，加强地铁站与公共交通的接驳，提高居民生活便利度。

——工业集聚区。包括励业工业园区、太石工业园区、万洲工业园区和鱼窝头中心工业园区。工业集聚区是东涌镇最重要的产业和经济基础，是增强全镇经济实力的核心区域。重点任务：一是提高土地利用效率。对工业集聚区内闲置、低效工业用地进行盘活，转移转产或停产的低效益、高耗能、高污染企业，推进低效闲置工业用地腾退，为转型升级产业提供空间，提高土地利用效率。二是促进产业转型升级。鼓励技术改进，增强自主创新能力，着力调整优化产业结构，大力促进数控机床、机械制造、电子制造等产业发展，改造提升传统纺织、印染等高耗能、低附加值产业，加快培育发展壮大生产性服务业，推进高耗能、高污染、低附加产业有序退出，发展具有独特竞争力的企业，积极促进现有产业转型升级。三是完善公共服务配套。积极转变政府服务职能，为工业集聚区企业提供行政手续办理、信息咨询、权益保护、融资担保、品牌申请等方面的服务；根据产业发展需求，加强产业工人劳动技能培训，为产业转型升级提供人才储备，创新社会公共服务管理，为外来就业人口提供子女教育、社会保险、保障房居住等方面提供便利。四是加强基础设施建设。着力解决工业集聚区内企业发展和生产过程中的交通、用水、用电等需求，不断提高工业集聚区承载能力，加强纺织、印染等污染企业的环境基础设施建设，降低环境污染。

——高铁综合商住区。以高铁庆盛站为核心，范围涉及庆盛村、沙公堡村、三沙村、石排村以及官坦村的部分地区。高铁综合商住区是促进全镇经济转型新的增长点，CEPA 先行先试区和时尚产业集聚区，是提升东涌镇品牌和形象的重点区域。重点任务：一是明确定位合理规划。认真分析高铁综合商住区的经济发展环境和潜力，慎重确定区域发展方向和定位，合理规划，做好用地、建设和基础设施的规划设计工作，为高铁综合商住区发展打好规划基础。二是积极做好土地储备。全面协调土地利用总体规划、城镇总体规划等，确定全镇可利用土地数量和布局，深入分析城镇建设用地增减挂钩、"三旧"改造等用地政策，认真摸清全镇土地利用潜力，积极开展土地综合整治，为高铁综合商务区发展做好土地储备。三是完善基础设施建设。围绕高铁综合商务区建设，完善庆盛站周边交通基础设施建设，做好高铁、公交、地铁无缝接驳，提高交通便捷度，发挥交通枢纽作用；重视景观设施建设，做好公园绿地、防护绿地和附属绿地的规划和建设，美化综合商务区周边环境。

——农业发展区。指除以上三个区之外，东涌范围内的广大农村地区，承担农业生产、解决农村人口就业和美化生态景观的功能。重点任务：一是促进农业产业化经营。加强特色蔬菜、养殖品种的培植，扩大特色品种种养殖面积，发挥种、养殖大户、龙头企业的带动作用，促进农业规模经营；积极引进、培育农产品加工企业，提升本地农产品附加值，促进农民增收；继续与省、市相关农业科研单位保持良好的合作关系，努力成为特色农产品培育、种植养殖基地，打造特色农业和精品农业。二是提高农村公共服务水平。合理规划农村中小学教学点布局，提高教学点软硬件设施水平，提高农村基础教育水平；强化对农村医疗卫生人才的培训和管理，增强农村公共卫生服务能力；加强对与工业集聚区相邻村庄的治安、消防、出租屋等重点内容的管理，创新农村社会管理。三是改善农村生产生活环境。加大农村污水排放设施建设，清理河道、沟渠，完善农村垃圾收集清运体系，改善农村生产生活环境；对发展生态观光旅游的特色村庄，加大对村庄环境卫生的监督管理；对邻近工业集聚区的村庄，重视道路、排水、电力等基础设施的维护和更新，提高农村居民生活水平。

2. 实施生态景观工程

东涌镇旅游资源丰富，配合广东省特色名镇名村创建，确定镇区主路口吉祥围——岭南特色水乡民俗文化广场及商业街、濠涌岭南水乡风情街、东涌湖湿地生态景观、岭南特色园林公园等名镇打造重点；绿色长廊、湿地公园、十里骝岗画廊、十里沙鼻梁涌及三稳涌水上绿道等名村打造重点。线上精心串联景观节点，重点推进市南公路景观整治、城区道路升级改造和26公里绿道主线路网的建设和系列生态河涌、水系整治及湿地景观的打造，将各大景观亮点有机串联，并在沿线点缀分布各类生态绿化、亲水趣味区、农事体验区、户外拓展区和沙田传统美食配套服务，形成点线结合、有聚有散、观赏性和参与性、互动性相结合的布局。

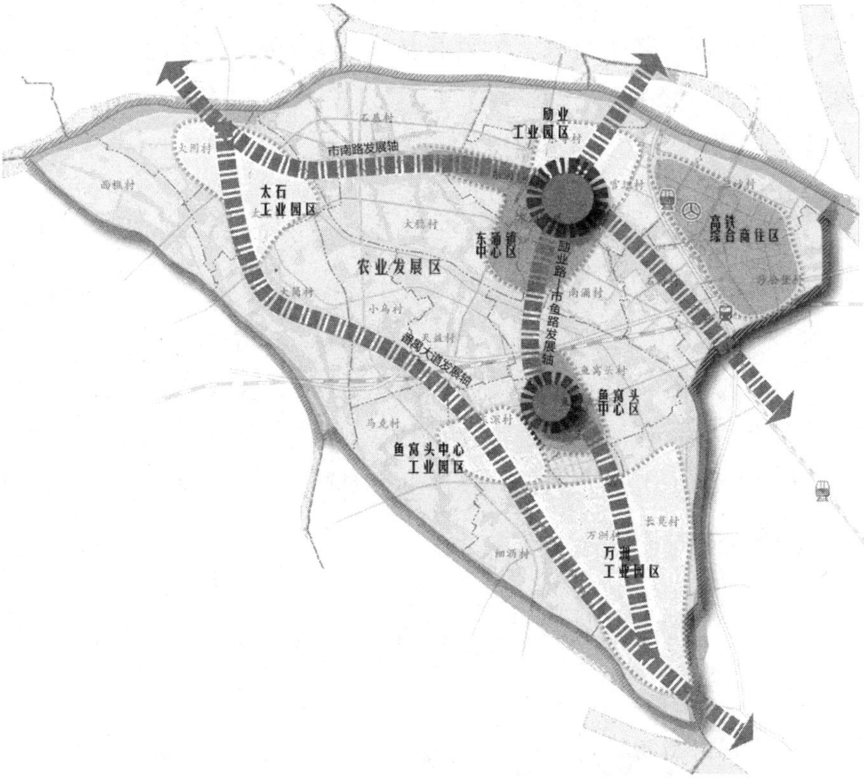

图 5.3 东涌镇空间结构和功能布局图

（1）城区升级改造工程

协调城区风格，提升服务功能。包括对城区所有建筑物按岭南水乡小城的风格进行规划设计整饰，改造升级文化广场、中心公园、城区道路和三线下地管网、中小学、医院，城区示范性河涌打造、城区及周边农村生活污水收集处理，将所有闲置地改造成能满足群众休闲、购物、健身娱乐场所或绿地，融合岭南水乡文化，增设水乡文化雕塑，并在其中点缀分布发展现代综合服务业，展示展销各类有东涌特色、番禺特色的产品、特产和沙田水乡特色饮食店档，为东涌人民和奔波、忙碌的都市人提供一个休憩休闲、幸福生活的港湾。

（2）市南路景观改造工程

一是对市南路（东涌段）的两旁建筑进行整饰，统一建筑物颜色和外墙风格；二是对沿途绿化景观进行改造升级，为东涌镇增添一道景观长廊；三是对市南路骝岗桥至镇政府路口沿途河涌按"水乡生态＋景观节点"标准进行整治。

（3）广州市观光休闲农业示范村打造工程

充分利用大稳村获评广州市观光休闲农业示范村的宝贵资源，加快完善农业生态博览园项目，在骝岗水道（骝岗桥上下游）滩涂进行红树林景观打造，在石基村规划建设番禺园艺世界项目，发展高端园艺产业，打造园艺之都，带动全镇农业从传统农业向都市型农业、旅游型农业升级转型，促进农业增效、农民增收；对大稳村三稳涌、沙鼻梁涌、大稳涌等三段河涌进行还原生态整治，并通过乡村休闲绿道网建设，将广州市观光休闲农业示范村大稳村、农业生态博览园和中心城区有机融合起来，打造星级观光旅游区。

第四节　规划实施与保障

一、体制机制创新

1. 创新行政管理体制

加快转变政府职能，理顺关系，优化结构，提高效能，形成权责一致、分工合理、决策科学、执行顺畅、监督有力的行政管理体制，建设服务型政府，根据人口规模、经济总量和管理任务，科学设置结构和人员编制，提高行政办事效率。非垂直部门事项属地管理，其所属人员工资、办公经费由镇财政列支，并对其享受管理权限，对垂直部门，实行双重管理、属地考核制度，主要领导任免需征求东涌镇党委意见。

2. 强化规划实施

明确《东涌镇经济社会发展战略规划》的定位和作用，镇级城镇总体规划、环境保护规划等各专项规划应与《东涌镇经济社会发展战略规划》做好衔接，符合战略规划的思路和目标。根据经济社会发展变化情况、因地制宜，修编城镇总体规划和控制性详规，合理修改容积率等关键指标，释放城镇改造活力，促进规划落实。

3. 组织实施机制

争取国家有关部门对东涌镇发展的指导和协调。争取各级政府的指导、协调、完善规划实施措施，依据本规划调整相关城市规划、土地利用规划、环境保护规划等规划，按照规划确定的功能定位、空间布局和发展重点，选择和安排建设项目。

二、加强要素保障

1. 土地要素

一是增加新增建设用地保障。给予东涌镇新增建设用地指标方面政策倾斜，保障高铁综合商务区、万州工业集聚区等重点项目用地需求。

二是大力支持用地调整改造。鼓励支持镇域内高污染、高能耗、低效益企业搬迁，搬迁企业用地由政府依法收回后通过招标、拍卖、挂牌方式出让的，在扣除收回土地补偿费用后，其土地出让纯收益可安排部分专项支持企业发展。工业用地、商服业用地在符合城镇总体规划，改造后不改变用途的前提下，提高土地利用率和增加容积率的，不再增收土地价款。城镇规划区内集体建设用地依法改变用地性质并转为国有建设用地的，允许原所有者农村集体按照城镇规划自行或合作开发使用。

2. 资金要素

一是加大财政扶持力度。争取享受广州市对中心镇的财政支持政策，市、区两级财政继续安排一定数额的财政补贴或转移支付资金支持东涌镇建设。

二是调整财政分配体制。按照财权与事权相统一的原则，调整东涌镇财政分配制度，适度提高东涌镇在一般预算收入和预算外收入方面的分配比例，东涌镇产生的土地有偿收入除上缴国家、省部分外，全部返还东涌镇。

三是加大项目资金倾斜。上级政府加大对东涌镇镇的水、电、交通、通讯、文化、教育、卫生等基础设施建设的支持，争取省、市、区三级政府每年安排一定数额的城镇建设专项扶持资金，用于支持东涌镇基础设施和公共服务设施建设，并建立随各级政府财力增长而适度增加的机制。

3. 科技人才要素

一是优化人才引进体制环境。建立人才引进、培养和管理服务体制环境。通过解决户口、子女教育和保障房申请等途径，鼓励和吸纳外来高层次技术人才。重点培养德才兼备、兼具基层经验和战略眼光的领导干部，以及具有自主创新能力和市场开拓能力的优秀企业家，从事技术创新的科技研发人才。加强与相关高校、科研院所的合作，以科研项目合作为平台，加快创新人才培养。建立政府、企业共同出资设立的创新人才基金，对行业内技术创新人才进行表彰奖励。

二是建立鼓励科技创新机制。坚持将科技创新作为东涌镇产业转型发展的动力。以境内高新技术和品牌企业为基础，以市场为导向，积极推动产学研相结合，实现制造业、电子和时尚设计创意产业的发展。完善科技创新体制机制，加强政府对科技创新企业的扶持，积极搭建产学研合作平台，完善技术研发体系，对从事科技创新的企业给予用地、资金和项目申请等方面的倾斜，加强对企业人才落户，住房和子女教育方面的社会服务保障。

三、加强组织实施

争取国家有关部门对东涌镇发展的指导和协调。争取省、市、区政府的指导，协调、完善规划实施措施，依据本规划调整相关城镇规划、土地利用规划、环境保护规划等规划，按照规划确定的功能定位、空间布局和发展重点，选择和安排建设项目。

建立健全规划实施监督和评估机制，监督和评估规划的实施和落实情况，协调推进并保障本规划的贯彻落实。在规划实施过程中，适时组织开展对规划实施情况的评估，并根据评估结果决定是否对规划进行修编。

完善社会参与和监督机制。积极开展公共参与，动员各方力量投入城市化建设。积极扩大东涌镇发展战略的公共参与，政府主导、专家领衔、发动企业、集体和居民各方力量，切实推动公共参与实践。加强土地利用规划、城镇建设规划、土地利用综合整治规划等重要规划思路确定、资金投入模式和产权利益调整等重点环节的公共参与力度，确保东涌镇经济社会发展战略规划顺利实施。

课题组主要成员：顾惠芳　鲍家伟　王大伟　吴宏海等

第六章 结构调整下的城镇规划
——以广州市大岗镇为例

执笔：吴 斌

第一节 规划思路与分析

一、周边区域发展环境

1. 产业发展受到冲击

改革开放三十年以来，珠三角培育了一批以产业集群为组织特征的外向型产业，走的是一条外向带动、依赖廉价资源和劳动力比较优势的外延发展路子。番禺乃至整个珠三角都成了制造业基地，为国内市场和国外市场提供各种产品。近两年国内外经济形势发生了巨大的变化。一方面，经济危机下，全球经济增长缓慢，国外市场大幅萎缩，竞争加剧；另一方面国内成本上升，内需增长缓慢，导致企业发展风险加大。如何有效地利用好国外和国内两个市场，规避市场风险，是珠三角现有这些外向型产业集群面临的新挑战。

2. 《纲要》出台重新定义珠三角规划

2008 年底《珠江三角洲地区改革发展规划纲要》出台，对珠三角 9 市进行了重新的规划，《纲要》在珠三角 9 城市现有发展基础上，提出 9

吴斌：国家发改委城市和小城镇改革发展中心规划研究部土地规划室主任、助理研究员、博士。

城市需错位发展，形成互相补充、互相促进的发展格局，力争到 2010 年基本实现 9 城市基础设施一体化，到 2020 年实现区域经济一体化。《纲要》同时冀望，珠三角能探索出促进城市群之间一体化发展的行政管理体制、财政体制和考核奖惩机制。《纲要》指出，珠三角发展到现有的阶段，必须按照主体功能区定位，来优化地区空间布局，从而推进珠三角地区经济一体化。

二、发展机遇与挑战

1. 发展面临的机遇

（1）广州城区重心南移，番禺发展成为新城市中心

2000 年 6 月，番禺和花都撤市改区，行政区划的调整为广州城市空间的拓展和城市的持续发展提供了新的契机，解决了城市向南发展的政策门槛。使广州有可能从传统的"云山珠水"跃升为具有"山、城、田、海"特色的大山大海自然格局。广州将面临一个更高层次、更大尺度上的发展。城市将可以在更大的空间尺度中构建良好的城市空间结构和稳定的生态结构。

2005 年，南沙设区，促进南拓轴线上的功能分异。城市南拓，重点发展南部地区，实际上为广州进一步强化中心城市功能和作用创造了条件。从地理位置上看，番禺片区恰好位于珠三角的地理几何中心区，区位优势极为明显。此外，番禺片区位于珠江出海口，相对丰富的建港资源、特别是深水港资源，为广州进一步强化其航运中心地位提供了强有力的支持，另外必然会带动大岗镇未来的经济发展。

（2）中船柴油机基地等项目落户大岗

落户番禺区的船舶配套产品生产基地包括五大建设项目：新建一个船用低速柴油机生产基地，实现年造机能力 1000 万马力；新建一个船用低速柴油机曲轴生产基地，实现年产大型船用低速柴油机曲轴 400 根；新建一个大功率船用中速柴油机生产基地，实现年产大功率船用中速柴油机 1000 台；新建一个柴油机配套产品生产基地，形成柴油机关键零部件产业集群；新建一个以船用辅机等为主要产品、年钢材加工量达 5 万吨的船舶配套产品生产基地。

广州船用柴油机制造基地的建设，不仅能满足华南地区造船的迫切需

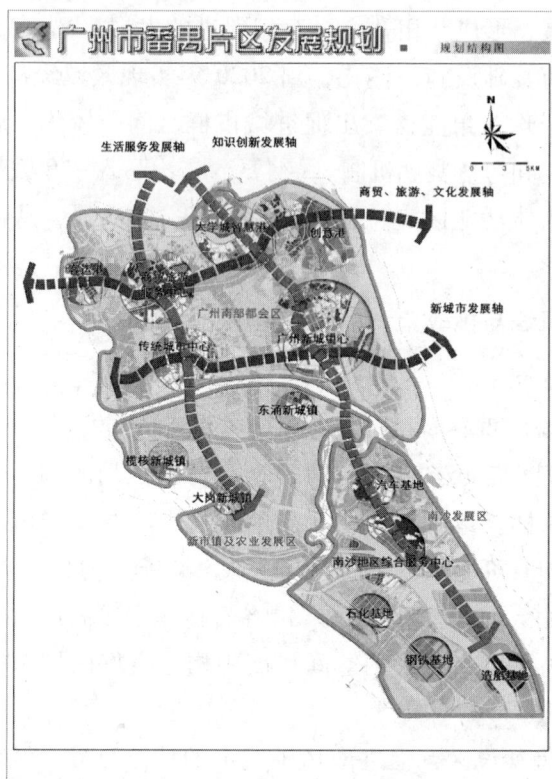

图 6.1　广州市功能发展布局图

要，很大程度上将弥补我国目前船用柴油机制造能力的不足，从根本上解决我国快速增长的造船业对配套产业的发展需要，另外沈阳重工和广州热电厂等项目相继落户大岗，而且能解决大量本地和外来劳动力就业。

（3）广州大型装备制造业基地布局大岗

为适应装备制造业绿色化、产业集群化的发展趋势，广州市委、市政府在番禺区大岗打造产值 1000 亿元的重大装备产业基地。以中船柴油机基地为依托，广东省、市、区三级政府提出共建广州大型装备配套产业基地。按照规划确定的目标，大岗基地规划 42 平方公里，到 2015 年，一期基本完成产业结构布局，初步形成现代装备制造业研发和生产体系，为下一步发展打下基础。开发工业用地约 10 平方公里，累计投资约 450 亿元，预期实现工业总产值 600 亿元。到 2020 年，经过 2015～2020 年的基地优化提升期，再开发 10 平方公里工业用地，完善产业基地布局，5

年内再新增投资 450 亿元，产业基地工业总产值目标突破 1200 亿元。形成实力强大的船舶和海洋工程装备产业集群，形成国内有竞争实力的物流设备和环保及资源综合利用设备的产业集群，以及在这两个行业内培育集系统设计、系统集成、工程总承包和全程服务为一体的工程公司。

（4）广州市大南沙开发的重要交通节点和集疏通道

东新公路、南部铁路支线是整个南沙地区西部货运集散走廊和大岗镇一级货运通道。潭灵路、番禺西线公路（东新公路附道）、南岗大道、桂阁大道是次级的过境货运通道及联系镇内工业区与过境公路的主要通道。南部铁路支线：北起三眼桥编组站，沿东新公路，南至龙穴岛深水港的疏港铁路支线，作为服务港口集疏运及钢铁、石化等产业的重要通道，并辐射 500km 以上的经济腹地。

2. 发展存在的挑战

（1）金融危机造成产业升级的困难

珠三角地区实行产业升级的"腾笼换鸟"发展战略在经济危机的冲击下实现难度大，很多地区原有产业实现了搬迁，但是新的产业却迟迟没有进入，造成了土地资源的浪费，影响了本地经济的发展步伐。对于大岗镇，经济危机造成镇工业区众多外向依赖度较高的企业濒临破产和搬迁，工业园区经济发展受到较大影响，如何针对经济危机迅速调整发展战略，安全度过经济危机后再顺利执行"腾笼换鸟"产业升级战略，是大岗镇实现快速发展所面临的重要挑战。

（2）装备制造业基地发展前景的不确定

广州市大型装备制造业基地规划布局在大岗镇，但目前只有中船集团船舶配套工业园正在投入建设，其他项目尚在洽谈中，能够引进多大规模的装备制造产业的项目投资还是一个未知数，因此在目前的规划中，需要慎重考虑工业园区的过度建设和过度征地所带来的失地农民的利益补偿所造成的财政压力，如何制定一个足够弹性的规划，根据不同时期的开发规模确定下一期的开发计划，开发一批，成熟一批，并针对具体情况进行规划调整，是大岗镇未来发展规划制定的重要挑战。

（3）装备制造业基地发展带来的大量拆迁农民的安置问题

广州市大型装备制造业基地规划布局在大岗镇，规划面积达 42.5 平方公里，占用了大岗镇大部分基本农田，大量的农村居民面临搬迁，应该在规划中充分考虑装备制造业基地的分期开发，逐步拆迁开发地区的农民，实现开发一批，拆迁一批，但是大量农民安置带来的财政支出以及大量村经济发展留用地发展的控制，是大岗未来发展所要面临的重要挑战。

三、发展优、劣势

1. 发展优势

（1）区位优势明显

目前从大岗镇区中心公路通达至广州中心仅57公里，至市桥镇17公里，至南沙区15公里，至顺德大良15公里，至中山市区50公里，至珠海90公里，至深圳110公里，从洪奇沥水道至澳门35海里，至香港40海里，处于珠三角发展的核心区域，可以在50分钟内到达珠三角内任一经济发达区域。社会经济发展受邻近地区的影响很大。因此大岗镇拥有优越的经济区位，资源、人才、技术高度集聚。

（2）良好的经济基础

自改革开放以来，大岗镇经济发展迅速，已由原来的农业镇发展成为一个较发达的工业城镇，许多经济指标在广州市各镇区中名列前茅，全镇的综合经济实力也明显增强。2007年大岗镇的主要经济指标在番禺区的17个镇区中也是名列前茅。2007年，国内生产总值达到30.5亿元，税收3.2亿元，财政收入2.33亿元。

（3）适宜的生态环境

大岗镇地处珠江三角洲冲积平原，土地肥沃，河网纵横，气候湿热，具有非常适合农业发展的自然资源条件。大岗镇地处北回归线以南，属南亚热带海洋性季风气候，日照充足，热量丰富，雨量充沛，四季常青，生态环境优越。在广州市城市生态环境规划确定的"三纵四横"生态廊道，大岗镇处于第一纵西部南起洪奇沥水道和第二纵南起蕉门水道之间及第四横沙湾—海鸥岛廊道之南的位置，亦是南沙规划区所定的潭大灵—鱼窝头生态建设区范围。

（4）批准成为第二批全国发展改革试点小城镇

大岗镇是全国小城市建设试点镇（1995年），广东省首批中心镇（2002年），全国重点镇（2003年）；2008年，又获批准成为第二批全国发展改革试点小城镇，联合国开发计划署试点城镇。充分利用试点机遇，从管理体制、财政体制、土地制度、人事制度、户籍制度等方面进行试点，促进小城镇健康协调发展。未来要以行政体制改革为突破口，在经济、社会体制方面逐步改革，建立与珠三角市场经济发展程度相适应的小城镇行政管理体制。

（5）被规划为广州市大型装备制造业基地

依托中船集团船舶配套产品生产园，省市区三级共同在大岗镇规划打造广州市1200亿大型装备制造业基地，这给处在经济危机下外向依赖度较高的大岗镇带来产业转型的良机，应充分利用广州市大型装备制造业基地建设带来的项目、资金、技术和政策，依托基地基础设施建设投入、产业发展，以产业带动城市，促进大岗镇城市建设的发展，并逐步实现镇区城市建设质的飞跃。

2. 发展劣势

（1）区域产业同构、竞争压力大

珠三角地区主要以劳动密集型的出口加工行业为主，许多地区都把五金、机械、服装等传统制造业作为龙头产业发展，各地区之间的产业同构竞争激烈。大岗镇传统支柱产业为制衣、五金家电、实木家具、珠宝首饰，但是临近的地区也有类似的产业，而且规模更大、产业配套更为完善，对大岗镇的产业发展构成威胁。一些新兴的行业也面临同业的激烈竞争。

（2）镇区用地混杂，集约度低

随着近年来镇区经济的发展，镇区用地向外扩张显著，但是在快速城市化过程中，镇区居住用地存在用地混杂，社区建设比较粗放，总规制定以前，城镇居住建设未形成系统的规划，人均居住用地指标过高，居住用地集约度不够，整体居住质量并不高。公共设施分布较均衡，设备也较完善，但建设没有跟上镇区快速发展的步伐，存在设施陈旧、规模偏小、用地不足等问题。

（3）国内外经济环境影响

大岗镇很多企业都是外向型企业，产品出口欧美、非洲、中东等地区，因此，出口退税、人民币升值、汇率变动等对大岗的第二产业都产生较大的影响。在从紧的货币政策以及国内外经济环境变化的双重作用下，中小企业融资难度加大，一些企业经营出现困难。为扶持中小企业渡过难关，相关部门密集出台相关扶持政策，如为了缓解中小企业融资难题，财政部出台了一系列扶持政策，其中一项就是加大财政支出投入，2008 年用于中小企业的专项资金将达到 35.1 亿元。此外，财政部等部门还通过降低税率、扩大信贷优惠幅度来扶持中小企业发展。

第二节　规划目标与定位

一、发展定位

①国家现代装备制造业基地，形成现代化产业；发展都市型农业与生态休闲业的南部生态产业区。

②珠三角提供产业工人（本地和外来）综合素质培训和输送各项社会公共服务的基地之一。

③广州南拓生活服务发展轴上的重要节点，适合中等以上收入人群宜居宜业的小城镇。

二、规划目标

充分考虑珠三角区域人口增长潜力和大岗城镇产业发展规划及发展趋势，根据大岗镇现状镇域人口，规划镇域人口 2010 年到达 14.7 万人，2020 年增加至 25.7 万人。

规划到 2010 年，大岗镇全镇生产总值（GDP）达到 43 亿元，年均增长 12%，2011 年后，装备制造业基地投产，地区生产总值呈现阶梯式增长，预计 2020 年达到 220 亿元；到 2010 年，社会总产值达到 115 亿元，年均增速 10%，随着 2011 年中船柴油机工程的投产，工业总产值将会上一个新台阶并伴随其他工程陆续投产而保持高速增长，到 2020 年达到 1000 亿元。人民收入水平显著提高，到 2010 年镇区人均可支配收入达到 22000 元以上，年均增速 8%，2020 年达到 48000 元以上。

农业增长减缓。随着装备制造业基地的逐步建设，大岗镇农业发展用地不断减少，农业产值比重不断下降，但是农业产业化程度和劳动生产率显著提高。都市农业（主要指设施农业和观光农业）是大岗镇农业的发展方向。"三农"问题得到有效解决，城乡一体化进展顺利。农民收入稳步增加，农民人均纯收入到 2010 年达 11000 元以上，2020 年达 28000 元以上，年均增长 10%。

工业高速增长，产业结构明显改善。未来十年，随着装备制造业基地的投产，工业经济总量上将保持高速增长，但耗能高、污染大的洗水、印染以及电镀等行业所占比重逐渐下降；劳动密集、利润低的纺织服装、家具等行业的加工贸易比重将有所下降，向"微笑曲线"的两端发展；附加值高、带动性强的装备制造业比重逐步提升，实现产业结构的高级化和现代化。

第三产业地位显著提升。现代生产性服务业、消费服务业成为增长最快、最具活力行业。商贸流通业和旅游业蓬勃发展，成为第三产业的两大主导方向，与主导工业行业并行不悖、协调发展。

表 6.1　　　　　　　　大岗镇经济社会发展规划主要指标预测

项目类别	2007 年	2010 年预测值	2020 年预测值
镇域常住人口（万人）	12.3	14.7	25.7
镇区常住人口（万人）	7.9	10.3	22.4
其中镇区外来常住人口（万人）	4.0	4.6	8.0
中部新城常住人口（万人）	0	0.3	2.5
城镇化水平（%）	64	72	97
社会总产值（亿元）	86	115	1000
GDP（亿元）	30	44	220
第一产业增加值（亿元）	4	6	14
第二产业增加值（亿元）	16	24	127
第三产业增加值（亿元）	10	15	80
镇区人均可支配收入（元）	17221	22000	47000
农民人均纯收入（元）	8323	11000	28000
社会商品零售总额（亿元）	13	19	56

第三节　规划任务与措施

一、拓展城镇空间与优化功能布局

1. 规划布局思路

依据空间布局的基本原则和大岗镇的空间布局现状及存在的问题，

提出五点空间布局规划思路。

思路一：构建组团，整合提升。

从空间上看，潭洲、大岗、灵山三镇镇区已连为一体；从社会经济上看，潭大灵三镇是番禺西南部经济较为发达的地区，以加工业为主导的工业已形成一定体系，彼此之间也有密切的联系；从行政区划看，已经打破行政界线限制，成为番禺西南片区组团。因此城市空间发展要从外延扩张向整合提升为重点转变，加强对潭大灵三镇的空间整合，统一规划建设与管理。

思路二：加强集聚，区轴联动。

目前，大岗镇的经济社会发展已经形成了某种程度上的集聚，但是依然存在散、乱、不经济、不联动的问题。因此要在原有集聚空间的基础上，引导经济社会活动的进一步集聚，强化现有集聚区功能。装备制造业基地规划建设给大岗镇工业发展带来支柱，应当加强工业集聚区与新联工业区的联系，围绕装备制造业特别是中船的船舶配套产业发展相关的上游产业，形成船舶配套产品的工业园区，发挥集聚经济的带动力，推动镇区产业的发展。同时应该重视镇区、工业集聚区、装备制造业基地以及重要交通轴带的互动，通过区轴联动促进整个区域的发展。要通过交通专线建设等途径，促进镇区和装备制造业基地之间的联动发展。

思路三：功能分区，适度混合。

功能分区有利于产业和基础设施的配套、激发创新和吸引高素质生产要素集聚、降低生产和交易成本，同时也有利于进行环境保护和治理。尤其对那些需要成片土地或有污染的产业，分区布局是必要的。但是过度的单一的功能分区，会增加通勤时间、降低运转效率，同时也会造成某些基础设施的重复建设，浪费有限的资源。功能区内应适度布局相互兼容的产业与生活功能。灵活运用功能分区与混合布局相结合的形式，促进镇域经济发展。

思路四：存量置换，提高效率。

大岗镇镇区现状用地布局混乱、利用粗放，在装备制造业基地规划范围外，新增大量的建设用地可能性较低，因此现状镇区绝大多数的用地必须通过旧城改造、置换土地功能来获得。关闭或转移一些层次低、效益差、污染大的企业，通过土地置换等方式来整理出更多的可利用建设用地；通过集约利用土地的方式，建设多层标准厂房，腾出更多的建设用地；通过腾笼换鸟，改变土地用途，实现土地功能置换，提高建设用地利用效率。

思路五：统筹城乡，和谐发展。

尽管装备制造业基地规划布局后，镇域农村地区大面积减少，但是城乡发展不平衡，二元结构仍然存在。重点将城镇基础设施向农村延伸，将公共服务向农村居民和外来农民工延伸，实现城乡统筹，和谐发展。针对镇域北部村庄分布零散，基础设施和公共服务设施配套程度差的现状，应该积极培育和发展中心村，加快居住功能区规划。针对外来农民工，要将公共服务延伸到农民工，为农民工提供更好的公共服务。

2. 空间布局规划

根据大岗镇总体规划、空间布局现状、行政区划调整及未来发展方向的要求，提出大岗镇空间布局总体框架："两心一环，三轴四区"。

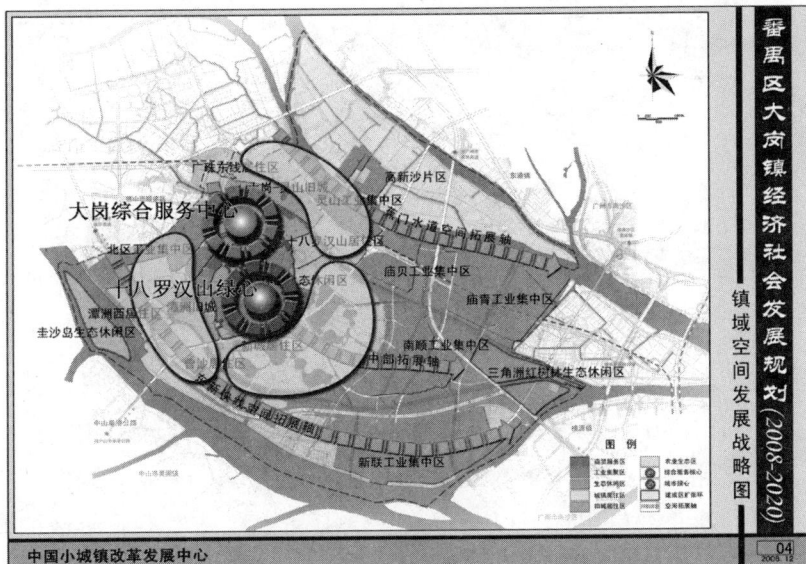

图6.2 大岗镇空间布局总体框架图

两心包括由原大岗镇区和部分原灵山镇区组成的综合服务核心和由十八罗汉山山体及其周边山体、公园、水体组成的集休闲、度假、生态涵养功能于一体的城市绿心。一环是指围绕两心的镇区建成区扩张环，是未来 20 年的重点发展区，包括原潭洲镇所在的潭洲片区、原灵山工业园区所在的灵山片区和装备制造业基地规划的公共服务中心所在的中部片区。三轴是以东新快线发展轴、蕉门水道发展轴和中部拓展轴为主的空间拓展轴；四区为工业集聚区、商贸服务区、生活居住区、生态休闲区，这四种空间用地功能主要是体现在功能的组织与协调上。

3. 主体功能区划

大岗镇规划未来主体功能区划分为四块：优化开发区、重点开发区、限制开发区和禁止开发区。

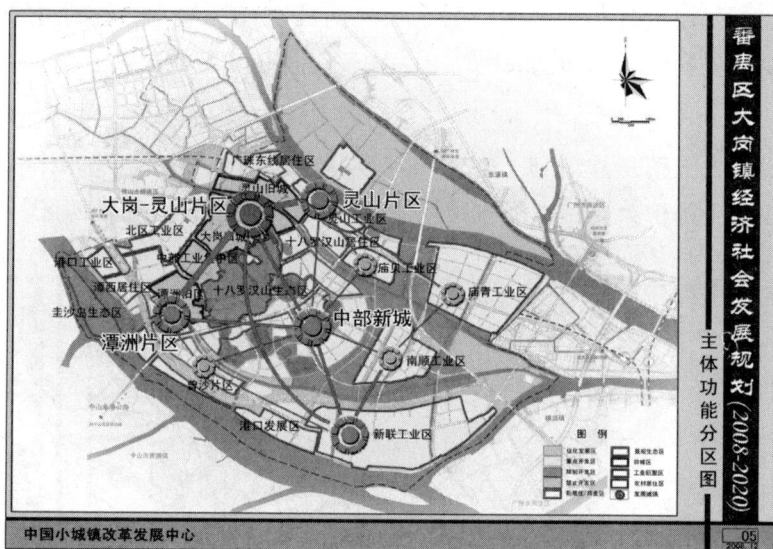

图 6.3　大岗镇主体功能分区图

优化开发区主要是优化业已形成的镇区，包括以大岗—灵山商贸中心和潭洲商贸副中心两个综合服务区，以及大岗潭洲之间的中部工业集中区。重点开发区是未来重点建设的区域，包括六片工业集聚区、五片居住新区、新联港口用地，以及十八罗汉山和圭沙岛生态旅游区的基础设施用地。限制开发区是指具有较高生态保护和历史文化保存价值，生态条件较为脆弱，不适宜大规模开发建设的区域。主要包括：一般农田、沿河生态涵养区、地表饮用水源二级保护区、十八罗汉山风景名胜区非核心区及其周围缓冲地带、圭沙岛生态旅游岛、文物古迹建筑控制区和地质灾害低易发区。禁止开发区是指有极高的生态保护价值和安全保护作用，不宜进行开发建设活动的区域。主要包括：非饮用水源保护区河流段两岸 20 米、基本农田保护区、红树林湿地、重点雷击区、水利、交通、电力等基础设施的保护区。

二、产业结构调整、优化和升级

目前，珠三角产业正面临着三大转型：一是从轻加工业向重型装备制造业的演进；二是从代加工基地向高新技术产业发展为主的转变；三是从工业向现代服务业的转变。

1. 产业发展定位

广州市对大岗的发展定位是"广州南拓生活服务发展轴上的重要节点"，强调了发展生活服务业及休闲业，未考虑重工业。而依据大岗镇目前的内外部条件及区域环境，我们认为大岗镇暂时还不能将生活服务业放在发展的首位，而要考虑引入重工业项目，实现产业的重型化。所以提出产业发展定位是：发展国家现代装备工业，形成现代化产业；发展生活服务业与生态休闲业。

2. 产业发展思路

大岗镇未来的发展是在旧有的经济基础上、在装备制造业基地规划主导下的经济快速发展，制造业基地内投资项目的资金规模和技术体系都在大岗镇旧有的发展模式之外，会给大岗镇的发展注入强有力的推动力。因此需依据大岗镇的产业现状及存在问题、产业的发展原则，提出大基地依赖性跨越式发展思路，具体思路如下：

一是产业结构升级。目前大岗镇的多数企业归属劳动密集型、科技含量低的行业。从产业发展规律、国内外竞争加剧等因素来考虑，实现产业结构升级是大岗镇保持良好、持续发展的必然选择；而且在大基地发展的带动下，既有的产业体系要建立起与基地产业的协作关系，要求其必须实现产业结构的升级优化。

二是主导产业带动。主导产业在区域经济中起着至关重要的作用，它能够带动相关产业的发展。缺乏主导产业还会影响区域的发展后劲。大岗镇应该借力广州市大型装备制造业基地的规划建设，确定一个或两个在本地具有增长空间的装备制造业为主导产业，带动相关产业，实现经济的健康发展。

三是产业发展联动。大岗镇在以后的发展中，会引进新型产业、发展多种产业，这就需要考虑现有产业与引进产业的联动（主要表现为传统产业与高新技术产业）、不同产业行业间的联动（如制造业带动现代服务业、现代服务业促进制造业），实现产业的协调、互利发展。

四是大中小型企业协调。大岗镇的中小型企业较多，它们在吸纳本地及外来劳动力就业方面起着重要的作用。在引进、发展大型企业的同时，要积极完善产业链配套分工合作体系，形成以大企业为中心、大量专业化分工协作的配套关联企业和上下游企业围绕的网络格局，促进大中小企业协调发展。充分利用国家近期扶持中小企业的财政、税收、信贷和收费等政策；同时，中小企业自身应积极调整、强筋壮骨。

五是市场定位多元。大岗镇的发展主要依赖于国际市场。目前，世界经济不景气、全球市场不稳定、国际竞争加剧，大岗除了要努力稳定国际老市场、开发国际新市场外，更要大力开拓国内市场，以规避外部形式变化带来的风险、保证经济的稳定发展。

3. 主导产业的选择

根据主导产业选择原则，按照大岗镇"工业强镇"的方针，其近期的主导产业应该是造船业。造船业属于机械装备制造业，而机械装备制造业是制造业的基础和核心，也是工业化过程中具有龙头带动作用和影响力最大的产业。它既是高新技术发展转化为规模生产力的载体，也是传统产业技术改造和升级换代的重要基础和手段。一个国家或地区的机械装备制造业的发展规模和水平是体现其经济实力和科技水平的重要标志。

造船业是一项综合性的产业，前向和后向带动作用比较强，它的发展能够后向带动一大批相关产业的发展，如冶金、机电、化工、电子、仪表、轻工材料产业等，还能前向带动商贸流通业及旅游业的发展。

目前，大岗镇造船行业并没有与本地原有的产业紧密结合起来发展船舶配套业，形成产业链，与本地其他的重点行业也没能形成互补效应。大岗镇应以现有产业为基础，加快发展船舶配套产业，比如柴油机、发电机、船用电器、船用不锈钢制品等，提高本地的配合率；以船舶配套基地建设为契机，积极培育、延长产业链，带动相关产业的发展，这同时有利于造船业本身的稳定健康发展。

4. 其他重点产业的发展思路

除了主导产业和装备制造业之外，大岗镇还需要培育一些重点产业。

纺织服装产业：纺织服装产业主要包括纺织业、纺织服装、鞋、帽制造业。大岗镇有大量的纺织服装企业，其在促进经济发展、解决就业方面发挥着重要的作用。事实上，大岗镇的服装产业发展比东莞还早，但是由于政府提供的平台不够、引导不够，其发展速度很慢。

在以后一段时间内，纺织服装产业仍将是大岗镇重要的行业。近期国家已经出台相关扶持政策（2008 年 8 月，纺织品、服装的出口退税率由 11% 提高到 13%，半年增加退税 100 亿元左右；10 月，涉及大量中小企业的纺织品、服装出口退税率再次提高到 14%），今后应该进一步增加扶持力度。各级政府也要积极响应；企业应该充分利用政策、积极调整，走出"寒冬"：增加研发投入，培育企业服装设计能力，实行品牌运作；进行空间腾挪与集聚，实现内外部规模经济。

家具木业：家具木业是大岗镇的支柱产业之一。规模相对较大的家具企业有 5~6 家，规模小一些的企业相对较多，有几十家。目前发展面临的困难有：工人工资上涨，企业的利润空间被压缩；家具市场跟房地产市场联动，房地产市场被打压的时候，家具也不好做。今后应该重视家具产品的设计和营销环节，提高在价值链中的地位；培育自己的品牌，利用品牌带动发展；集聚分散的企业，体现集群效益。

五金家电：大岗镇内的五金家电企业较多，分布在工业区及村庄。五金家电产业存在的主要问题是企业规模不大；未形成集群，上下游产品配套能力差；特色不突出、竞争力不强；同时也受劳动力工资上涨、原材料价格上涨、人民币升值、金融市场动荡的影响，企业不景气。但是在全球经济不景气的情景下，五金家电行业有其自身的优势，即其属于必需品行列，如果能生产出质量较好、价格中等的产品，前景还是光明的。今后应规范管理、扩大规模、引导相关企业集聚、解决融资问题，稳定并进一步强化产业优势。

珠宝首饰加工业：番禺区拥有珠宝首饰加工及配套企业 250 多家，已成为全中国乃至东南亚地区首屈一指的珠宝首饰加工基地，是世界最大的 K 金镶嵌珠宝首饰加工基地。大多数企业是出口加工型企业。大岗镇已经集聚了一些珠宝首饰加工企业，但与番禺区其他工业区相比并无优势、特色也不突出。今后大岗镇应该积极利用"番禺珠宝"这一区域品牌，加大扶持力度，做大做强珠宝首饰加工业。

商贸流通业：商贸流通业包括零售业、批发业和物流业。近年大岗镇商贸流通业快速发展。但是与番禺区北部地区相比，其商业流通业仍不够发达，既不能满足大岗建设中心镇、加快城市化的要求，也不利于大岗改善投资环境、进一步引进厂商的要求。规划应在商贸流通业的现状基础上，考虑该地区的现实消费水平等问题，前期主要着眼于整合现有的商业资源，依托较有实力的商家为核心，将分散经营的店铺向中心聚集，同时注意提升经营水平，改变商业网点小、散、乱、差的局面，为下一阶段建设商业中心，引入连锁超市和中型百货打下基础。

旅游业：旅游业对地区经济的带动作用较明显。大岗镇的旅游类型主要是绿地景观（山、岛、水）旅游和观光农业旅游。应利用其特有的自然景观，立足生态型、休闲型，整合旅游资源。加快推进十八罗汉山和圭沙岛景区建设、拓展农业观光休闲旅游。利用其良好的区位条件和生态条件，吸引周围城市游客，发展观光旅游农业。

都市型农业：大岗镇位于番禺片区的新市镇及农业发展区内，农业的发展方向是都市型农业。设施农业具有高投入、高技术含量、高品质、高产量和高效益等特点，是最有活力的农业新产业。通过设施投入来开发高附加值农产品以满足都市圈的需求。

5. 产业空间布局

依据产业的空间布局原则，近期大岗镇工业主要布局在三个工业集聚区内，中远期则在原有的三个工业区基础上逐渐向外围三个工业区扩展。

北区工业集聚区：位于大岗镇北部，潭灵路以北，比邻顺德五沙工业区，规划工业用地2600亩。沟通广州的东新快速路和广珠东线均途经北部工业区。新联工业集聚区：位于大岗镇南部，比邻南沙、中石，规划总面积7500亩。沟通广州南沙港的南部快速干线和东新快速路均途径这里，拟建的中沙通南沙区黄阁镇和中山、顺德的桂阁大道经过该工业区附近。灵山工业集聚区：位于广珠东线立交桥北侧、蕉门水道两侧，规划总面积4500亩。蕉门水道南侧以灵山第二工业集聚点为依托，依靠灵山造船厂带动，主要发展中小造船企业，规划面积2200亩。

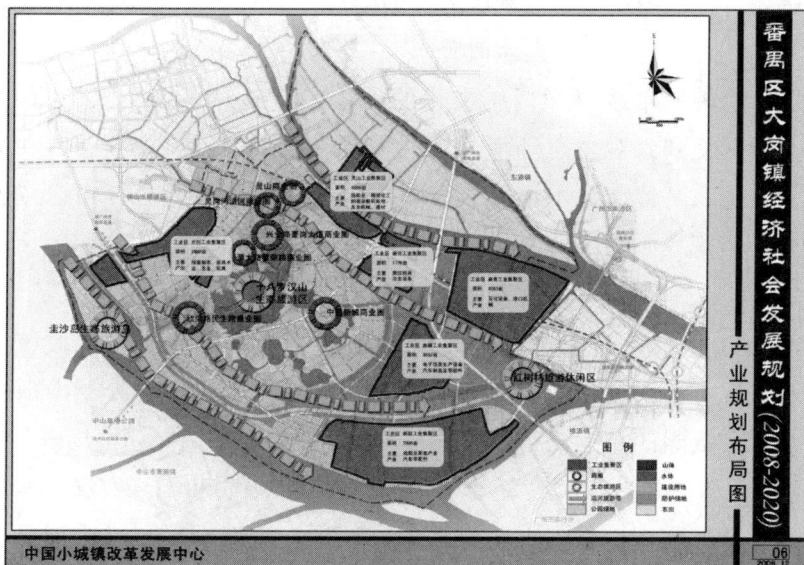

图6.4　大岗镇产业规划布局图

三、构建镇区空间功能和形态

1. 镇区空间功能拓展思路

思路一：构筑中心、拓展外环。

规划在原大岗—灵山中心的基础上，培植镇级公共服务中心，形成集商贸、娱乐、文化、体育为一体的服务全镇的综合服务中心，构筑以十八罗汉山风景区为核心服务于全镇的休闲度假中心。在构筑两心的同时，在中心外围，拓展服务于周边地区的次级服务中心。

思路二：工业外迁、带动周边。

为实现镇区内工业用地"腾笼换鸟"置换安置、减少工业污染对于镇区生活环境的影响、缓解中部和北部工业区用地紧张的局面，规划镇区工业发展主要侧重于由镇区向西向北拓展，向镇区周边迁移，以带动周边地区的发展。

思路三：北展南拓、发展新区。

规划绕十八罗汉山，沿镇南路、大岗沥，向大岗村、灵山村方向拓展新区，另一方面，规划在原灵山镇东侧、广珠东线高速两侧西至灵山旧城东至蕉门水道，构建一个新的居住社区，主要是依靠广珠东线快捷的交通条件，刺激房地产业和服务业的发展。

思路四：一涌两岸、山水改善。

为保持岭南水乡一涌两岸文化的延续，彰显大岗水乡文化的特色，改善城镇居住和景观生态环境，规划将着重在大岗沥、潭洲沥、洪奇沥等主要水道及其他支流水道拆迁违章建筑、修缮整治河道、构建城镇景观轴线和景观界面，恢复传统一涌两岸水乡风貌。

2. 镇区空间总体规划布局

根据以上拓展方向，规划形成"两主三副，六圈八区"的城镇空间发展格局，在此基础上，共同形成大岗—灵山、潭洲—曾沙、中部新城三个城镇发展组团，形成相对独立而又互相联系的城镇空间格局。

"两主"主要是指构建大岗城镇公共服务主中心和十八罗汉山景观核心。公共服务主中心范围主要包括大岗新区、大岗旧区、灵山旧区。三者共同实现大岗镇最核心的商贸服务、公共服务和居住功能，构筑主中心镇级服务中心的地位。十八罗汉山绿心包括其周边山体、水系和缓冲用地，应注重休闲度假设施的开发建设，成为镇区的景观中心。

"三副"主要是指潭洲片区、中部新城片区和灵山片区。三个副中心的发展应以主中心的发展为前提，职能上与其协调发展，实现资源的集约利用，同时注重加强对本地居民的服务，构筑商贸副中心。

"六圈"指六大商业圈，推进灵岗河沿河商业圈、潭大路繁荣路商业圈、欣荣路民生路商业圈等三大商业圈的快速发展，完善基础设施，提升服务水平，成为服务于镇区居民生活的重要公共服务设施中心；优先壮大兴业路豪岗路商业圈，改变发展模式，推进大型商业设施的建设；加强灵山商业圈和中部新城商圈的建设，满足周边地区经济发展和居民生活的需求。

"八区"主要是指城镇五个居住功能区和三个工业集中区。五个居住功能区主要指新拓展的五个功能居住区：十八罗汉山－大岗沥居住区、广珠东线居住区、潭洲西居住区、曾沙安置区、中部新城居住区。五大居住新区以居住功能为主，适当建设部分商业，突出生活特色，突出水乡特色，体现城镇新风貌，成为大岗镇新的居住新地标。三个主要的工业集中区为：

北区工业集聚区、潭洲港口工业园区和灵山第二工业集聚区。

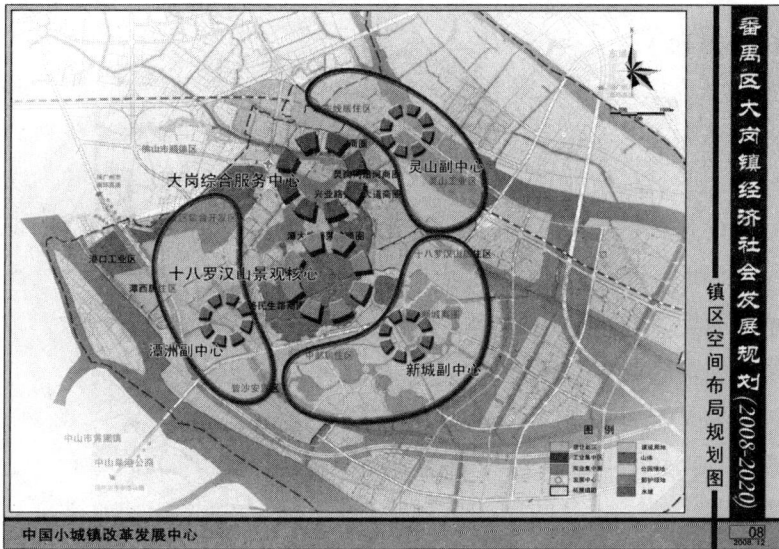

图 6.5　大岗镇镇区空间总体结构图

3. 构建镇区景观形态

镇区景观形态的构建主要是加强十八罗汉山旅游资源开发，完善一涌两岸的沿河水乡特色，体现大岗有山有水，山水结合的城镇空间形态。

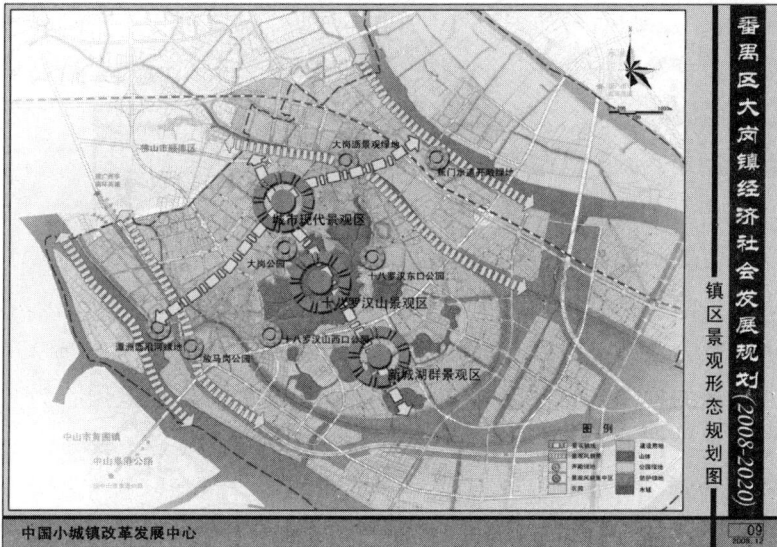

图 6.6　大岗镇镇区景观规划图

四、整合区域公共资源

1. 教育资源发展总体思路

（1）义务教育均衡化发展

大岗镇优质义务教育资源过度向北部镇区集中，乡村义务教育资源不足，农民工子女受教育难度较大。在均等化的公共服务设施的发展原则下，在财政可承受的范围内，本规划采取均衡化的义务教育发展策略，不仅仅强调地区之间均衡，而且强调本地人和外来人口之间的均衡，争取在基础教育资源的共享方面，减缓社会矛盾，促进社会融合，为大岗镇未来的发展增加地区吸引力。

（2）高中教育优质与均衡并重发展

目前大岗镇有完全中学一所，应注重高中教育质量的提升，引进优质师资力量，改善教育的软硬件环境，提升教育水平，同时加强高中教育的普及，降低农民工子弟享受高中教育的门槛。

（3）促进私立教育发展

无论是义务教育还是高中教育，目前，私立教育的发展已经成为公立教育体系的重要补充，促进了教育资源结构的调整，同时扩大了教师队伍规模、提升了教师素质。目前大岗镇私立教育发展程度较低，民办小学规模较小，只有一所民办小学和一所公办民助小学。因此规划提出促进私立教育发展的对策，制定相关政策吸引投资向民办教育延伸，培养高质量的民办学校，公办学校则实行均衡化的发展思路，均衡公立小学的教育资金，促进民办学校的发展。

（4）提升职业教育水平

随着装备制造业基地的规划建设，大岗镇对于技术工种的需求必然大幅上升，而现阶段，大岗镇三所职业教育在装备制造业发展所需工种方面还有所欠缺，包括模具、数控机床、机械等方面，应根据未来装备制造业发展的具体产业，设定相关专业，并与企业合作发展，为装备制造业发展提供技术人才。

2. 教育资源发展规划与对策

（1）教育资源发展规划

未来大岗镇新增人口主要集中在旧镇区、中部新城和基地内的新联、庙青等工业区，虽然镇区方面中学教育资源较为充分，但是伴随镇区扩张需要增加部分小学，而中部新城和工业区，外来人口居多，外来子弟就读需求增大，可参照金雁学校的办学模式，在新联工业区设置专门的民工子弟学校。

初中方面，规划在中部新城新设一个初中，满足南部工业基地的需求；小学方面，加强镇区小学的规划建设，与居住区开发同步进行；基地内部工业区小学设立应充分利用现有农村学校布局，目前航运小学、高沙小学、新沙小学规模较小，结合基地内居住区的规划，对农村教育资源进行整合提升，中部以南顺工业区为中心，西部以庙青工业区为中心，南部以新联工业区为中心设立中心学校。

职业教育方面，完善三所职校的教育设施，在中部新城建设职业培训学校，培养装备制造业基地所需人才。

（2）农民工子弟教育改善对策

抓住广州市、番禺区探索外来人口教育政策改革的契机，着重解决外来人口生均经费问题、学位问题、升学政策问题。

在经费投入方面，改革财税支出制度，将外来人口的教育服务经费列入财政经常性支出项目，向学校划拨经费时，要按照学校的实际学生数（包括本地学生和外来人员子弟）拨款，支持各类学校义务教育的正常运转。通过财政专项补助增加公办学校学位，鼓励公办学校接纳农民工子女接受教育，增加公办学校中外来民工子女就读学位。积极向上级财政申请专项经费用于布局调整和学校改造，同时镇级财政给予配套支持。

在学校调整改造方面，调整合并新一小学、新二小学、高沙小学、新沙小学、航运小学，尤其是扩大新一小学、新二小学的办学规模，以接受未来工业园区大量外来人员子弟入学。利用区级财政完善供外来民工子女读书的公办学校的建设，提高民办学校的建设标准和教育设施标准，完善东南小学、金雁小学的功能室和室内设施，尽快达到规范学校的标准要求。

在教育政策方面，力求减轻外来人员的经济压力，提供便利的升学途径。对于在本地有稳定工作和住所的外来人员，给予其子女与本地居民同等的免费义务教育。向上级争取政策，允许外来人员享受与本地学生相同的就读高中条件，允许就近高考。

在教育质量方面，加强公办学校和民办学校的师资交流和教学资源的共享，增加民办学校和公办民助学校公办老师比例，提高外来子弟学校的教学质量。

（3）职业教育资源发展对策

未来，大岗镇要进一步推动职业培训教育，对农民工的培训要渐渐从培养体力型人才向培养脑力型人才转变，从初级培训向中级培训转变，充分发挥农民工的个性特点及优势，提升农民工的综合素质，把大岗镇打造成为珠三角地区产业大军综合素质培训的基地。

在培训经费方面，积极利用三种途径保障培训经费。一是善于利用中央职业培训专项资金，做到专款专用，主要用于培训设备的添置，改善培训的软硬环境；二是加大镇级财政的经费拨付；三是通过市场运作，利用企业订单式培训增加经费。

在培训项目方面，增加针对大岗现有产业特色的职业培训，如五金加工。实行企业订单式人才培训计划，设计专门的课程和实习内容，为企业定期培训技术工人。加强装备制造产业的人才培养，加大关于装备制造、物流等行业培训的开发力度，由初级培训转向中高级技能培训。定期开展跨省外来劳动者职业技能培训工作，增加职业技能培训和岗前教育培训

在培训服务方面，将更多的培训班开到农村和工厂企业，方便农民工的技能培训学习。

3. 整合优化卫生资源

抓住国家医疗改革的机遇，完善基层医疗站点的建设，从场地、资金、设备、人员等方面完善农村医疗和社区医疗机构，建立全民大病统筹基金，完善外来人员医疗保障体系。

表6.2　　　　　　　　　　　大岗镇卫生资源整合优化措施

拟解决的问题	措施
工业新区缺少医疗点	在基地内工业集中区增加医疗服务点，根据人口发展趋势配置医护人员和病床数，在规模较大的企业内部设置一定数量的医疗室，根据工业区主要的行业类型开展相关职业病防治研究，加强厂区职业病和流行疾病的监控

续表

拟解决的问题	措施
外来务工人员就医困难	在外来民工集中的地区增加社区医院，帮助规模较大的工业企业建立医疗室。定期举办对农民工的健康教育，关注农民工孕产妇和儿童的保健工作
农村医疗条件差	按照人口比例配置专职医护人员，添置基本医疗设备
医疗保障体系不完善	普及城乡新型合作医疗，建立全民大病统筹基金，增加政府投入，补助新型城乡合作医疗，继续扩大合作医疗的覆盖面，适度提高报销限额
农民工医疗保障覆盖低	实行农民工合作医疗制度，政府、企业和个人三方出资投保的方式为外来务工人员投保，使得农民工可享受人身意外伤害、住院医疗、补偿金的保险。增加政府对农民工参加医疗保险的补助金额，提高医疗保险的报销率

4. 完善社会保障体系

（1）提高农村社会保障的参保率

目前大岗镇农村社会保障参保率偏低，一方面与农民的参保意识有关，另一方面是政府社会对参保资金的补助不够。要提高农民的参保率，就要提高保障的标准，增加镇级财政和村集体经济对这方面的补贴，同时探索新型的农民合作保障制度，建立医疗、养老的统筹基金，多方面、多渠道保障农民自身利益。

（2）提高外来农民工的参保率

2007 年大岗镇外来农民工达到 3.88 万人，其中有 2.55 万人从事第二产业，1.32 万人从事第三产业，他们主要在镇区工作，但是大岗镇非本市城镇在职员工的参保人数只有一万余人，许多外来的农民工没有参加社会保险。加强政府对企业的监管力度，要求企业为在职的外来农民工缴纳社会保险，特别是医疗、养老和工伤保险，保障外来农民工的切实利益。

（3）完善自由职业者的参保险种

大岗镇的自由职业者都没有参加工伤、失业和生育保险，应该增加这方面的宣传教育，转变观念，提高自我保护和风险规避的能力。针对自由职业者设置更多灵活的保障险种和参保方式，提高保障能力。

五、合理配置土地资源

1. 镇区建设用地向外扩散

根据《大岗镇土地利用总体规划》，到 2010 年大岗镇建设用地将增加到 2209.2 公顷，比 2007 年增加 75%。其中镇区的建设用地需求增加最快，预测到 2020 年镇区人口将达到 20.8 万，用地需求将达到 3328 公顷。为了满足建设用地的需求，计划在旧镇区以周边扩散的模式进行扩张，在十八罗汉山南侧则规划新城。在旧镇区进行腾笼换鸟工程，把镇区中心的工业企业逐渐搬离中心区，把现有的豪岗路北侧工业点、中部工业区、潭大路北侧工业点的工业用地进行置换，发展为商业中心。把临近镇区的农村土地纳入镇区建设规划中，增加镇区的发展空间。在广珠东线、十八罗汉山、潭西发展新的居住区，疏散镇区中心区的人口。在曾沙发展搬迁安置居住区，集中安置拆迁村民。拓展北部工业区和潭洲港口工业区，在镇区东部设立灵山工业区。在十八罗汉山南部，将部分农田规划为装备制造业基地的综合服务新城，建设商业中心和居住片区。

表 6.3　　　　　　　　　　大岗镇镇区用地预测

年份	用地人口（万人）	人均用地（平方米）	总用地（公顷）
2007	7.1	190	1341
2010	9.4	180	1687
2015	13.9	170	2364
2020	20.8	160	3328

2. 工业用地逐步增加

为满足大岗镇船舶工业发展的需要，保障工业建设用地，大岗必须进行加快工业园区的建设，集约利用土地资源。在镇区北部规划 360 亩的工业用地，完善北区工业聚集区的建设，主要是利用客家村、鸭利村、东流村和北流村已批未建用地进行建设。在新联一村和新联二村规划 3308 亩的新联工业园区，打造船舶配套产业基地。把新联一村和新联二村搬出工业区范围，在曾沙片区集中建设农民搬迁新村，实现人口的集居。在装备制造业基地内预留庙青、庙贝、南顺三片工业区以及新联一

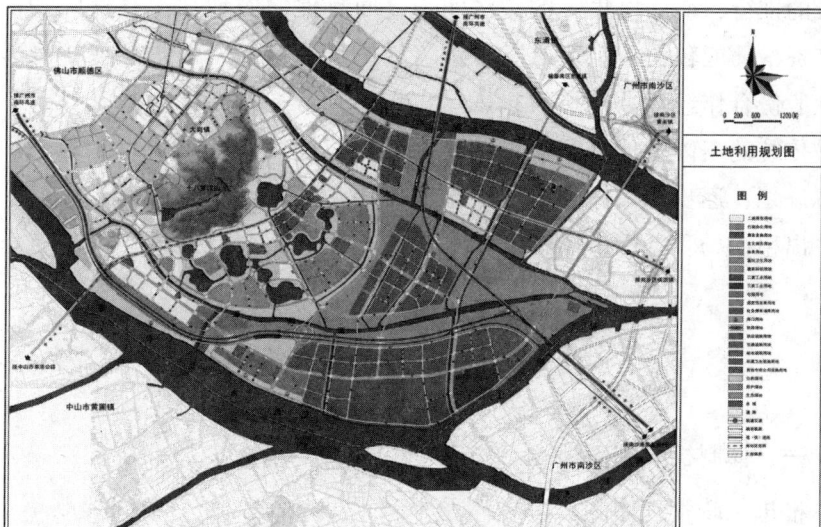

图6.7 大岗镇区土地利用规划图

村和二村的村工业预留地，总占地10605亩，作为村经济预留地，采取逐步开发的策略进行规划建设。

3. 农村居民点用地锐减

为了便于节约土地和公共设施的延伸发展，把装备制造业基地内原来散布的农村居民点进行集聚，集中搬迁到曾沙安置居住区。搬迁后的农村居民用地按照规划转为工业用地或者生态保护用地，这个过程是逐步进行的，要根据镇区工业区和新联工业区的发展程度进行，不能强制执行。装备制造业基地外的村庄则采用分散农村居民点适当归并集中的方式逐步实现农民新村的建设，在村庄内部实现占补平衡。

4. 土地优化策略

通过旧城改造腾出更多的发展空间，实现"腾笼换鸟"策略，重点布置商业和服务业，提高镇区的容积率，减少建筑密度，增加绿化地带，对镇区房地产开发和居民自建住房进行统一规划，主要定位为中等收入水平人群的居住地，为未来新增人口预留足够的公共设施用地，如医院、学校、社区公园等。通过"腾笼换鸟"，引进优质的项目，实现土地的集约利用，提高集体土地的收益。

大岗镇农村集体建设用地流转活跃，尤其是集体土地"折股量化"

政策的推行，增加村集体的经济实力，而且促使农地从生存保障功能向致富资本功能转化。制定鼓励土地流转的优惠政策。鼓励企业积极参与土地股份合作经营。在科技投入、市场开拓等方面给予重点扶持。逐步打破传统的集体土地统征制度，允许集体建设用地纳入城市土地利用的总体规划，逐步把集体建设用地推向一级市场，建立与国有土地转让市场、出租市场和抵押市场融为一体的集体建设用地流转市场。

第四节　规划实施与保障

一、体制机制创新

推进行政管理体制、市场体系、土地管理制度等综合配套改革，大胆试验，开拓创新，为大岗镇发展提供强大动力和体制保障。加快转变政府职能，理顺关系，优化结构，提高效能，形成权责一致、分工合理、决策科学、执行顺畅、监督有力的行政管理体制，建设服务型政府。深化投融资体制改革，积极探索组建新的投融资平台。建立统筹城乡基础设施规划、建设、运营和管理机制。创新农村金融体制，放宽农村金融准入政策，加快建立商业性金融、合作性金融、政策性金融相结合，资本充足、功能健全、服务完善、运行安全的农村金融体系。

加强人口综合管理制度改革，把改革户籍管理制度与完善城乡土地管理制度相配套。在国家批准的范围内，积极盘活利用低效工业用地，全面推行工业项目向园区集中。加快推进土地适度规模经营，高标准建设都市型现代农业园区，依托产业和基础设施，科学布局农村居住社区，积极推进农民公寓建设，逐步推进分散农村居民点的适度集中归并，有序推进农民向城镇转移。在土地利用规划确定的城镇建设用地范围外，经批准占用农村集体土地建设非公益性项目，允许农民依法通过多种方式参与开发经营并保障农民合法权益。逐步建立城乡统一的建设用地市场，对依法取得的农村集体经营性建设用地，必须通过统一有形的土地市场、以公开规范的方式转让土地使用权，在符合规划的前提下与国有土地享有平等权益。

二、推进强镇扩权的措施

1. 建立布局合理的城乡规划体系

一是高起点编制发展规划。从统筹镇与区以及统筹城乡发展的高度，结合市镇功能定位和发展目标，高起点、前瞻性地编制、修订和完善相应的规划，形成相互协调、相互配套的规划体系。

二是完善城镇空间布局规划。根据经济和生态保护的要求，加快编制和完善镇、村布局规划。传承和发扬市镇地域特色与文化传统，保护和运用好自然景观与生态环境。

2. 立足城镇发展的产业支撑

一是引导产业集聚。进一步加强城镇产业功能区规划，坚持产业功能区建设与城镇建设、城乡一体化工作同步规划、同步实施，实现产业功能区与城镇基础设施的共建共享。

二是利用政策促进装备制造业发展。进一步加强与广州市装备制造业基地规划的衔接，利用广州市装备制造业基地的平台，积极招商引资，促进基地装备制造业发展，并向镇区其他工业区延伸。

三是培育发展特色产业。到2012年，基本形成布局合理、定位明确、功能配套的工业经济发展载体群。以工业化、城市化和新农村建设为基础全面提升镇、村服务业尤其是现代服务业、农村休闲旅游业发展。积极引进跨国公司和国内大型企业总部，发展壮大总部经济。重视发展现代农业，大力培育新型农业生产经营主体和主导产业，推进农业产业化。全面加快城乡信息化发展，推进政务、产业、商务、生活数字化和网络化，构建信息社会框架。

3. 加强城镇发展的人口集聚

一是促进农民转移就业。积极推进统筹城乡就业工作，拓展农民的就业渠道，开展各种培训活动，提高农民的工作技能，培养有技术、有文化、懂经营的新市民，为城乡一体化发展提供人才和智力支持。

二是鼓励加快土地流转，吸引农民进城。合理确定土地流转的方向及规模，探索建立农村居民宅基地、农村土地承包经营权有序流转机制，建立完善的土地流转激励、协调、管理服务的机制，促进土地流转市场健康有序发展。积极探索买卖、出租、抵押、投资等农村土地使用权市场化实现形式,实现农村土地使用权市场化、货币化、股份化。采取"土地换保障"措施,对自愿放弃土地承包经营权和宅基地使用权的农户,可享受市镇居民待遇及与城镇职工同等的基本养老、基本医疗待遇。对自愿放弃宅基地使用权的农户,可易地在市镇优惠购置住房。

三是积极实施户籍制度改革。重点建立与新市镇要求相适应的新型户籍管理制度。放宽市镇落户条件,对在市镇落户的人员,各地区、各部门免收市镇建设增容费及其他类似的费用,逐步消除附加在户籍制度上的各种城乡差别,使城乡居民享受平等待遇。

四是加强新居民的服务和管理。实施新居民居住证制度,通过规划引导以及建设民工公寓等措施,有序引导外来人口向城镇规划点集中居住。实施信息富民、信息兴业、信息理政、网络文化四大工程和数字家庭行动计划。大力普及信息技术教育,不断提高市民信息素质,倡导数字化生活方式。

三、争取城镇发展的扶持政策

1. 争取加大财政扶持政策

全面建立向"三农"倾斜的公共财政分配体制,社会事业等方面的财政增量支出,至少70%用于农村。按照"一级政府、一级财政"的原则,改革完善城镇财政体制。确定分成比例时充分考虑城镇的功能定位和发展规划,建立与城镇经济社会发展相适应的财政保障机制。在保证2008年上缴基数的前提下,确定在一段时期(五年)内基数外新增财力全部留镇。延伸到镇的城市基础设施由市、区负责统一规划、建设。镇域内土地出让金的净收益全部留镇。新增耕地占用税应全部留镇。对基本农田保护区要建立长效的财政补偿机制。

2. 争取优先安排用地指标

鼓励推进农村土地整理、宅基地专项治理和复垦,由此而取得的用地指标,大岗镇全部留用,探索建立土地在时间和空间上的置换机制,结合新一轮土地规划修编,为大项目的落地解决一定数量的用地指标。落实农村土地征用"留用地"政策,继续推进征地制度改革试点。深入推进农村股份合作制改革,壮大农村集体经济,提高农民财产性收入。

3. 争取部分城镇管理与审批权限下移

按照责权利统一，合法、便民的原则，市、区通过委托、授权等形式赋予市镇在村镇建设、土地规划、投资项目等方面的审批权和城镇管理等方面的执法权。促进市、区部分管理与审批权限下移到镇，为农村居民及企业提供便捷周到的审批和服务，提高办事效率。积极有序地改革乡镇行政管理体制，使之与推进统筹城乡发展综合改革要求相适应。

4. 争取成立村镇银行

深化投融资体制改革，加快建立政府引导、市场运作、社会参与的多元化投融资保障机制。探索建立资金回流农村的硬性约束机制，逐步构建商业金融、合作金融和小额贷款组织互为补充的农村金融体系，争取成立村镇银行，让更多的金融资金用于农村发展。

四、组织实施

国家有关部门要加强对大岗镇发展的指导和协调。广东省、市、区各级政府要切实加强组织领导，完善规划实施措施，要依据本规划调整相关城市规划、土地利用规划、环境保护规划等规划，并严格按照规划确定的功能定位、空间布局和发展重点，选择和安排建设项目。

建立健全规划实施监督和评估机制，监督和评估规划的实施和落实情况，协调推进并保障本规划的贯彻落实。在规划实施过程中，适时组织开展对规划实施情况的评估，并根据评估结果决定是否对规划进行修编。

完善社会参与和监督机制。拓宽公众参与渠道，通过法定的程序使公众能够参与和监督规划的实施。同时，推动企业和民间开展全方位、多层次的联合协作，引导社会力量参与规划实施和区域经济合作。

课题组主要成员：顾惠芳　文　辉　郑明媚

第七章　城市群视角中的城镇规划
——以诸暨市店口镇为例

执笔：荣西武

　　店口镇位于浙江省诸暨市北部，素有"五金之乡"称誉，毗邻杭州市萧山、绍兴，西临诸暨市的次坞镇，南与诸暨市的直埠镇、江藻镇、山下湖镇和阮市镇接壤。距杭州市区、萧山国际机场不到40分钟车程，到杭金衢高速公路临浦互通口仅10分钟，是诸暨北部的交通枢纽。

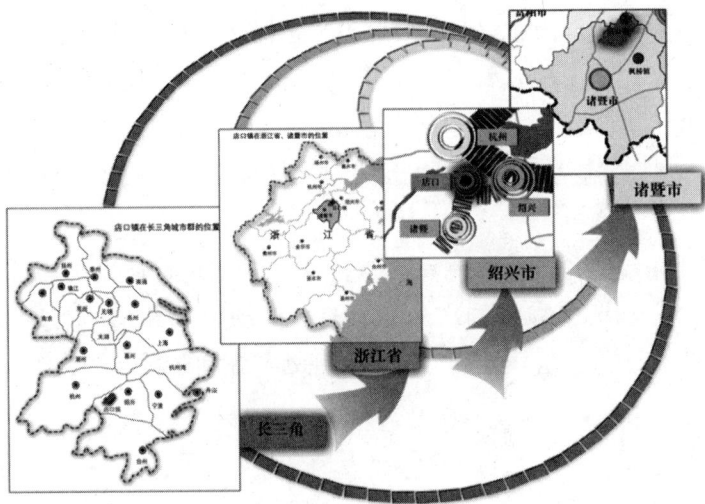

　　制定店口经济社会发展战略的意义在于，微观上为店口政府明确工

荣西武：国家发改委城市和小城镇改革发展中心规划研究部副主任、副研究员、博士。

作重点、转变政府职能、合理配置公共资源等提供有效帮助，帮助店口突破各种制度约束、实现城市建设的跨越式发展；宏观上为同处长三角、珠三角，而且面临和店口镇类似问题的一些经济强镇、特大镇提供一些解决思路和对策，以及规划层面的一些思考。

第一节　规划思路与分析

一、规划思路

经过几代人不懈努力，店口也已形成以大企业为龙头、中小企业为骨干、千家万户为基础的强大企业群，店口镇综合实力显著增强。从店口镇的经济总量、税收能力、建成区规模、服务业发展等各个角度综合考虑，并基于店口镇面临的土地瓶颈、经济结构优化、城市功能和城市形象等方面存在的问题。

中心课题组认为，制定店口发展战略规划必须以科学发展观为指导，落实店口镇党委、政府制定的"一切为了发展，发展为了民生"的执政理念和"三创①""三城②"的工作主题，围绕一个目标、依托三种资源、做好六篇文章、注重四个结合、实现三个率先。为店口镇经济、社会、生态协调可持续发展提供一个科学合理、可操作性强的发展蓝图。逐步引导店口"以产业集聚促进城市功能升级，以城市功能升级带动人气提升，以人气提升促进产业结构调整"，最终走出一条人口、产业与城市建设相辅相成、和谐发展之路。

"一个目标"：建设现代化的诸北小城市。

"三种资源"：财政资源、土地资源和空间资源，是指政府可发挥关键作用，并使之发挥最大综合效益的资源。

"六篇文章"：人口文章、产业文章、公共服务文章、空间优化文章、城市品位文章、形象弘扬文章。

---

① 激情创业、引领创造、持续创新。
② 产业名城、现代新城、和谐金城。

"四个结合"①:"新型城镇化与小城市建设","新型城镇化与产业转型、升级","产业转型、升级与空间结构优化","城市功能完善与经济、生态协调发展"。

"三个率先":率先实现全面建成小康社会,率先实现完全城市化,率先基本实现现代化。

二、镇情分析

1. 发展基础与突出特点

(1) 发展基础

①自然资源。全镇约有七成为山地,主要分布在镇域的西、北和东侧,以及镇域中部;镇域南部水网交错,亦是耕地密集区,基本农田大多集中分布于此,有水有田,为优质宜耕区,全域土地利用呈现"七山一水两分田"格局。

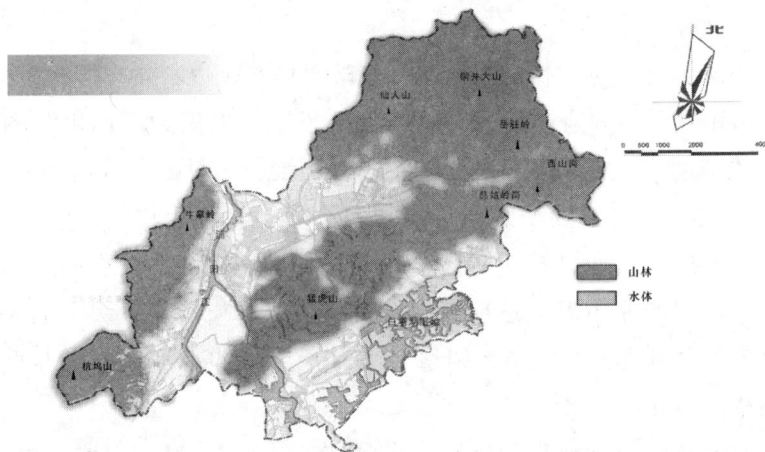

②经济社会发展现状。2009年店口镇地区生产总值为692307万元,比2008年增长9.55%,在GDP的贡献中,以五金机械为主的第二产业居

---

① 把新型城镇化与小城市建设结合起来,既吸纳人口就业,又要推进人口素质提升,留住人力资源;把新型城镇化与产业转型、升级结合起来,促进产业集聚集约高效发展,把发展创新型经济、服务经济作为主攻方向;把产业转型、升级与空间结构优化结合起来,把产业集中区和城镇化作为空间集聚的主体形态;把小城市建设与经济、生态协调发展结合起来,完善城市功能,实现小城市形象和品位提升。

主导地位。2009 年的财政收入达到 74914 万元，比 2008 年增长 6.89%。

表 7.1　　　　　　店口镇 2009 年经济社会发展主要指标

主要指标		单位	2009	同比增长（2008）
国内生产总值		万元	692307	9.6%
三次产业结构		—	3.4：73.0：23.6	
城镇化率		%	50%	1.7 个点
人均*GDP		美元	9620	22%
农民人均纯收入		元	25880	5.3%
镇域总人口		人	105418	−10.7%
其中	户籍农业人口	人	56961	—
	户籍非农业人口	人	5203	5.3%
	外来常住人口	人	43254	−11.2%
镇区总人口		人	50896	
镇域总面积		平方公里	105.7	
镇区建成区面积		平方公里	10	—
全口径财政收入		万元	74914	4832
可支配财政收入		万元	17611	7032

*按常住人口计算。

经济发展历程及趋势。店口工业化探索开始于上个世纪 70 年代，镇域范围内现有 4000 余家企业，其中包括两家全国 500 强企业。店口业已形成以大企业大集团为龙头、中小企业为骨干、千家万户为基础的强大企业群，五金机械、汽车零部件、新型管材管件、绢丝纺织、电线电缆等为主导的多元化产业格局已初步形成。

产业结构特征及变化趋势。2009 年，店口的产业结构为 3.36：72.99：23.65，第一产业已经降到 10% 以下，第二产业上升的速度趋于稳定，但第三产业尚未表现出明显的上升。

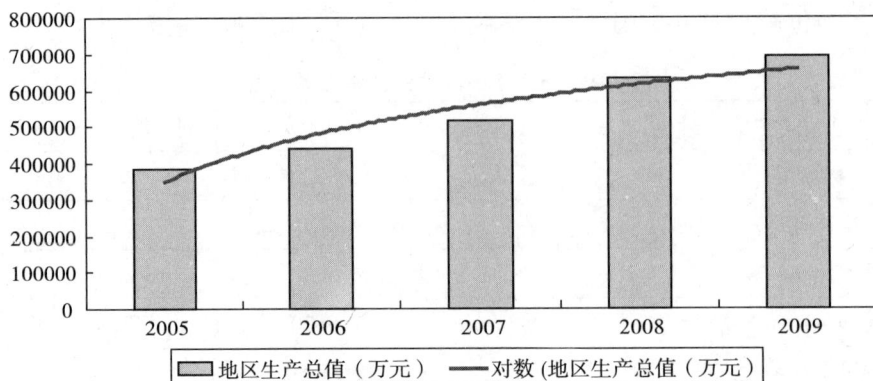

图7.1　店口经济总量增长趋势（万元）

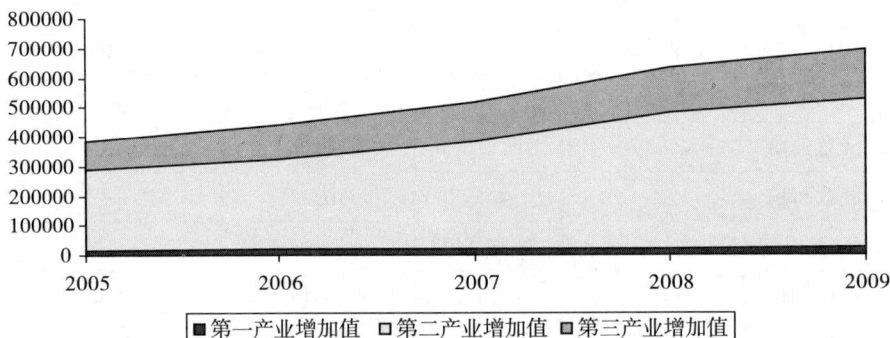

图7.2　近五年店口镇产业结构变化趋势

在经济增长与固定资产投资关系看，虽然固定投资连续 5 年保持增长，但是，经济增长对投资的依赖在减弱。

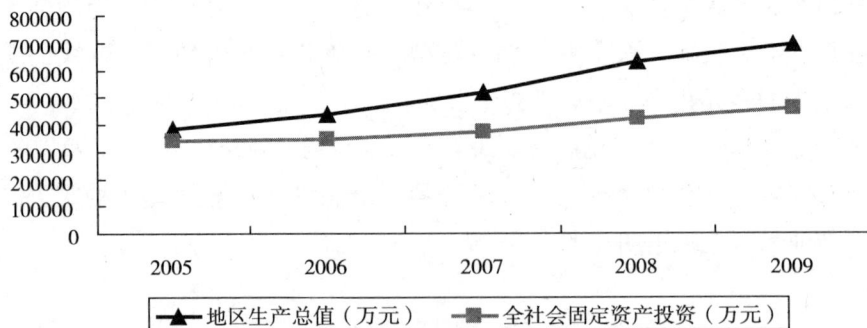

图7.3　店口经济增长与固定资产投资关系

就业结构现状和特征。2009 年，店口镇常住人口总量超过 10.5 万人，其中外来人口 4.3 万人；从劳动力构成看，外来劳动力占到店口劳动力总量的一半以上。

表 7.2　　　　　　　　　　店口镇近几年常住人口就业情况

年份		2005	2006	2007	2008	2009
镇域劳动力总数（人）		60751	63860	65335	71630	77261
其中	第一产业劳动力	6962	6762	5413	5435	4716
	第二产业劳动力	44008	48091	49223	52358	57332
	第三产业劳动力	9781	9007	10699	13837	15213

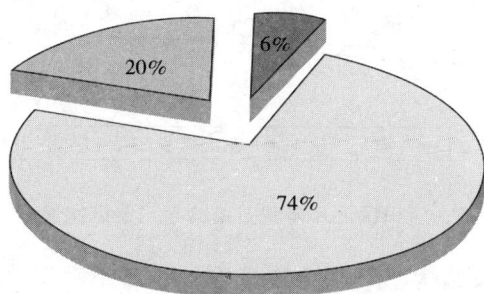

图 7.4　2009 年店口镇劳动力就业构成

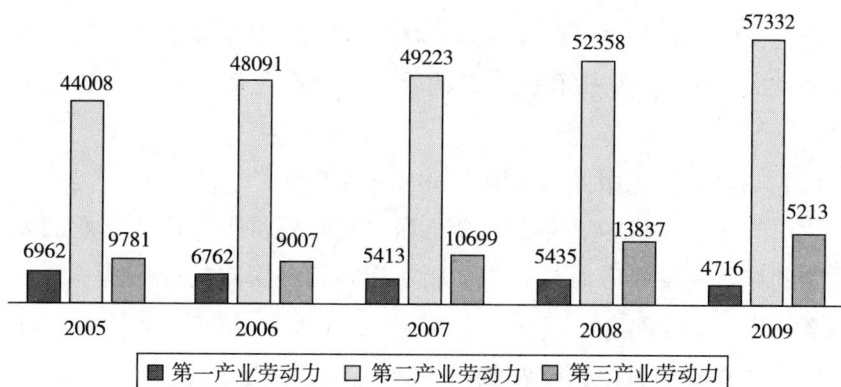

图 7.5　近几年店口劳动力就业分布变化情况

从劳动力分布及变化趋势看，二产依然是吸纳就业能力最强行业，三产呈缓慢增长态势。这也在一定程度上说明店口三产相对滞后。

表7.3 店口镇近几年产业结构与就业结构偏离情况

	2005	2006	2007	2008	2009
第一产业	-7.1	-6.5	-4.6	-4.2	-2.7
第二产业	-2.3	-5	-4.9	-0.4	-1.2
第三产业	+9.4	+11.6	+9.5	+4.6	+3.9

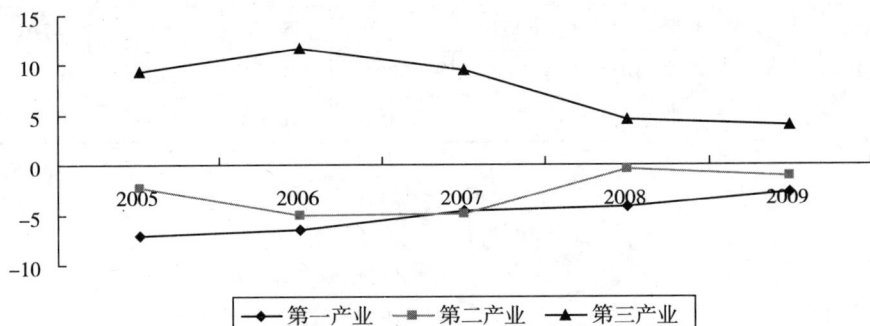

图7.6 店口镇近几年就业结构与产业结构偏离情况

从店口镇就业结构、产业结构来看，二者不存在大的偏差，结合第三产业吸纳就业潜力，说明第三产业有较大的发展空间。

2. 突出特点

（1）典型的工业型小城镇

首先，店口截至目前有经济体9000家左右，还有1万多人的外出创业者；其次，从产业结构和就业结构看，第二产业都占据了70%以上的份额。

（2）店口产业以服务于房地产和国内需求为主

店口支柱产业基本集中在五金机械，水暖管件等，这些行业的发展与我国的城镇建设和房地产业的发展密切相关，生产的产品基本是为本地或者国内的企业配套。

（3）工业化与城市化发展水平不相适应

2009年，店口工业化率为73%，远高于全国40%的平均水平，然而，2008年店口城市化率为48.3%，仅仅是略高于全国46.1%的平均城镇化水平。

（4）经济发展水平与政府公共服务能力不匹配

2009 年，店口镇农民人均纯收入为 25880 元，是全国农民人均纯收入（5153 元）的五倍多，远高于诸暨市和全国平均水平。而同期，店口镇人均可支配财政收入低于全国平均水平。

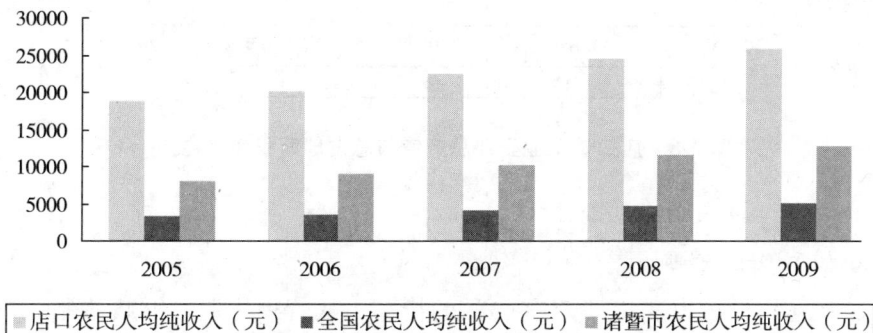

图7.7 店口镇农民人均纯收入与诸暨市全国平均水平比较

3. 发展阶段及典型特征

（1）发展阶段

①经济发展阶段。按照 2009 年指标测算，店口镇经济已经进入发达工业化高级阶段，但是产业结构和就业结构并未处于合理状态。

②社会发展阶段。根据公共服务和经济增长相互作用、相互适应的规律，店口镇已经进入公共服务型政府建设的高级阶段。

综合来说，店口镇已经进入工业化发展的高级阶段和公共服务型政府建设的高级阶段，但是城镇化滞后于工业化、公共服务建设滞后需求、存在一定程度的产业结构不合理。

（2）阶段典型特征

①转型期。店口镇正处于农民转市民，镇转市，产业转型，空间优化等的重要时期。

②瓶颈期。虽然店口经济发展仍维持在一个较高的增速，但"一三"产业对店口经济的贡献持续走低，经济增长日益依赖工业"单源"。

从工业用地效益看，工业企业单位用地的产值呈逐年下降趋势，工业企业用地总量的增加趋势要快于总产值的增长趋势，随着店口土地资源的制约、用工成本的增加，店口已进入经济社会发展的瓶颈期。

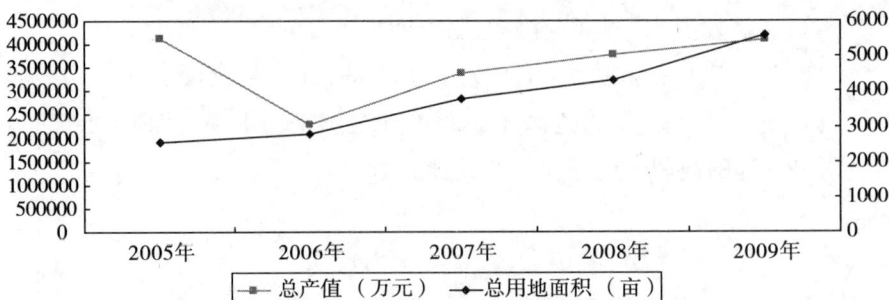

图 7.8　店口镇工业企业总产值与总占地面积变化趋势

4. 店口发展的有利条件

（1）店口优势

①店口镇可以利用"双试点"的机会，从管理体制、财政体制、户籍制度、外来建设者迁入等做多方面积极的改革、摸索，并以双试点为契机积极向上级政府申请各种政策支持。

②绍兴、诸暨市等出台了《关于加快培育店口中心镇的若干意见》（市委办〔2007〕86 号）等，一系列有关支持店口经济、社会、城镇建设等方面的优惠政策。

③店口是诸暨北部的交通枢纽，与杭金衢高速公路、萧山国际机场、浙赣铁路等联系便捷。

④根据对诸暨市用地适宜性评价，店口是除诸暨市区之外最适宜开发的区域之一，而且是诸暨市区之外经济体量最大、公共配套最完善、人口最密集的区域。

（2）店口机遇

①2008 年 8 月，国务院出台了《关于进一步推进长江三角洲地区改革开放和经济社会发展的指导意见》，2009 年 12 月 5 日召开的中央经济工作会议等，都释放出支持中小城市和小城镇发展的重要政策信号。

②《长江三角洲地区区域规划》有利于推动店口在"接轨上海"、链接"环杭州"与"浙中"城市群中发挥更重要的作用。

③ 2007 年 5 月，浙江省下发的《关于加快推进中心镇培育工程的若干意见》，以及 2010 年浙江省开始酝酿的"小城市培育"计划，为店口镇实现跨越式发展创造了良好的政策条件。

店口镇土地适宜性评价评分

店口镇土地适宜性类型评价

　　④根据《浙江省环杭州湾地区城市群空间发展战略规划》的战略部署，杭州、绍兴的区域分工是城市三产服务，外围形成制造业高地，一些自然资源和人文资源条件突出的地区和城市则专注于发展居住生活和休闲旅游产业。

　　店口由于毗邻杭州与绍兴，她不仅是环杭州湾城市群和产业带的重要构成部分，而且，随着杭绍城市群区域性交通设施的进一步改善，将逐步成为连接杭州湾城市群与浙中城市群的重要枢纽。

4. 不利条件和突出问题

（1）挑战与约束

①"镇"的体制制约了店口发展。首先，由于没有市级功能，店口镇在财权、事权等方面的管理权限依然受到很多限制，制约了城市功能的完善；其次，受行政等级观念的影响，店口在大额融资方面面临着很多障碍。

②"地缘优势"附带的双刃剑效应。店口与周边城市的便捷交通联系既便于店口接受周边城市的辐射，同时，也可能导致很多重要的机会流向大城市。

③如何应对城市化所引发的一系列问题。首先，外来人口定居与城市融入会带来居住、就业、管理、服务、公共财政等方面的压力；其次，劳动力供需总量矛盾和结构性矛盾突出，高素质劳动力相对不足；第三，随着农村人口就地城镇化进程加快，社区管理问题亟待加强。

④土地资源条件限制了店口发展。店口全域土地利用呈现"七山一水两分田"格局，城镇用地分布于镇域北侧四面环山的山谷平地之中，

受地形因素影响，可用地均不多。随着店口经济社会发展，空间约束越来越严重。

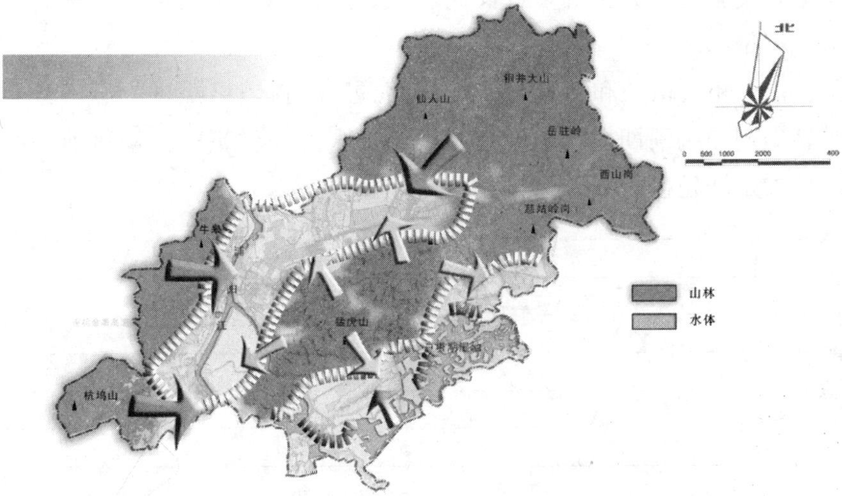

⑤财政体制抑制了店口小城市建设的步伐。以 2009 年为例，店口全口径财政收入 7.6 亿元，镇可支配财力仅为 1.7 亿元，且其中土地配套收入占 1.0656 亿元、占可支配收入总数的 61.68%，店口财政属于典型的土地财政。

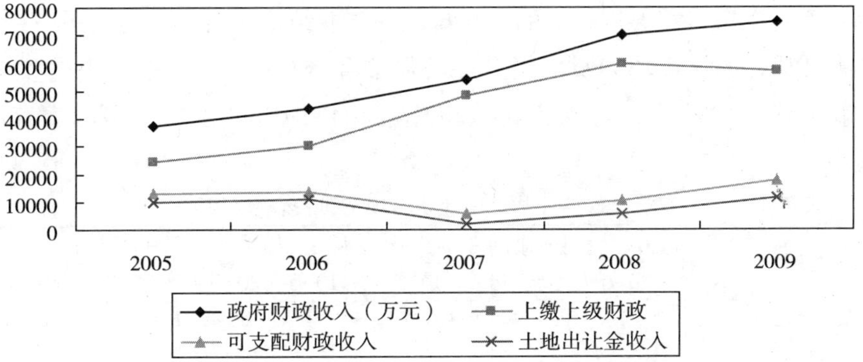

图 7.9　近五年店口镇财政收入变化情况

（2）店口面临的突出问题

与现代城市标准与特征相比，店口还存在着一定差距，主要体现在以下几个方面。

①城镇化滞后，人气不足。由于镇区人口规模不足，公建配套、公共交通等设施不尽完善等多方面的原因，店口镇还无法是产业发展形成的人气积聚起来。

②产业粗放增长和新增长点培育问题。店口镇已经进入经济社会发展的转型期和瓶颈期，在土地资源极其有限的条件下，店口目前的经济增长依然走的是粗放型的扩张之路。

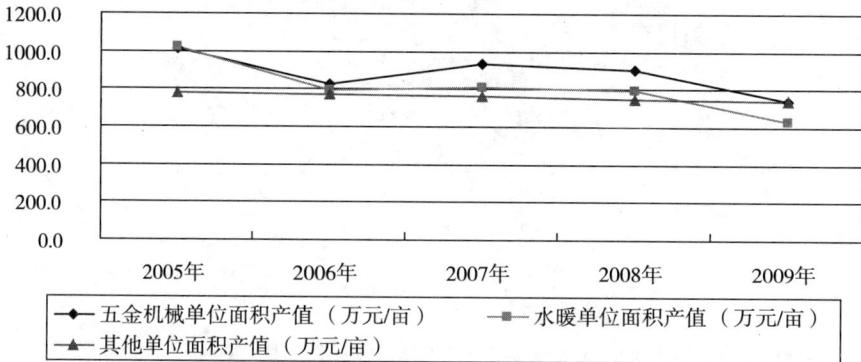

图7.10 工业分行业土地利用效率比较

从产业类型来说，店口的主导产业是传统的五金机械、水暖，是典型的内需型和城镇化依赖型产业，从经济发展能够保持持续、健康增长的角度看，店口需要进一步的丰富自己的产业结构，培育新的经济增点。

③店口的城市功能亟待提升。增强综合承载能力是发挥小城市集聚和辐射作用的前提，与现代化城市标准相比，店口还在很多方面存在差距。

表7.4　　店口各类公共设施现状与规范比较表（%）

类别	占建设用地比例（%）		人均用地面积（平方米/人）	
	10万~20万人小城市	店口镇现状	10万~20万人小城市	店口镇现状
商业金融	5.1~5.6	6.4	4.5~6.0	7.8
文化娱乐	1.1~1.4	0.1	1.3~1.7	0.1
体育	0.5~1.0	0	0.7~1.2	0
医疗卫生	0.6~0.9	0.6	0.7~1.1	0.6
大专院校	3.0~3.5	0	2.5~3.0	0
社会福利	3~0.4	0	0.2~0.4	0

资料来源：《诸暨市店口镇总体规划》（2009~2020）。

④各类用地混杂、粗放，空间结构结构亟待优化。工业用地大量散布于镇区、居民点，"前店后厂上住"现象突出。

⑤环境污染给居民生活带来较大影响。根据调研问卷分析，当前环境污染被居民视为最大问题，也是城市建设最需要解决的问题，比例达53.5%。

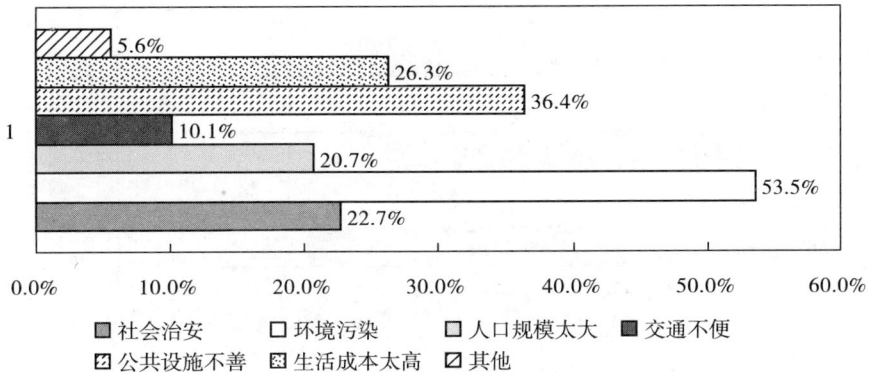

图7.11　当前发展中最大问题

5. 企业与居民诉求

为了真正了解企业和居民需求，科学制定店口经济社会发展规划，本次调研采用了访谈与问卷【采用非概率抽样（Non - probability Sampling）中的偶遇调查（Random Sampling）】相结合的调查方法。

职业分布

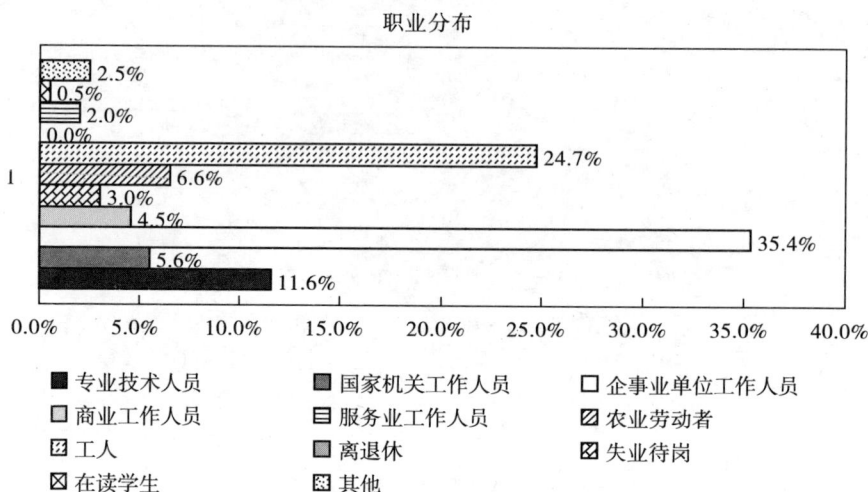

图例：

- ■ 专业技术人员
- ■ 国家机关工作人员
- □ 企事业单位工作人员
- ▨ 商业工作人员
- ▤ 服务业工作人员
- ▨ 农业劳动者
- ▨ 工人
- ▨ 离退休
- ⊠ 失业待岗
- ⊠ 在读学生
- ▨ 其他

图 7.12　参加填写问卷人群职业分布

（1）尽快完善镇域公共交通设施

在对公共交通的期望中，91.92%的受访者希望公共交通覆盖面能更广。

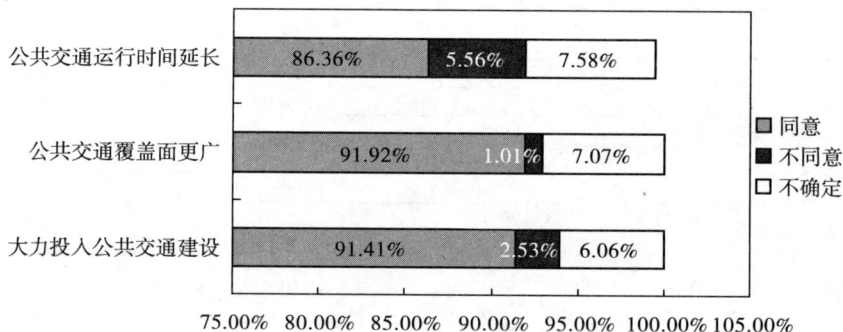

图例：
- 同意
- 不同意
- 不确定

公共交通运行时间延长：同意 86.36%，不同意 5.56%，不确定 7.58%
公共交通覆盖面更广：同意 91.92%，不同意 1.01%，不确定 7.07%
大力投入公共交通建设：同意 91.41%，不同意 2.53%，不确定 6.06%

图 7.13　对公共交通期望

（2）加强文娱设施建设

从获取文娱设施的便利情况来看，占 47.0% 的受访者认为从居住地到达图书馆或书店、电影院或剧院、公园以及锻炼运动的地方都不方便。

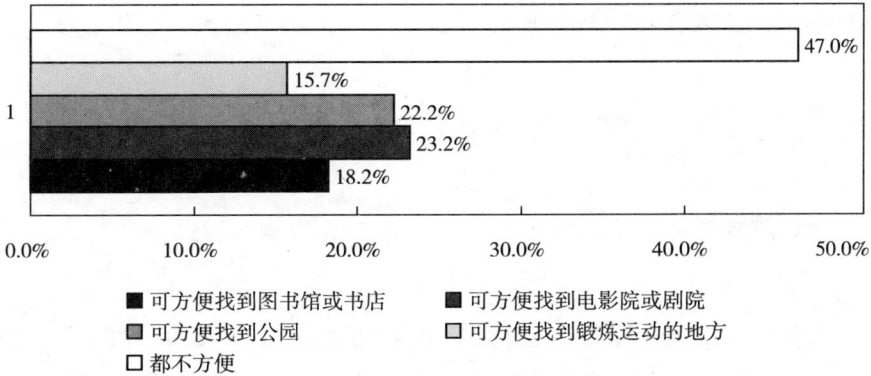

可方便找到图书馆或书店 ■ 可方便找到电影院或剧院
可方便找到公园 □ 可方便找到锻炼运动的地方
□ 都不方便

图 7.14 居住地文娱设施便利情况

（3）加大基础教育投入，加强师资能力建设

（4）迫切希望解决土地制约问题

从企业普遍存在反映的情况看，土地制约是大家共同面临的问题，也希望政府多方努力为企业扩大再生产提供发展用地指标。

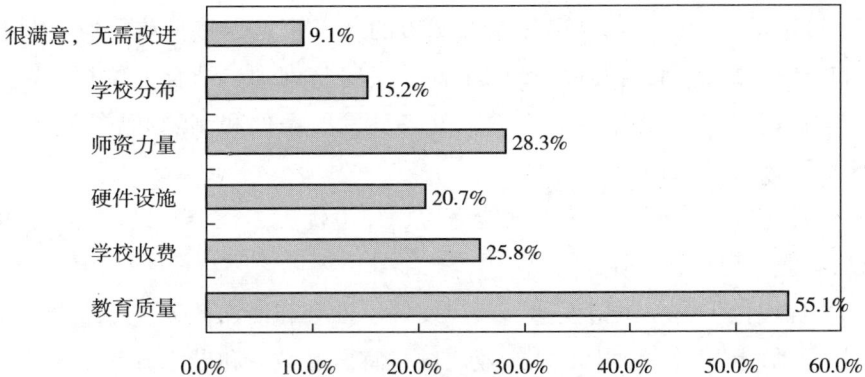

图 7.15 基础教育领域最需要改进方面

（5）帮助企业解决外来建设者的居住问题

企业希望政府能针对外来建设者的具体情况，出台一些稳定员工、留住员工的户籍、土地、住房政策，帮助外来人口在店口定居。

（6）企业大规模融资和创新支持方面受限较大

对部分大型的企业来讲，驻地银行所能提供的融资额度还达不到自身发展的需求，同时，支持创新型企业对银行来说压力很大。中小企业融资是制约其发展的一个瓶颈。

第二节　规划目标与定位

一、规划目标

1. 总体目标

以科学发展观为指导，坚持"一切为了发展，发展为了民生"的执政理念，围绕"三创""三城"的工作主题，实施"13643"战略，逐步调整产业结构、完善城市功能、优化空间结构、提升城市品位。到2030年把店口镇建设成为经济发达、商贸繁荣、功能完善、环境优美、社会和谐、有品位的宜居宜业之城。

2. 具体目标（见表7.5）

二、战略定位

城市定位，也就是要充分挖掘城市的各种资源，按照唯一性、排他性和权威性的原则，找到城市的个性、灵魂与理念。结合上位规划赋予店口的角色分工，并结合店口面临的各种发展条件和制约问题，本期规划赋予店口定位如下：

"经济发达、商贸繁荣、功能完善、环境优美、社会和谐、有品位的宜居宜业的现代化小城市。"

"现代化"——经济发达、环境友好、社会和谐、低碳。

"小城市"——次中心、产业之城、宜居之城、和谐之城。

第三节　规划任务与措施

一、规划任务

1. 围绕提升镇区人气，做好人口文章

首先，通过就业与政策引导，广聚各地人力资源；其次，以优化产业布局为手段，以人口集中为目标，引导分散在农村的产业人口向镇区集

表 7.5

店口镇经济社会发展目标

指标	单位	2009年	2015年	年增长（%）	2020年	年增长（%）	2030年	年增长（%）	指标属性①
镇域总人口（户籍）	万人	6.2	6.4	0.6	6.8	0.84	12	5.8②	预期性
镇域总人口（常住）	万人	10.54	13	3.56	16	3.9	20	2.3	预期性
镇区人口（常住）	万人	5.09	8	7.83	12	11.3	17	3.5	预期性
城镇化水平	%	48.3	61.5	2.2（百分点）	75	2.4（百分点）	85	1（百分点）	导向性
镇区建设规模	km²	9.43	14	6.81	18	6.05	20.4	3.74	约束性
镇区人均用地面积	m²	255	175	-6.08	150	-4.71	120	-3.53	约束性
城镇人均住房建筑总面积③	m²	30	32	1.08	35	1.41	40	1.38	约束性
国内生产总值	亿元	69	122	10	204	9	440	8	预期性
三次产业结构	—	3：73：24	2：68：30	—	1：63：36	—	1：55：44	—	预期性
全口径财政收入	亿元	7.49	18.3	16	30.6	13.5	70	8.5	预期性
可支配财政收入	亿元	1.7	6	23	15	20	35	8.8	预期性
农民人均纯收入	元	25880	41068	8	57600	7	103153	6	预期性
人均受教育年限	年	—	11	—	11.5	0.1（年）	12	0.05（年）	约束性
有线电视入户率	%	100	100	保持	100	保持	100	保持	预期性
宽带入户率	%	—	70	—	80	2（百分点）	95	1.5（百分点）	预期性
新农合参保率	%	97	100	0.5（百分点）	100	保持	100	保持	约束性

指标	单位	2009年	2015年	年增长(%)	2020年	年增长(%)	2030年	年增长(%)	指标属性
城镇（农村）居民最低生活保障标准④	(元/人月)	340(240)	980(840)	10(12)	980(840)	10(12)	2100(1980)	8(9)	约束性
城镇人均公共绿地面积④	m²	10.2	10.2	保持	10.5	0.26	12	1.22	约束性
城镇污水集中处理率	%	—	70⑤	2.25	80	1.08	90	2.64	约束性
生活垃圾无害化处理率	%	100	100	保持	100	保持	100	保持	约束性
农村集中化	%	100	100	保持	100	保持	100	保持	约束性
公交出行率	%	—	10	—	20	—	30	1(百分点)	预期性

注：① 导向性指标是政府希望的发展方向，主要依靠市场主体的自主行为实现，政府希望的发展方向与市场尽可能一致。政府拟通过适时调整宏观调控力度，努力为市场主体创造良好的宏观环境、制度环境，使市场主体的行为方向与政府希望的发展方向尽可能一致。预期性指标是在导向性基础上进一步强化了政府意愿的指标。约束性指标是在预期性基础上提出的工作要求。政府拟通过合理配置公共资源和有效运用行政力量，确保实现。度，综合运用财政、产业、投资和价格等政策引导社会资源配置，努力争取实现。约束性指标是政府向人民做出的承诺，是上级政府对下级政府和同级政府有关部门提出的工作要求。政府拟通过合理配置公共资源和有效运用行政力量，是政府向人民做出的承诺。

② 户籍人口的预测综合考虑本地人口的自然增长率和机械增长率，预测2020年至2030年间户籍制度改革能取得较大突破，由此带来未来户籍人口的超常规增长。

③ 在建设部制定的城镇居民"住房小康"指标为"2010年人均住房建筑面积30平方米，2020年人均住房建筑面积35平方米。"2005年，全国城市人均住宅建筑面积26.1平方米。

④ 人均公共绿地面积，是指城市中每个居民平均占有公共绿地的面积。
计算公式：人均公共绿地面积（平方米）＝城市公共绿地总面积÷城市非农业人口（＝户籍城镇人口＋外来建设者）近似等于城镇地区非农业人口。

⑤ 店口镇污水处理厂一期工程将于2010年12月投入试运行，全部投入运行后日处理能力达1.8万吨，能够处理镇区60%左右的生活污水。2015年二期工程预计基本投入使用的情况下，处理率还将明显增长，预计达到70%。

中；第三，出台相关政策，完善人才培养、引进和流动的政策措施，吸引与店口产业相关行业的高级人才；第四，加快职业教育基地、实习基地建设，促进人力资源要素流动。

2. 围绕"人口—就业"需求，做好产业文章

首先，积极拓展就业空间，满足集聚人口需求；其次，推动工业经济转型升级，增强城市建设持续动力；第三，支持引导三产发展，实现富镇富民目标；第四，依托现有产业基础，积极培育新经济增长点；第五，优化产业生态环境，防止产业转移。

3. 围绕完善城市功能，做好公共服务文章

首先，完善交通道路系统，提高内部畅通性和外部联系性；其次，完善给排水和能源供应系统；第三，提高教育、医疗卫生和文化的层次，实现社会事业的多元化发展；第四，逐步实施"一视同仁"的公共服务政策，提升农民工融入动力；第五，提高外来建设者参保意识，促进其融入、定居店口；第六，依据本地经济发展水平和阶段，发展相适应的服务业；第七，引导金融创新，支撑店口创新型城市建设。

4. 围绕发展用地需求，做好空间文章

首先，优化空间布局，向节约集约要空间；其次，合理配置土地资源，向综合效益要空间。第三，启动土地挂钩试点，盘活土地存量、提高增量土地利用效率，促进城乡空间布局优化；第四、推动区划调整，拓展店口发展空间。

5. 围绕城市品位提升，做好环境文章

首先，加强投资项目监管，从源头杜绝污染；其次，加大污染整治力度，促进经济社会生态协调发展；第三，环境整治与空间优化相结合，提高污染治理效率；第四，营造宜人城市环境，提升店口品位；第五加强环保教育、建立健全环保设施、环保知识、防治手段，形成完善的环保体系，促成保障城市环境的长效机制。

6. 围绕弘扬店口形象，做好推介文章

首先，紧紧把握店口人"艰苦创业、敢为人先"的个性与品质，赋予其准确形象定位；其次，以互联网、电视、报纸等媒介为窗口，宣传、

推介店口；第三，要充分利用园艺博览会、世博会、奥运会、亚运会、休闲博览会、投博会等各种大型活动，尽力争办或者参与各种大型的体育赛事、国际会议、文化艺术展览等活动，做好城市形象推广；第四，内外并举，合力推介城市形象。对内强化主体意识，把推广城市形象变成市民的自觉行动；对外要借用一切手段和渠道凸显城市形象的特质，使城市整体形象渗入到受众之中。

二、行动方案

1. 人口集聚与人气提升行动方案

（1）积极推动农村户籍人口向镇区、社区集中

通过城乡建设用地增减挂钩促进农民向城区集中；整合分散的家庭作坊式企业，引导就业人口园区集中；探索农村土地制度改革，统筹考虑农民宅基地、耕地与进城后的住房、社会保障等问题，解除农民进城的后顾之忧，增加农民进城动力与能力。

（2）强化店口公建设施优势，吸引周边乡镇人群来店口消费、定居

充分利用各项扩权政策，完善城市服务功能。同时，加强与周边乡镇的交通系统建设，积极研究制定无障碍的周边乡镇人口迁移措施，吸引周边乡镇的投资、消费、工作、居住人群。

（3）逐步推进外来建设者固化工作

借鉴广东等地区户籍改革经验，有条件的解决外来建设者在店口落户问题；设法解决外来建设者的长期住房问题；重点解决二代农民工固化。

（4）优化中心城区空间布局，提高中心城区人口密度

优化城区工业企业布局，促进人口向核心区集中；推进中心城区旧城改造，扩大社区对人口的吸纳能力和吸引力。

（5）完善城市环境，吸引人才集聚、提升人气

营造宜人的购物环境和便捷的交通；合理布局小广场、小公园和便民的文化设施，健身设施；修建一些具有小资情调的茶座、酒吧、咖啡馆、创意小店；经常性的组织一些居民喜闻乐见的业余文体活动。

2. 就业与产业发展行动方案

（1）优化产业空间布局

店口产业空间总体格局可以概括为"四片多点"的产业空间布局。

（2）明确产业发展方向及重点

继续做大做强五金产业、汽配、建材产业；重点支持环保设备、多晶硅产业；积极发展职业教育产业；努力提升现代服务业；适时适度的发展生态观光农业和湿地旅游业。

（3）明确产业发展中的政府责任

①传统五金产业发展中的政府责任。

通过土地、税收等多种政策调节，逐步使分散在湄池社区以及其他区域的工业企业，分期分批向工业园区集中，实现产业布局优化和土地集约节约。

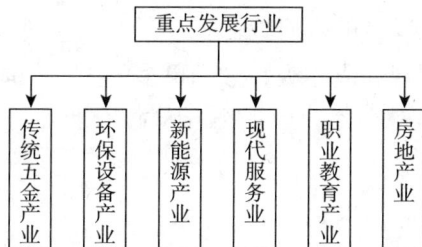

利用公共服务和基础设施配套，政策优惠等手段，按照其类型、对居民生活的影响，引导分散于农村的中小企业逐步相对集聚。

加强科技创新引导，构建、完善"官产学研"的合作机制，改造传统加工制造业，提高科技对经济增长的贡献率。

以多种形式吸引先进的国内外资金、智力、技术注入店口经济，提高经济活动能力，促进店口产业结构转型与升级。

②环保设备、新能源等新兴产业①政府责任。

在土地指标供给上，适度向环保、多晶硅、风能等产业倾斜。

实施税收减免或者优惠政策，并在项目立项、审批、融资等各个环节，给予环保、多晶硅、风能等产业多方面支持。

完善人才培养与引进政策，为环保、新能源产业的发展、壮大，提供充足的人才保障。

积极组织企业经营者、企管部门到环保、新能源产业发展先进地区学习经验，搞好技术、人才等交流。

开展有针对性的招商引资活动。

③现代服务业发展的政府责任。

通过财政资金、土地供给等，引导眉池、店口社区的服务业强化各自优势，并使之形成良性互补的服务业格局。

通过财政资金选择性投入和政策的导向作用，引进金融保险、中介服务、咨询、信息服务等行业龙头企业。

建设三江口物流园区，促进物流业发展。

实施白塔湖区域的"退二进三"和居民点的整体搬迁工程，恢复湿地生态环境。

引导商务会展经济发展。

④职业教育产业发展的政府责任。

宣传正确的人才观和成才观，激励更多的人加入职业教育。

做好政府统筹经费工作，增加公共财政对职业教育的投入，吸引社会资金进入职业教育。

政府做媒，推进校企联姻。

关注企业和个人需求，优化职教资源配置。

———————————

① 有关专家预计，2010 年我国环保产业产值将超过 1 万亿元，占 GDP 的 3% 以上，到 2020 年环保产业将成为我国国民经济的支柱产业，环保产业被誉为发展潜力巨大的"朝阳产业"。

⑤地产业发展的政府责任

通过土地、财政、公共服务、基础设施等配置引导，搞好有利于安居、宜居和旅游地产等丰富多样的房产开发建设。

3. 城市功能完善行动方案

（1）完善交通体系，提高店口内外交流便利度

加强镇域公交体系建设，并增加辐射周边区域的客运班次；完善镇区道路交通体系，构建城区"二主二环多支"相互顺畅连接的路网体系；构建镇域"一环二横三纵"的交通体系，提高对外交通道路的等级；加强交通管理和服务，提高公交运行效率；支持、引导民间资本参与交通体系建设。

（2）加快市政设施建设，提高城区人口承载能力

适度超前规划、建设水、电、能源、通信等各项基础设施的规模；加强城市各类管网建设和维护；完善提升邮政、通信、网络等通信系统的服务能力。

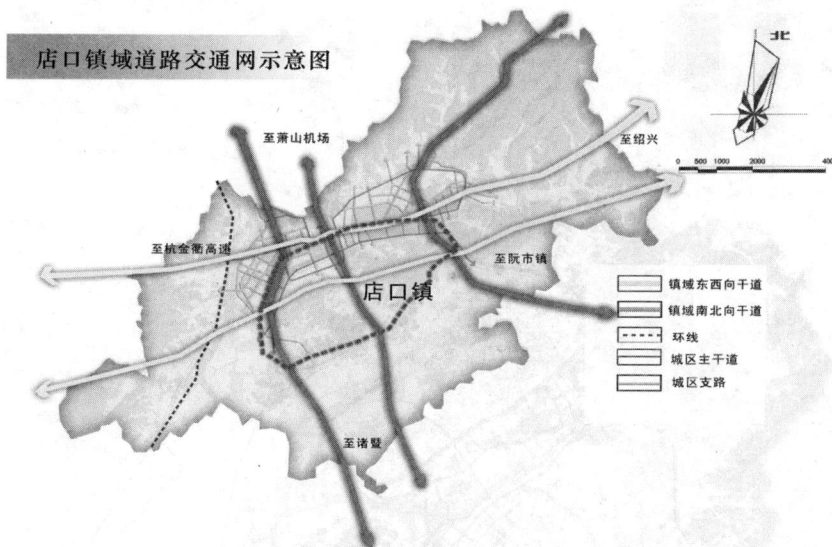

店口镇域道路交通网示意图

（3）构建完善教育体系，提高教育水平和覆盖面

继续提升义务教育质量、扩大义务教育覆盖面；向外来建设者子女提供无差异的基础教育；加快发展优质普通高中教育；大力发展职业教育。

（4）加强医疗卫生服务体系建设，提高服务水平

加大财政投入，优化卫生资源配置；加强公共卫生服务体系建设；加快卫生管理体制改革。

（5）大力提高社会保障水平，扩大社保覆盖面

完善、创新社保体系，加大公共财政投入；加强社保宣传，鼓励民间资本投资社保事业；推行城乡统一的养老保障制度，解除农民进城后顾之忧；积极发挥商业保险的补充作用。

（6）推动完善金融服务体系，促进创业之城建设

构建完善的金融服务体系；推动金融机构完善服务；建立中小企业信用担保机制；建立信用环境创优机制。

4. 空间结构优化行动方案

（1）优化镇域空间结构

随着诸北新城建设和空间功能分区的优化，逐步形成"两心两轴四片多点"的镇域空间布局。

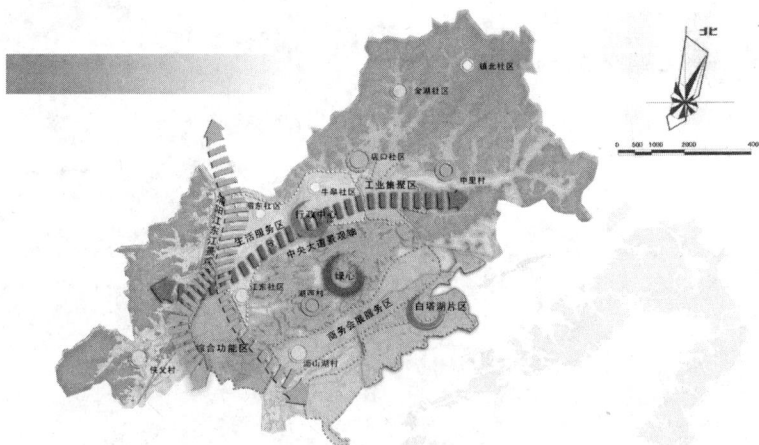

（2）空间优化时序安排

①近期（2010~2015 年）。建设完善"一心（行政中心）一轴（中央大道景观轴）两片（湄东社区、店口社区）"的功能区块，以实现从两个割裂的单体向三个规模相近、职能互补、联系密切的核心过渡，这也

是两镇实现融合的第一步——组合发展阶段。适时推进三江口区块开发建设，以及白塔湖附近居民点迁并工作。

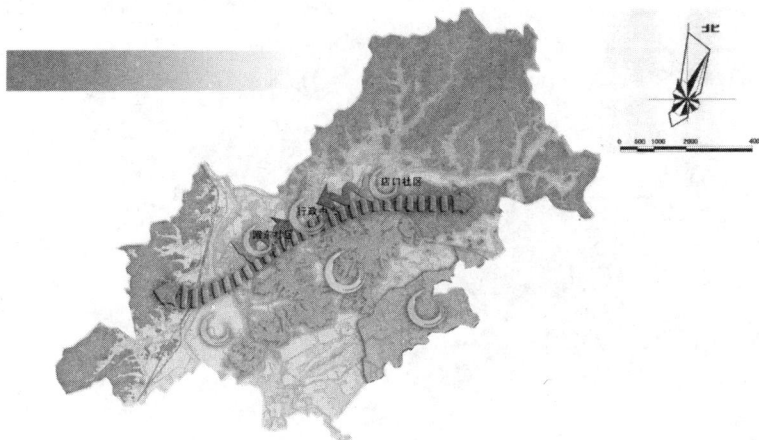

②中期（2016~2020年）。建设、完善"一心（行政中心）两轴（浦阳江东江和中央大道景观轴）三片（湄东社区、店口社区、三江口）"。继续明确、完善各区块职能分工，优化居住、服务业、工业空间结构在三个中心及其辐射地域的分布。完成大部分村庄的迁并整合工作。

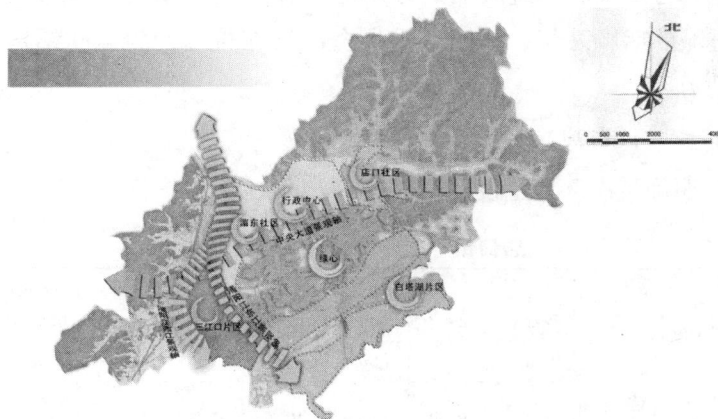

③远期（2021~2030年）。建设、完善"两心（行政中心、生态绿心）两轴（浦阳江东江和中央大道景观轴）四片（湄东社区、店口社区、三江口、白塔湖）多点"，完成所有居民点的迁并工作，各个区块基本功

能完善。通过空间结构的优化整合，城市功能完善和城市形象和品位的提升，使店口成为形神兼备的现代化小城市。

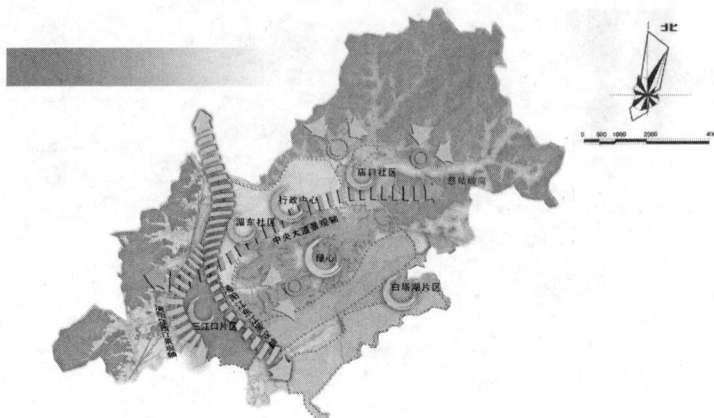

（3）空间优化行动安排

①以土地挂钩为契机，推动"城中村"改造，优化镇区结构；②引导区域企业合作，推动产业整合与布局优化；③发挥财政资金导向作用，推动空间功能分区优化；④发挥土地政策导向作用，促进城镇功能分区优化；⑤妥善解决农民进城后的住房、社保、合法权益保障等问题，解除农民进的后顾之忧；⑥激活土地资源潜在价值，为空间结构优化提供持续动力。

5. 环境建设与城市品位提升

（1）明确生态环境建设目标

表7.6　　　　　店口镇生态环境建设主要目标

指标	2009 年	2015 年	年均增长率（%）	2020 年	年均增长率（%）	2030 年	年均增长率（%）	指标属性
城镇人均公共绿地面积①（m²）	10.2	10.2	保持	10.5	0.26	12.0	1.22	约束性
城镇公共绿地面积（km²）	0.38	0.82	7.24	1.26	3.98	2.04	4.48	约束性
城镇污水集中处理率（%）	—	70②	2.25	80	1.08	90	2.64	约束性

续表

指标		2009 年	2015 年	年均增长率(%)	2020 年	年均增长率(%)	2030 年	年均增长率(%)	指标属性
生活垃圾处理率	城镇无害化(%)	100	100	保持	100	保持	100	保持	约束性
	农村集中化(%)	100	100	保持	100	保持	100	保持	约束性
中小学环境教育普及率(%)		—	75		≥85	2	100	1.5	约束性
全年空气污染物指数≤100 时间(%)		—	80	—	≥85	1	95	1	约束性
城市水环境功能区水质达标率(%)		80	90		95		100		约束性

注：①人均公共绿地面积，是指镇区常住人口人均占有的公共绿地面积。②店口镇污水处理厂一期工程将于 2010 年 12 月投入试运行，全部投入运行后日处理能力达 1.8 万吨，能够处理镇区 60% 左右的生活污水。2015 年二期工程预计基本投入使用的情况下，处理率还将明显增长，预计达到 70%。

（2）明确政府主要任务

①先"底"后"图"，构建合理城市空间结构。按照先"底"（自然生态）后"图"（建设空间）的原则，将店口划分为以下几个区域，以其达到自然环境与建筑环境的有机融合。

②引入亲自然设计理念，构筑优美城市生态景观。此外，要逐步将环保新技术和循环经济理念运用于店口生产生活的各个方面，减少污染物排放；出台优惠政策，支持培育生态环保产业；设立环保基金，引导社会各界投资环境建设；加强环保知识普及，提高公众环保意识。

6. 店口形象宣传与推介

（1）提炼店口城市精神

店口文化的灵魂是创业，店口精神的核心是"创强争先、吃苦耐劳、勇于创新"。

（2）科学定位店口形象

基于店口镇的主题文化和核心精神，以及店口的历史地位，店口城市形象可表述为："创业之城，诚信店口"。

（3）明确店口推介口号

结合店口镇在浙江省、全国统筹城乡发展、城镇化过程中可能扮演

店口镇自然生态区

的示范作用，店口城市形象可以描述为："一个小城镇里走出的中国未来"。把历史文化、创业经验、城乡统筹经验等作为一种宝贵资源，吸引全省、全国各地小城镇、小城市管理者、经营者、创业者集聚店口。

（4）推介工作安排

①聘请专业机构策划城市形象推广活动；②对内宣讲，重视与市民参与；③整合多种媒介，提高传播效果；④开展差别化的推广活动；⑤科学安排推广时间。

第四节　规划实施与保障

一、科学利用政府可控资源

1. 科学配置公共财政资源

（1）科学安排财政预算

根据公共财政服从和服务于公共政策的原则，按照本规划确定的发展目标和工作重点，编制实施好年度财政预算，加强收入组织和支出管理，合理界定政府支出范围，优化支出结构，保持收支基本平衡，提高公共财政的能力和水平。

（2）优化财政支出结构

逐步提高社会基本公共服务支出占店口镇财政支出的比重，重点保障义务教育、公共卫生、社会保障、公共安全、环境保护等方面支出需要，最大限度地发挥财政资金的使用效益；控制行政成本，厉行勤俭节约。根据建设阶段变化，统筹财政时序安排，适当增加基本建设资金投入，合理安排基本建设预算。

（3）加大投融资体制改革

利用好"强镇扩权"政策优势，加快投融资体制改革，支持吸引社会资金建设公共设施，以适度负债的理念解决城市建设所需的资金。

2. 合理调控土地供应

（1）严格控制建设用地规模

店口镇建设用地空间越来越少，应该从严控制新增建设用地，按照"提高土地综合利用效率，经济生态效益双盈利"的原则，提高土地集约、节约利用水平。

科学编制和严格实施土地利用总体规划，制订实施好年度土地供应计划，结合土地地理位置、基础设施条件等特点，合理把握土地开发和投放时序，更好地保障城镇发展建设的实际需要。

（2）调整土地供应结构

优先满足关系城镇空间布局调整、功能提升的重大工程、基础设施建设，优先支持和店口产业发展方向一致、能够增强店口经济发展后劲和整体竞争力的重大产业项目。严格控制通过城乡建设用地增减挂钩，以及通过各种途径获取的土地指标的使用，严格控制产能过剩产业类型项目的土地供应，坚决杜绝不符合环保要求项目落地，努力使有碍于生态环境建设的企业退出店口。

（3）严格监管及执行力度

严格落实耕地保护和节约集约用地责任制。实行耕地数量、质量和生态全面管护，落实土地用途管制制度，加强建设用地审批和农用地转用管理，实现土地利用与经济社会发展之间的良性互动。

建立土地利用问责制，严格遵循用地标准和供地政策，镇政府主要负责人要对镇域内的土地管理和耕地保护负总责。把严格保护耕地、节约集约用地作为地方经济社会发展评价和干部实绩考核的重要因素。

二、积极开展试点镇和小城市建设探索

1. 完善小城市和试点镇建设保障体系

小城市和试点建设需要各部门的通力合作，小城市建设进展快慢及其区域带动作用的发挥，与试点协调小组的工作力度紧密相关。

（1）绍兴市、诸暨市联合组建小城市和试点镇建设领导小组

建议绍兴市政府成立由政府主要领导任组长，发改、规划、建设、国土、财政、农委等部门负责人组成的"小城市和试点镇建设工作领导小组"，研究制定相关政策，协调和处理店口建设中的问题。

（2）成立店口镇小城市建设和试点镇建设领导小组

店口镇政府成立镇政府主要领导、各部门负责人及村主要领导为成员的店口镇小城市和双试点建设领导小组，具体负责店口建设过程中监督、管理及协调工作。

（3）上级政府政策、资金、项目向试点镇倾斜

根据外地对试点小城镇的支持政策，建议浙江省、绍兴市和诸暨市政府给予店口镇土地和财政等方面的扶持政策。比如对基础设施建设实行浙江省、绍兴市、诸暨市三级财政方面补贴等等。

（4）把店口作为政策创新、体制创新的试验田

贯彻落实新的科学发展观，需要政策创新、体制创新。建议上级政府对于的一些尚未成熟，需要进一步探索和试验的政策、制度，先行放到试点小城镇，由店口镇进行先行试点，提供示范。以便总结经验，逐步完善。

2. 积极开展试点镇和小城市建设探索

（1）上级政府支持强镇扩权

目前，制约我国小城镇发展的一个重要因素是小城镇政府的事权与管理权限不统一。浙江省的温州、宁波等其他试点镇级市等，都在不断在试点建设方面进行积极探索具体的培育和扩权政策，而店口所享受的政策还仅仅停留在2007年的政策上。

因此，上级政府应根据店口实际需要和其示范意义，并结合事权与管理权限一致的原则，理顺绍兴市、诸暨市与店口镇的管理权限，能够下放到镇里的管理权、执法权以及部分项目审批权都应按照委托授权等方式进行下放，推动诸北小城市和店口"双试点"镇责与权的统一。

（2）积极尝试户籍制度改革

随着店口小城市建设，店口镇的人口总量需要从目前的 10 万人增加到 16 万人。其中，外来建设者将成为店口未来人口构成的主力，外来人口的稳定与否，不仅关系到店口产业的健康发展，而且是社会和谐、市场繁荣的关键因素。因此，店口以国家发展改革试点和 UNDP 的农民工试点为契机，积极探索、尝试户籍制度改革。主要是针对两个方面，其一是本地户籍人口的就地城镇化，其二是外来建设者的固化。

（3）探索解决外来建设者留在店口的新方法

提供"一视同仁"的公共服务。按照"公平对待、合理引导、完善管理、搞好服务"的方针，尽可能为这些外来建设者提供"一视同仁"的公共服务。如子女教育、社保、就业、医疗卫生等问题；增加外来建设者就业培训的投入；取消户籍限制，允许外来建设者购房落户；同时，也要注意制定公共服务政策时，充分发挥政策的导向作用，鼓励和吸纳优秀外来建设者集聚店口，进一步优化常住人口结构。

切实解决外来建设者住房问题。外来建设者实现店口长期定居，既可以解决店口城镇化稳步推进和经济持续发展问题，还可以解决企业面临的招工难，紧缺人才的流动等问题。因此，店口可采取政企联动的方式解决外来建设者住房问题，具体可参照数年前机关事业单位集资建房的做法，由政府提供土地资源，企业出资建房，按照工作年限、岗位、学历等条件，以低于市场价卖给外来建设者。此外，政府要尽快研究并出台政策，解决农民工住房公积金问题，这样就可以通过公积金贷款缓解农民工购房压力。这样做不仅能让他们安居乐业，同时也是他们把创造的财富也留在店口，进一步刺激店口经济发展。

提升外来建设者融入当地能力。构建以社区为依托丰富农民精神文化生活。完善社区公共服务和文化设施，开展多种形式的业余文化活动，丰富外来建设者的精神生活；引导和组织外来建设者自觉接受就业和创业培训，接受职业技术教育，提高科学技术文化水平，提高就业、创业能力；开展普法宣传教育，教育外来建设者遵守有关法律法规，学会利用法律、通过合法渠道维护自身权益；开展职业道德和社会公德教育，引导他们爱岗敬业、诚实守信，遵守职业行为准则和社会公共道德；积极开展城镇居民和外来建设者互动活动，增强城乡居民互信和互相认可的意识，促进外来建设者主动融入店口社会。

（4）推动行政区划调整，充分发挥店口引擎作用

诸暨北部的店口、江藻、直埠、阮市、山下湖等镇在产业、公共服务等方面，已经突破了行政界线的制约，相互之间产生了诸多关系，为了促进诸北协调发展，充分发挥店口的引擎作用，需要从空间上对诸北乡镇的行政区划进一步进行调整。

（5）积极探索社区管理新模式

随着店口城镇化的快速推进，社会管理体制应该积极应对"村改居后的社区管理"，"农民城市化后的城市融入"，"外来人口的管理与服务"等，研究合适的社区管理新模式。

（6）实施农村集体产权制度改革工程

随着村改居、农民向城镇转移，农村原有的集体资产管理模式，亟需根据形势做出变革。主要包括：村集体资产的股份化——基本做法是资产股权化、成员合作化、农民变股东、权益民主化；农地承包权变成股权，量化到人，保障农民的长远利益；农民的宅基地、集体建设用地的股份化，保障农民的财产性收入。

3. 健全规划实施制度安排

建立健全规划实施机制是确保店口镇经济社会发展规划目标顺利实现的重要条件。要从完善机制、分类指导、组织落实、监督检查等方面，形成规划实施的有效机制。

（1）完备规划编制体系

首先，根据本规划，修编镇属各级土地利用规划和城镇总体规划；其次，要将本规划确定的目标、任务和要求进行具体落实，突出建设性、控制性，确保各规划在总体要求上方向一致，在空间配置上相互协调，

在时序安排上科学有序，提高规划的管理水平和行政效率，确保规划目标的顺利实现。

（2）完善规划实施责任机制

镇属各部门要按照职责分工，将规划确定的相关任务纳入本部门年度计划，明确责任人和进度要求，并及时将进展情况向镇政府报告；建立重大项目责任制，对规划中确定的重大任务和目标进行分解落实，明确进度、明确要求、明确责任，由镇政府分管领导牵头，相关部门和地方各负其责，确保重大任务和重大工程的落实。要按照科学发展观和正确政绩观的要求，进一步改进考核评价机制，着重考核规划中提出的重要指标的落实情况。

4. 健全规划实施监督制度

（1）健全规划实施报告制度

通过制定和实施国民经济和社会发展年度计划，每年将规划目标和主要任务的进展情况向镇人大报告。推进规划实施的信息公开，健全政府与企业、公众的沟通机制，加强社会对规划实施的监督。

（2）健全规划实施中期评估制度

对规划的实施情况进行中期评估，检查规划落实情况，分析规划实施效果，找出规划实施中的问题，提出解决问题的对策建议，形成中期评估报告。根据中期评估，若需要对本规划进行修订，镇政府提出修订方案，提请镇人民代表大会常务委员会批准实施。

（3）健全规划调整制度

规划实施期间，如遇国内外环境发生重大变化或其他重要原因导致实际运行与规划目标发生重大偏离时，镇政府要适时提出调整方案，提请镇人民代表大会常务委员会审议批准。

课题组主要成员：顾惠芳　鲍家伟　钟笃粮　倪碧野　许　锋　徐勤贤

第八章 大城市郊区城镇规划
——以上海市练塘镇为例

执笔：鲍家伟

练塘镇隶属上海市青浦区，是老一辈无产阶级革命家陈云同志的故乡，是"国家发展改革试点城镇"、"国家级生态乡镇"、"全国历史文化名镇"。全镇总面积93.66平方公里，下辖4个居委会、25个行政村，设练塘镇区和蒸淀、小蒸2个社区，镇政府位于练塘镇区。镇域内有练塘绿色工业园区和富民、天府、太阳岛、富甲4个经济小区，以及上海市级青浦现代农业园区。

第一节 规划思路与分析

一、规划思路

大城市郊区的城镇发展，一定不能切断与大城市之间的紧密联系，地处大上海，练塘面临的周边竞争永远存在，这是一个既定格局，但紧靠上海，却又是练塘未来发展的最大资源优势，因而明晰与上海之间的关系，并在此基础上对练塘进行定位尤为重要，这将决定着练塘未来如何发展。

长期以来，我们认为旅游是一次性的，但中国现在的旅游方式，已经向往返式、参与式旅游转变，假日旅游和消费已成为大城市居民的一

鲍家伟：国家发改委城市和小城镇改革发展中心规划研究部助理研究员、博士。

种日常生活习惯。有着2300万人口的大上海，蕴含着巨大的旅游休闲和消费需求空间，而上海市郊有特色的乡镇，已不足以满足每个周末或节假日大量游客的旅游和消费需求。对此，属于上海的练塘，应把握好这个未来可扩展的消费空间，充分挖掘自身资源优势，特别是强化在旅游方面所独有的优势，吸引更多的上海城里人来练塘休闲度假，促进练塘发展。

对一个小镇而言，上海的整体环境孕育着瞬息万变的力量，这随时都会给练塘带来发展的可变量，而一旦建立起这种消费联系，我们可以想象练塘休闲、宜居的环境将给练塘带来巨大的发展空间，这个可能给练塘带来随机性发展，并且通常都是超常规的发展机会。因为是在上海郊区，投资随时都可能发生，可变量多，因此在制定战略时，应充分考虑到有多少不可确定的因素来支撑练塘超常规发展。

对应超常规发展，我们应该做的，不是一般性的城镇改造，包括古镇景观塑造，或者开发几条休闲旅游线路，或者留出一部分的置换土地来承接预期的商住地产或旅游地产开发。在这个过程中，应该描述出一个很清晰的路径。练塘作为上海饮用水源保护地，工业发展需要控制，而旅游休闲度假业发展，包括发展旅游地产，会有非常大的上升空间。发展旅游休闲度假业有它的随机性，但对练塘来说有其必然因素，因为它是水乡古镇，有旅游资源基础，因此在产业上应重点突出发展旅游休闲度假等服务性行业。

目前练塘开展的土地增减挂钩、村庄改造以及大力发展的茭白产业等，都可以和休闲度假联系起来，未来的产业结构调整，也可以适应这个发展方向有重点地进行调整。在村庄改造方面，是否可以参考北京宋庄和四川灾后重建的模式，制定探索性的政策，允许城里小投资者到练塘投资，充分利用社会资本进行村庄改造，缓解政府的财政压力。

上海这样的高收入和高消费特大城市，对周围郊区蕴含着巨大的潜力，练塘既是水源保护地，又是古镇，有着发展旅游的良好基础，因此应充分挖掘练塘旅游的可发展空间，在战略中，加入促进旅游发展的各种要素，同时引进各类投资，完善城镇功能，加强农民培训，将练塘打造成为服务于大上海的消费、休闲、宜居新市镇。

二、规划分析

1. 发展基础

（1）区位交通

练塘镇区位优越，地处上海市和浙江省交界处，是青浦区西南大门，西与浙江省嘉善县姚庄镇交界，北与青浦区金泽镇、朱家角镇相连，东南与松江区石湖荡镇、新浜镇相接，南与金山区枫泾镇接壤。

练塘镇距上海市区60公里，离青浦城区18公里，境内陆、水交通十分便利。朱枫公路纵贯南北，松蒸公路横贯南部，318国道、沪青平高速公路、320国道、沪杭高速公路擦肩而过，与朱枫公路形成"工"字形。河道星罗棋布，横贯东西的黄金航道太浦河，流经南部的俞汇塘，东北部的泖河、拦路港等河道，成为联系各地的主要水上运输纽带。

（2）资源禀赋

①土地资源。练塘镇地势低平，属长江三角洲冲积而成的湖沼平原，土壤为水稻土土类，适宜种植水稻和水生作物。镇域土地肥沃，多为优质耕地，灌溉水田达三成以上，农业生产基础好。

以2010年土地利用现状来看，全镇有农用地7624公顷，占比81.40%；建设用地1268公顷，占比13.54%；未利用地474公顷，占比5.06%。农用地中，有耕地3284公顷。

②水资源。全境河港纵横，湖沼密布，共有水域29.94平方公里，占总面积的27.6%，流经镇域的河道有太浦河、拦路港、泖河、大蒸港、俞汇塘等，较大的湖荡有叶库荡、顾巷荡等。

按常年平均量测算，全镇地表水年流量为153亿m^3，上游来水68.6亿m^3，潮水465亿m^3，全年拥有总水量为116.63亿m^3，总供水量平均7.52亿m^3。

全镇域被纳入水源保护地和准水源保护地，境内水质好，是上海市居民重要饮水源之一，同时水资源丰富，有利于农业灌溉和水产养殖。

③生态资源。练塘拥有上海市郊最大的人造森林——太浦河、拦路港及大蒸港两侧200米宽的万亩生态涵养林，还有大量规模不等的经济林地，如太浦河和泖河交汇处、沿太浦河向西侧延伸的水源保护区辅助林地，加之青浦现代农业园区及镇域内大量农田资源，绿色成了练塘的主色调。

这些自然生态资源，不仅保持和净化水源地水质，提高空气质量，同时营造出优良的生态环境，成为练塘独有且不可多得的资源优势，为未来生态农业及特色农业提供了广阔的发展空间。

太浦河（包括九州生态涵养林）、大蒸港两岸1245公顷的涵养林，以及238公顷的其他各种经济林和公益林充分发挥了净化空气、改善水质的巨大作用。

④旅游资源。练塘历史悠久，人杰地灵。练塘老镇自南宋以来一直保存着"高屋窄巷对街楼，小桥流水处人家"的古朴风貌，袅袅折射出明清时代的气息。练塘作为陈云同志的故乡，具有光荣的革命历史传统和深厚的文化底蕴。

练塘旅游资源丰富，不仅有陈云故居暨青浦区革命历史纪念馆、太阳岛旅游度假区等3个国家4A级旅游区，还有古镇市河、金山坟古文化遗址、小蒸农民暴动指挥所旧址、上海市最老的白玉兰等一大批旅游资源。江南水乡古镇风貌和革命史迹历史文化风貌相得益彰。

（3）经济发展。

①综合实力。2010年练塘实现地区生产总值52.57亿元，其中，第一产业增加值1.41亿元，第二产业增加值22.31亿元，第三产业增加值28.86亿元，三次产业结构占GDP比重为2.7：42.4：54.9。

2010年全镇实现全口径财政收入10.22亿元；实现结算财力3.32亿元。

2010年农村居民家庭人均可支配收入达到11218元，略低于青浦区平均水平12936元。其中工资性收入7060元，占62.93%；家庭经营净收入1773元，占15.81%；财产性收入1850元，占16.49%；转移性收入535元，占4.77%。

②产业发展。农业方面，按照"标准化生产、品牌化销售、组织化管理"的思路，积极引导土地流转和规模化经营，实施万亩农田基础设施改造计划，建设茭白核心生产基地和优质水稻标准化生产基地，规范培育农业专业合作社，加快了以茭白、水稻、水产养殖为主的现代农业发展步伐。

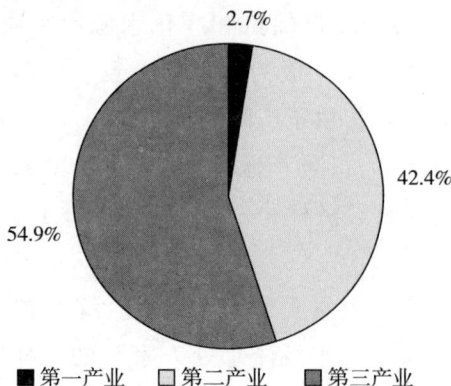

图 8.1   练塘镇三次产业结构（2010 年）

二产以民营经济为主，全镇民营企业产值71.74亿元，对工业总产值的贡献率达79.22%，现有4个经济小区（富民经济开发区、太阳岛经济开发区、富甲经济开发区、天府经济开发区）及以"富民"为标志成立的上海富民实业集团带动效应明显。绿色工业园区基本形成了电子信息、精密机械、有色金属、新型包装材料、高档家具制造、服装生产等六大产业群。工业园区和4个经济小区相互促进、优势互补，初步形成科技型、劳动密集型并举，实体型、贸易型并重的特色发展格局。

第三产业方面，旅游产业建设已具规模，形成了以"三色练塘"为主要内容的旅游发展思路，整合以陈云纪念馆和陈云同志领导的农民运动为主线的红色旅游、以生态涵养林和"练塘茭白节"为重点的绿色旅游、以古镇和练塘老街为载体的古色旅游资源，目前，每年到练塘旅游参观的人数达到了20万人次。全面提升羊毛衫产业，出台扶持羊毛衫产业健康发展的政策，打造电子商务销售平台——"青浦·练塘毛衫"，创建"中国毛衫网"，积极为羊毛衫产业发展增添新的活力，2010年，全镇生产加工羊毛衫产值约4亿元。

③区域竞争力。练塘对青浦区经济发展贡献逐渐加大。2010年，地区生产总值占全区比重为9.01%；农业总产值占比为16.81%；工业总产值占比为5.55%。2010年多项指标优于青浦西部朱家角镇和金泽镇，练塘经济已领跑青西三镇，并在周边同类乡镇中崭露头角。

表 8.1   青浦西部三镇经济发展主要指标（2010 年）

	单位	练塘镇	朱家角镇	金泽镇
镇域总面积	km²	93.66	136.70	108.49
户籍人口	万人	5.45	5.92	6.29
常住人口	万人	6.85	9.44	6.77
其中 农村人口	万人	5.15	3.93	5.53
其中 城镇人口	万人	1.70	5.51	1.24
地区生产总值	亿元	52.57	50.17	42.8
人均地区生产总值	万元	7.67	5.31	6.32
三次产业结构	—	2.7:42.4:54.9		3.3:46.5:50.2
三次产业就业结构	—	18.9:69.3:11.8	11.6:68.3:20.1	9.6:70.7:19.7
全口径财政收入	亿元	10.22	10.88	9.38
应得财力	亿元	2.73	2.72	2.63
农民人均纯收入	元	11572	12279	11694
农村居民家庭年人均可支配收入	元	11218	12055	11351
城镇化率	%	24.85	58.35	18.44

数据来源：青浦区统计年鉴（2011 年）。

④人口。2010 年末，练塘镇常住人口 68484 人，镇域人口密度约为 732 人/km²。全镇户籍总户数 20579 户，其中农村户数 19578 户；户籍人口 54471 人，其中农村人口 51467 人。户籍总人口中农业人口 21527 人，非农业人口 32944 人。居住半年以上来沪人员 23829 人，占常住总人口的 34.79%。

表 8.2   练塘镇常住人口统计（2010 年）   单位：人

合计	户籍人口			外来人口
	小计	其中：农村人口	其中：农业人口	
68484	54471	51467	21527	23829

全镇农村本地常住就业人员 27054 人，其中从事第一产业 6747 人，占比 24.94%；第二产业 16376 人，占比 60.53%；第三产业 3931 人，占比 14.53%。

全镇农村外来常住就业人员 19256 人，其中从事第一产业 2022 人，占比 10.50%；第二产业 15699 人，占比 81.53%；第三产业 1535 人，占比 7.97%。

表 8.3　　　　　　　　　练塘镇劳动力情况（2010 年）　　　　　　　　单位：人

劳动力总数			一产从业		二产从业		三产从业	
合计	本地	外来	小计	占比	小计	占比	小计	占比
46310	27054	19256	8769	18.94%	32075	69.26%	5466	11.80%

2. 发展优势与劣势

（1）优势

品牌效应。老一辈无产阶级革命家陈云同志的故乡，国家发展改革试点城镇、国家级生态乡镇、全国历史文化名镇，国家地理标志保护产品"练塘茭白"、华东茭白第一镇，富民开发区——华东第一家私营经济开发区，诸多品牌扩大了练塘知名度和影响力，形成明显的经济和社会效应。

资源优势。"陈云故居暨青浦区革命历史纪念馆"爱国主义教育示范基地、练塘古镇等旅游资源，是"红色练塘、古色练塘"的重要组成部分。作为上海市重要的饮用水源保护地，生态涵养林及经济林的建设，加之境内大片农田资源和水域，造就练塘优越的绿色生态环境。这些独有且不可多得的资源，让练塘的"绿色、红色、古色"成为区别周边其他乡镇的明显优势。

产业发展基础良好。以练塘绿色工业园区以及富民开发区为代表的 4 个经济小区，极大地推动了以民营企业为主体的产业发展，农业产业化发展逐渐形成，茭白种植、羊毛衫编织及销售等特色产业形成区域优势，引领和带动邻近乡镇和周边省市的相关产业联动，良好的产业发展基础为练塘长远发展提供了稳定的保障和强大的后续力量。

（2）劣势

区域定位模糊。练塘处于长三角的中心地带，有着独特的区位条件。但上海主城区、苏州、杭州等经济强地对该区域的带动作用有限，形成了辐射圈外的真空地带，区位优势直接演变为劣势，在区域定位上易趋于模糊，再加上交通、水源地保护、投资环境等因素制约，经济社会发展滞后于上海其他区域，在青浦区，也与青东各镇存在较大差距。随着区域竞争日趋激烈，对练塘形成左右夹击态势，经济发展面临着更为复杂的局面。

财政收支不平衡。长期以来，练塘财政收支主要靠预算外收入来平衡，同时，因城镇化水平不高，房地产市场处于初级发展阶段，直至2010年才有经营性地块出让，土地财政还未形成。目前，税收是练塘财政的主要来源，而其中八成以上为注册型企业缴纳，属于开票税收，实体型企业贡献较少，一旦税收政策有变，直接影响财政收入，收支不平衡现象会更加突出。依靠注册型企业纳税的途径不可持续。

产业亟需转型升级。练塘产业发展呈现"一产特而不优，二产大而不强，三产华而不实"的局面。农业虽注重特色发展，但仍需向现代化、产业化转变；工业企业大多规模偏小、效益不高、附加值低，至今仍未形成核心产业的优势产业链，核心产业的主导作用仍需加强；第三产业以生活性服务业为主，类型不丰富，尚未形成规模和档次。同时，注册型经济长期来看缺乏持续竞争力，亟待向实体型经济转型。

制约因素逐渐增多。受土地新增计划指标紧张和水源地生态环境保护的双重约束，练塘城镇建设和产业发展空间有限，成为制约经济发展的重要因素。劳动力资源缺口，特别是各类高素质专业人才的紧缺，影响了练塘产业发展提升。规划的缺失，财力的紧张，导致城镇建设相对滞后，基础设施和公共服务配套不够完备，城镇功能无法体现。

3. 发展机遇与挑战

（1）机遇

①上海市新一轮大发展。紧靠上海，是练塘未来发展的最大资源优势。

上海正处于加快转型的关键时期，2010年5月国务院正式批准实施《长江三角洲地区区域规划》，长三角一体化进程将进一步加速，区域之间的合作日益紧密，给拥有长三角独特区位的练塘带来吸纳区域优质资源要素的机会。

虹桥商务区将成为上海国际贸易中心建设的新平台和长三角地区的高端商务中心，对接虹桥商务区，承接"大虹桥"强大的持续辐射效应，练塘迎来现代服务业发展的难得契机。

上海"四个中心"建设加快推进，城镇建设的重点转向郊区，郊区发展思路的调整，对于练塘资源的优化配置、生产力合理布局、产业结构调整，以及促进练塘旅游业、特色农业等发展是一个重要机遇。

上海蕴含的巨大的旅游休闲和消费需求空间，将给练塘带来重要机遇，使其具备超常规发展的可能性。

②青浦"一城两翼"发展战略。为全面推动青浦经济、城市建设新一轮发展，区委、区政府制定了"一城两翼"发展战略。青浦西翼主要包括含淀山湖在内的 21 个天然淡水湖泊，利用上海国际大都市独一无二的自然水资源优势以及长期以来的环境保护、生态建设造就的青浦不可多得的良好生态空间，开发度假休闲旅游、会务会展、创意研发和生态居住，力争把这一地区打造成世界著名的湖区之一。练塘地处青西地区，发展生态旅游、会务会展等产业具有独特的自然环境优势，符合练塘的产业发展导向。练塘要积极融入青浦"一城两翼"的发展战略中去，把练塘纳入更大区域的发展盘子，搭上青浦发展的快速列车，在"一城两翼"发展中加速崛起。

③国家发展改革试点城镇。上海市政府出台的《关于本市开展小城镇发展改革试点的政策意见》（沪府发〔2009〕41 号），明确提出要把试点镇建设成为与现代化国际大都市要求相适应的，具有较强产业承载能力、人居环境优良、资源节约、功能完善、社会和谐、各具特色的郊区示范城镇。开展小城镇发展改革试点工作，既是练塘加快城镇开发建设的重要抓手，又是保持经济平稳较快发展的重要引擎。加速城镇化是实现练塘经济平稳较快发展最大的重要突破口和关键环节，是提高人民生活水平的内生动力和坚实支撑，更是练塘未来一段时间加快发展的全局性、战略性、持久性强大动力。

④承接区域产业转移。上海市区和青东地区的产业转移也为练塘加快产业发展带来新的活力。目前练塘正处于招商引资的最佳时机，青东较发达地区经过多年的高速发展，土地容量基本饱和，人力成本相对较高，相比之下，练塘资源要素相对充足：练塘工业园区开发面积得到扩大，且尚有可开发余地；在加快小城镇发展改革试点中预计还能置换出

图8.2 青浦区"一城两翼"战略布局

较多的存量土地资源；练塘劳动力资源有着比较优势。这些都为练塘加快产业发展、承接区域产业转移创造良好条件。

（2）挑战

①区域竞争压力加大。未来，练塘有可能成为青西地区的要素集聚地，形成具有区域带动能力的新增长极，但与中心城区和青东发达乡镇的合作和产业关联带动不强，与青西三镇的合作还没有形成一体化，经济发展面临着较大的区域竞争压力。

②经济结构调整任务艰巨。未来，练塘面临扩大经济总量与优化经济结构的双重压力，经济结构调整任务十分艰巨。农业产业链延伸度不够，产品深加工不足，附加值不高，离真正的现代农业还有一定距离；工业企业规模不大，且多为劳动密集型企业，高新技术企业不多，2010年，工业虽吸纳劳动力就业比重达七成，但所创造的产值仅占全镇总值的42.43%；第三产业发展尚存不足，三产增加值虽占全镇总值过半，但吸纳劳动力就业比重仅为11.80%，这与注册型服务企业多、生活型和生

产型服务企业较少有很大关系。注册型和实体型企业、高科技和劳动密集型企业之间的协调压力增大，经济结构性矛盾突出，给未来练塘的发展带来较大挑战。

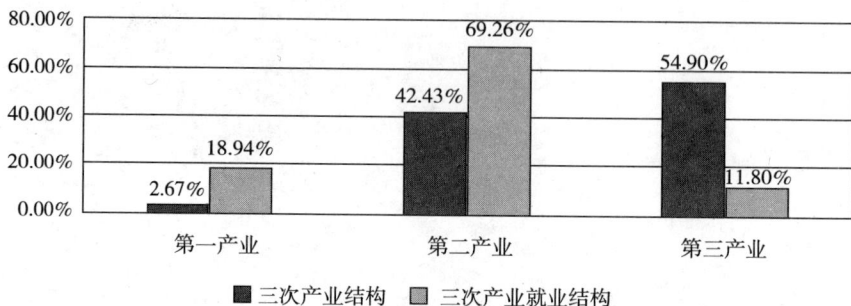

80.00%
69.26%
60.00%
54.90%
42.43%
40.00%
20.00% 18.94%
11.80%
2.67%
0.00%
第一产业　　　　第二产业　　　　第三产业
■ 三次产业结构　■ 三次产业就业结构

图8.3　练塘镇三次产业结构和就业结构比较（2010 年）

③资源环境约束日益突出。练塘处于太湖流域下游和黄浦江上游，承担着太湖水泄洪和黄浦江水源生态保护的重要任务，工业项目准入门槛相对较高，农业项目发展也受到一定制约，加之土地利用指标紧缺，经济社会加快发展与资源环境约束矛盾日益突出。

④就业与社会保障任务繁重。自 2001 年以来，练塘户籍人口呈现逐年缓慢下降的趋势，人口老龄化现象逐渐凸显；农村剩余劳动力转移压力增大，加之大量失地镇保人员需要工作，非农就业压力进一步加大。部分困难企业下岗人员仍然游离于社保之外，教育和医疗卫生资源还不能完全满足人民群众的需求，就业和社会保障任务繁重。

第二节　规划目标与定位

一、指导思想

坚持以邓小平理论和"三个代表"重要思想为指导，全面贯彻落实科学发展观，借助紧靠大上海的优势，紧抓小城镇发展改革试点契机，以科学发展为主题，以转变经济发展方式为主线，以保障和改善民生为根本目的，更加注重创新驱动，更加注重转型带动，更加注重区域联动，保持经济平稳较快发展，推动产业结构优化升级，充分发挥资源优势，加速工业化、城镇化发展中同步推进农业现代化，加强社会事业建设，促进社会和谐稳定，敏锐把握超常规发展的可能性机遇，努力把练塘建设成为"历史文化名镇、红色旅游重镇、私营经济强镇、现代农业大镇、生态环境靓镇"。

二、战略定位

上海蕴含的巨大的旅游休闲和消费需求空间，将给具有鲜明特色的练塘带来超常规发展的可能性机遇。未来期，要抓住紧靠上海的优势，把练塘建设成为具有浓郁江南水乡特色，布局合理，产业发达，城镇化程度较高，服务于大上海的消费、休闲、宜居新市镇。

三、发展思路和目标

1. 发展思路

以工业化、城镇化和农业现代化同步发展为主线，以"群众可接受、政府可承受、发展可持续"为原则，关注政府能做的事情，实施空间发展、产业发展、生态保护、民生保障四大战略，以此提升镇域综合竞争力，提高人民生活幸福指数。

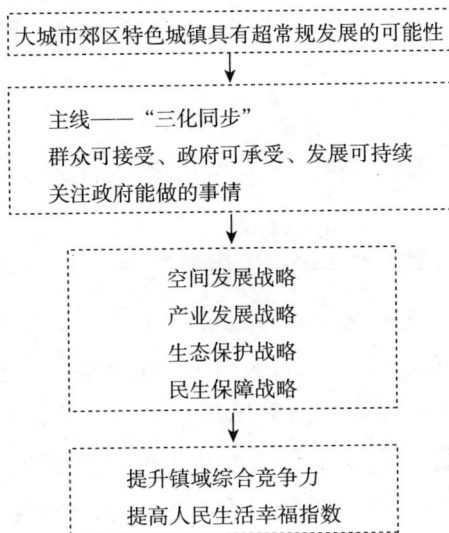

```
┌─────────────────────────────────────┐
│ 大城市郊区特色城镇具有超常规发展的可能性 │
└─────────────────────────────────────┘
              │
┌─────────────────────────────────────┐
│ 主线——"三化同步"                      │
│ 群众可接受、政府可承受、发展可持续       │
│ 关注政府能做的事情                      │
└─────────────────────────────────────┘
              │
┌─────────────────────────────────────┐
│ 空间发展战略                          │
│ 产业发展战略                          │
│ 生态保护战略                          │
│ 民生保障战略                          │
└─────────────────────────────────────┘
              │
┌─────────────────────────────────────┐
│ 提升镇域综合竞争力                     │
│ 提高人民生活幸福指数                   │
└─────────────────────────────────────┘
```

2. 发展目标

近期（2015年）。明确城镇功能定位，整合特色优势资源，调整和优化产业结构，统筹镇村发展，加强基础和公共服务设施建设，形成城镇发展新格局，为城镇化、工业化和农业现代化奠定良好基础。

远期（2020年）。经济发展水平步入青浦区中等水平，农民人均收入和城镇化水平达到青浦区平均水平，消费、休闲、宜居新市镇形态基本形成。

远景（2030年）。实现工业化、城镇化和农业现代化同步发展，人民生活质量和水平明显提高，公共服务达到均等化，建成服务于上海的消费、休闲、宜居新市镇。

2015年

生产总值年均增长10%；财政收入年均增长8%
农民收入1.6万元；城镇功能完善，城镇化率达到50%

2020年

经济发展水平步入青浦区中等行列
农民收入和城镇化达到青浦区平均水平

2030年

建成服务于上海的消费、休闲、宜居新市镇
实现"三化"同步发展、公共服务均等化

第三节　规划任务与措施

一、优化空间布局　夯实城镇发展新基础

主动融入青浦区"一城两翼"建设，充分考虑练塘资源环境承载能力，突出"绿色、红色、古色"为一体的城镇特色，优先保护和建设镇域生态网络空间，重点建设练塘新镇区，完善练塘老镇区和蒸淀、小蒸社区功能，加快绿色工业园区升级改造，推进青浦现代农业园区建设，引导农民居住向城镇集中、工业向园区集中、农业向规模经营集中。

1. 镇域总体布局

基于城镇现状布局及未来发展需要，以组团状新市镇为核心，以朱枫公路发展轴、松蒸公路发展轴和绿化生态轴为依托，将镇域居住、产

业、生态、基础设施等功能区域有机融合,形成"一主两辅、两园三轴"的主要城镇发展格局。

(1)一主两辅

即练塘镇区和蒸淀、小蒸两个社区,以练塘镇区发展为主,两个社区联动发展为辅,形成整个练塘最基本的核心结构体系。

练塘中心镇区以现练塘镇区为依托,沿新老朱枫公路向南发展,同时与新朱枫公路和工业园区的联系要求向东作适度扩展,是整个练塘镇的行政办公、商业、文化娱乐中心,以居住、旅游度假和商贸服务为主要功能,以良好的生态环境和水乡古镇景观风貌为特色的现代化镇区。

蒸淀、小蒸社区为镇域辅助中心,以满足社区及附近中心村居民基本生活需求为主要功能,小蒸社区还为练塘绿色工业园区提供部分公共服务功能。

(2)两大园区

即练塘绿色工业园区和青浦现代农业园区。

练塘绿色工业园区位于练塘镇东侧,规划面积3.89平方公里,是集内资、外资等多种成分于一体的综合性工业经济开发基地,已形成电子信息、生物医药高科技、精密机械制造、包装材料、服装生产、家具制造等六大主导产业以及生产服务功能区。

青浦现代农业园区是对外开放、辐射周边和产业集聚相结合的区级经济实体,是带动青浦现代农业发展的示范基地,总面积17平方公里,可耕地面积9.6平方公里。园区内配套服务设施齐全,有商业、医疗卫生、文化服务等公共设施,已初步显现优质种源、设施菜田、特种水产、特色林果、生态园林五个特色产业片。

(3)三条发展轴

即朱枫公路发展轴、松蒸公路发展轴和绿化生态轴。

朱枫公路为纵贯南北的重要交通主干道,练塘镇区、蒸淀和小蒸社区、两大园区、村庄沿线密集分布,镇域发展和群众生活与之息息相关,同时对外连接朱家角和枫泾两镇,是镇域最主要的发展轴。

松蒸公路横贯南部,与朱枫公路相交,在镇域中心形成网状格局,将练塘镇区、小蒸社区和工业园区相互连接,功能布局明显,同时东接松江区，为练塘承接松江辐射带来机会。

生态资源为练塘最大优势，绿化生态轴提供优美生态环境的同时，为未来生态农业及特色农业、旅游休闲提供了广阔的发展空间。

2. 生态网络空间

充分利用镇域及周围的河流、林地等自然生态条件及其人文历史特色，融城镇于自然之中，重点加强镇域生态林带建设，保护现有优势生态资源，留存更多绿色空间，并将生态建设与农业生产、旅游休闲结合起来，力求生态效益和经济效益的统一，形成"一带三廊七片区"生态网络空间。

一带：指镇域东侧由泖河防护林带、高压走廊防护绿带、大蒸港及东塔高速防护林带构筑而成的半环状环镇片林带，成为练塘镇的一道绿色生态保护圈。

三廊：分别指太浦河两侧的水源保护生态涵养林廊道，现代农业园区北侧的佘塘港——横山塘绿色生态廊道，南北向的大港——曹芳泾绿色生态廊道。三条绿色生态廊道基本依托镇域内部重要水系，形成整个镇域划分片区的自然分割廊道。

七片区：结合镇域乡村自然生态特征，由生态廊道将镇域划分成七大景观片区，分别为太浦河北面的自然乡村风貌区、太浦河南面的特色种植与生态养殖景观区、大蒸港北面的现代农业园风貌区、以镇区为核心的城镇风貌区、展示现代工业的工业园景观区、工业区东侧的传统农业风貌区以及太阳岛旅游景观区。

3. 镇村体系建设

立足练塘镇现状及发展定位，着力推动以练塘镇区为核心的城镇化进程，同时完善小蒸、蒸淀两个社区建设，改造中心村，逐步形成"镇区—社区—中心村"的三级镇村体系结构。

（1）练塘镇区

结合老镇区保护和改造，重点建设新镇区，强化其行政、商业、文化功能。充分挖掘历史文化底蕴和现代自然生态资源，突出江南古镇地域特色，强化镇区生态环境优势，突出"绿色水乡"中的"绿色"概念；整合城镇与水网体系的关系，突出"绿色水乡"中的"水乡"概念；建设高品质环境，提升城镇形象，形成功能齐全、设施完善的公共服务功能集聚区，为全镇居民生产生活提供服务。

镇区规划用地面积 5 平方公里，规划人口规模 5 万人。

（2）社区

蒸淀、小蒸两个社区基本保持现状规模，加强基础设施建设，完善公共服务功能，适度发展小型商业、文化娱乐等设施，提升社区整体环境，为社区及周边中心村居民生产生活提供服务。

蒸淀社区：规划用地面积 1 平方公里，规划人口规模 1 万人。

小蒸社区：规划用地面积 1.5 平方公里，规划人口规模 1.5 万人。

（3）中心村

稳步推进中心村建设，有序推进自然村落归并、宅基地置换，整合土地资源。通过归并现有行政村，建设 10 个中心村（泖甸、太北、前进、东泖、叶库、联农、泾花、东库、蒸东、浦南），作为农村服务中心，重点加强中小学教育、文化、农村卫生站等基本公共服务设施和小型商贸服务设施的建设，增强人口集聚能力，引导周边农村的居民逐步向中心村集中居住。

4. 产业集聚区

（1）绿色工业集聚区

发挥练塘绿色工业园区主导作用，依托既有产业基础，推动自主创新，引导优势产业向园区集聚，特别是吸引高新技术产业和现代制造业布局；加快富民、太阳岛、黄金城等工业小区布局优化，探索发展生产性服务业；配合城镇建设转移整合镇域零散工业业态，分步实施村级企业综合评估，逐步推动村级企业进入工业集聚区转型发展，有效配置资源，产生综合效应和集聚效益。规划期内，形成"一区四城"的工业集聚区发展格局。

一区：即练塘绿色工业园区。

四城：即富民经济开发区、太阳岛经济开发区、富甲经济开发区、天府经济开发区等 4 个经济小区。

（2）现代农业示范区

依托青浦现代农业园区建设，加速特色优势农业布局，促进适度规模化经营，培育农业"龙头"企业，注重农产品品牌建设，促进农民就业和增收，提升农业现代化水平。

青浦现代农业园区形成五大功能区：自然生态区、绿色农业产业区、农副产品加工区、高新技术孵化区、综合配套服务区，蒸淀地区应主动接受园区辐射，推动农业现代化发展。练塘地区是茭白主产区，茭白生产集中分布于11个行政村，而以太浦河河北为茭白主产、丰产区和核心区，应注重茭白特色农业布局，加快品牌茭白核心基地建设，辐射、引导、带动练塘镇域及周边茭白产业。结合水稻高产示范区建设，小蒸地区形成品牌大米、绿叶蔬菜为主导产业的布局形态。

（3）旅游休闲服务区

优化整合镇域生态优势资源，积极布局生态旅游休闲区域，加强太浦河生态涵养林和太阳岛旅游度假区的辐射，加速太浦河旅游休闲度假区建设步伐。充分挖掘人文历史和水乡古镇特色，以革命教育基地、老街、市河为基础，结合特色居住区、旅游地产的开发，完善集镇配套设施建设，提升集镇旅游休闲服务能力。

二、调整产业结构　提升镇域经济竞争力

1. 加快发展现代农业

（1）推进农业适度规模化经营

加快农村土地集中流转。抓住小城镇发展改革试点机遇，在坚持农村土地家庭承包经营制度长期稳定的基础上，制定土地集中流转和适度规模化经营的鼓励政策，充分发挥政策引导作用和"集中管理、统一管理"的优势，推进农村土地承包经营权流转，按照依法、自愿、有偿的原则，积极引导农村土地向龙头企业和种田大户集中，促进土地经营的规模化、集约化。

通过土地集中流转和鼓励农业适度规模化经营，形成一批具有一定规模的种植户，大力培育一批具有一定市场竞争力的农业企业或合作社，逐步转变农户分散经营、生产的传统模式。鼓励农业企业扩大生产规模，积极向下游产业链拓展，发展贮藏、运输、加工、销售，形成产销一体化经营模式。

（2）大力发展特色品牌农业

做大做强茭白产业，延伸茭白产业链。大力开发茭白制品；综合开发利用茭白叶，变废为宝；实行茭白品牌营销；积极培植规模以上茭白群体，架设产业运作平台，引导茭农组建专业合作经济组织，筹建茭白行业协会，发挥专业种植、品牌经营和市场化运作优势。

壮大发展品牌大米。通过品牌大米生产基地建设，引进推广优质品种，实施标准化技术和产品质量控制，改进包装设计，提升练塘牌大米品质，使练塘大米与练塘茭白一样，有响亮的名号走向市场。

加快打造水产品牌。改变现有养殖业上老品种、老结构的状况，不断开发引进安全、高效水产养殖当家新品种，通过科学管理、生产控制，确保品质，提升练塘水产的产品档次，打造练塘牌水产品牌。

稳步发展特色果品。主动接受青浦现代农业园区辐射，在蒸淀地区建设特色果品产业基地，按照因地制宜、合理布局的原则，进行规划和引导，促进优势品种的规模化发展和区域化布局。

（3）加快农业品牌基地建设

品牌茭白生产基地。在现有朱庄、泖甸两个行政村一期、二期1600亩品牌茭白基地基础上，逐步向周边地区延伸扩展，依托建设项目，坚持土地集中流转，按农业示范区标准，建成名副其实的3000亩品牌茭白标准化生产基地，并以基地为突破口，辐射、引导、带动练塘及周边茭白产业发展。

品牌大米生产基地。依托青角稻米合作社、雪云合作社，扩大优质水稻种植面积，提高大米品质，改进包装，形成3000亩品牌大米生产基地。

水产品牌生产基地。将练塘珍珠场通过鱼塘标准化设施改造，引进新品种，应用新模式，逐步建成规模化标准养殖场、名特优水产品牌生产基地，以此带动全镇水产养殖业的发展。

绿叶蔬菜生产基地。借助菜田设施改造，形成以小蒸地区为中心的2000亩绿叶蔬菜品牌生产基地。

（4）积极推动农产品经营模式创新

积极构建新的农产品营销体系，探索"农超对接"、"田头超市"和合作社直销店等形式，进一步扩展农产品销售渠道，让放心农产品迅速、廉价地走进市民家庭、摆上百姓餐桌。

（5）着力发展休闲农业

将农业与旅游业有机结合，开发休闲旅游农业，拓宽农业内涵，建设现代化的、有特色的农业休闲旅游新区域。提升茭白节等节事旅游内涵，将区内旅游资源与休闲农业相结合，串成体系、统一包装，加大宣传促销力度，形成若干条特色农业生态游的精品路线。

2. 着力优化提升二产

立足现有特色经济，充分发挥练塘民营经济体制机制灵活、民间资金充裕、区位条件良好的优势，坚持新型工业化道路，积极承接中心城区、青东地区产业转移，全面提升工业竞争力。

（1）强化产业集聚、高效、绿色发展

引导产业集聚，发挥练塘绿色工业园区及富民、太阳岛等经济小区产业集聚重要载体作用，改变产业分散布局现状。

突出高效经济主题，注重落户企业质量及投入产出综合效益，引进和发展一批技术优、附加值高、产业关联度大、带动作用明显的项目，着力培育品牌产品和品牌企业。

发展生态型工业，实施"绿色招商"，坚持"不污染环境、不破坏资源、不搞低水平重复建设"原则，确立资源消耗减量化、资源利用循环化、企业生产清洁化和区域工业生态化等为一体的生态工业的生产模式，促进企业向低耗能、环保型方向发展。

（2）巩固提升优势产业

调整巩固电子信息、生物医药、精密机械制造等优势产业，进一步稳固产业加速发展的基础。培育和延伸产业链，广泛开展产业链延伸和能级提升的联动发展，发掘产业潜能，提高产业科技含量，提升产业能级。鼓励企业通过技术改造、工艺改进等，实现产业高度加工化和高附加值化。鼓励企业开展产学研合作，实现企业的技术进步和产品的推陈出新。支持企业积极争取产品开发、质量管理、安全生产等方面的国际认证。着力发展科技含量高、规模效益好、产品关联紧密的特色优势产业链。

（3）营造产业创新环境

对接青浦区战略性新兴产业的发展重点，着力培育和发展新材料、新能源等为主导的战略性新兴产业。促进高新技术产业化，加快形成规模产能，进一步营造创新环境，着力培育和扶持一批具有核心竞争力的创新型科技企业。

（4）打造品牌化的羊毛衫产销基地

坚持品牌化之路，加快培育行业龙头企业，发挥行业协会作用，积极拓展羊毛衫产业发展用地空间，引导企业向蒸淀羊毛衫市场集聚，打造羊毛衫产销基地。

3. 大力发展服务业

（1）提升发展商贸服务业

以打造青浦西翼重要商贸服务节点为目标，加快提升中心镇区商贸服务功能，进一步完善社区和工业园区商业设施配套，增强商业活力，营造商贸发展氛围。促进服务业与工业融合，推动生产性服务业加速发展；面向城乡居民生活，丰富服务产品类型，扩大服务供给，提高服务质量，满足多样化需求，快速提升生活性服务业水平。

重点建设练塘中心镇区为核心的综合性商贸服务业集聚区。以自身具有成长性的商贸服务业发展为主，以承接都市商业外溢和城郊型商贸服务业为辅，构建集商贸中心、综合超市、批发市场为一体的商贸服务业聚集区，完善商业核心区功能、增加城镇商业活力。

支持便利店、中小超市、社区菜店等社区商店发展，完善农村服务网点，支持大型超市与农村合作组织对接，改造升级农产品批发市场和农贸市场。改造提升传统商贸餐饮业，大力推广餐饮业连锁经营模式和名牌产品，提升发展传统商贸业。

（2）适度发展房地产业

结合小城镇开发建设，以满足镇域普通居民和产业工人的住房需求为目标，积极开发保障型、公共租赁型宜居社区，全面提升生活品质、美化城镇环境，构筑生态良好、环境优美、配套完善、人文高尚的和谐宜居的城镇住宅典范。结合淀山湖区经济发展，适度开发高端亲水生态、养老居住区，激活适合上海及周边区域人群需求特点的房地产市场。注重旅游地产的开发，以满足未来日益增长的旅游休闲消费需求。

4. 打造体验型品质旅游

发挥练塘伟人故里和水乡田园的优势，整合镇域旅游资源，延伸旅游产业链，围绕"红色、绿色、古色"打造旅游精品，形成旅游经典集群，实现城镇和农村互动，建设人文与生态一体，打造集生态体验、保健康体、古镇观光、乡村休闲以及红色旅游等为一体，集教育、观光、休闲、养生于一体的体验型品质旅游胜地，成为上海西部旅游的核心板块和重要支撑，实现由旅游资源大镇向旅游经济强镇跨越，把旅游业打造成为练塘的一项新兴产业。

（1）打造上海新家园

依托"陈云故居暨青浦历史革命历史纪念馆"爱国主义教育示范基地的巨大影响力，以练塘古镇的明清江南水乡风貌为载体，对古镇老街的古建筑及历史遗迹进行保护性开发，同时融入练塘具有地方特色的乡土资源及民俗文化元素，重现古镇练塘浓厚的文化底蕴，树立练塘以良好绿色生态环境为特色的现代田园形象，完成"江南水乡古镇"到"上海新田园"的华丽转身，使练塘成为大上海都市圈内旅游目的地和人居环境的典范。

（2）建设示范性郊野公园

充分利用独特的农业和涵养林资源，以保护生态和促进农业发展为目的，通过引进房车、露营等新型旅游业态，建成上海示范性郊野公园，成为沪上集"野奢"、休闲、度假和体验为一体的旅游新亮点。郊野公园要融入上海水上旅游开发，成为淀山湖到黄浦江水上旅游发展线的重要组成部分，并借助郊野公园的发展来展示练塘独特的田园风光，带动农业发展，提升品牌效应。郊野公园建设要融入休闲自主运动的价值理念，保持野趣自然等本地特色；建设精品乡村俱乐部，建造高端有机生态酒店服务设施，体现精细化的农垦文化；通过扩展核心区域，发展水上旅游，或建设标志性桥梁建筑连通以林业为本色的涵养林和以农田为本色的核心区域，形成"一条主流线，两大区块"，串连两岸。

（3）做大做强茭白旅游节

秉承"以茭会友、促进发展"的办节理念，传承农业旅游品牌，打造精品旅游项目，营造浓郁的节日氛围，让游客体验乡野之间美丽的生态风景，将旅游节打造成展现"绿色青浦、生态练塘"的崭新平台。同时，积极融合"三色练塘"的旅游发展思路，充分展示红色文化、古镇文化和水乡文化，带动旅游休闲，着力提升城镇品位和生活品质，努力提高练塘的知名度和影响力。

（4）完善旅游基础设施配套

加强宾馆酒店、度假村等旅游配套设施建设，加快建设上海西部旅游集散中心，积极争取轨道交通 20 号线向练塘延伸，开辟枫泾—练塘—朱家角专线车，加强区域合作，筹划以串起"松江的山、青浦的水、金山的画"的西部"山水画"线路。

三、统筹城乡发展　推进新型城镇化步伐

1. 稳步推进新农村建设

以新农村建设为契机，深化农村改革创新，统筹农村人口、产业、社会、资源、环境和交通等要素，稳步推进中心村建设，全面提高农村发展水平。坚持以人为本，真正落实农民的主体地位，尊重农民意愿，调动农民的积极性。坚持集约化布局，继续推进"三个集中"，积极推进农村宅基地置换，支持有条件的自然村落集中归并，引导新改建农村宅基地向城镇和中心村集中，整合土地资源，进一步释放发展空间。到 2020 年，通过有序引导农民向城镇和中心村集中居住，农村宅基地面积减少 1/3 以上。

按照环境优美、布局合理、功能齐全、生活和谐的要求，深入实施村庄改造工程，全面推进整村连片环境综合整治，扩大自然村改造受益面。遵循政府引导、村民自愿原则，保持乡土原有特色风貌，围绕"路面硬化、墙体白化、河道净化、环境靓化"目标，着重整治村容村貌，完善村内基础设施，改善生活环境，提高生活质量，提升文化品位和文明程度，建设具有现代服务功能的新村。

2. 大力实施土地综合整治

按照有利生产、方便生活、改善环境的原则，以农田整治为重点，实施田水路林村综合整治，重点完善田间道路、林网、沟渠配套，整理零星地物，推广测土配方施肥，提高耕地质量，增加有效耕地面积。根据农业现代化建设要求，实行统筹规划、集中投入、连片开发、综合治理，提升农业综合开发水平。按照灌排设施配套、土地平整肥沃、田间道路畅通、农田林网健全、生产方式先进、产出效益较高的标准，积极整合各方面资源，实施万亩基本农田设施改造计划，建设高标准农田2.5万亩，提高旱涝保收、稳产高产农田比重。改善农业基础设施条件。

在尊重农民意愿、确保农民利益的前提下，依据土地利用总体规划，积极开展城乡建设用地增减挂钩试点，建立增减挂钩项目区，通过建新、拆旧和土地复垦，实现项目区内建设用地总量不增加，耕地面积不减少，用地布局更加合理，以期有效保护耕地资源，节约集约利用建设用地，推动城乡用地科学合理布局。

3. 加快基础设施建设

（1）完善综合交通体系

加强对外交通建设。强化与青浦主城区的交通连接，注重与周边乡镇道路对接，特别是在横向上新建或拓宽区级、镇级道路，促进与松江区及浙江省的相互联系。充分发挥水上航运优势，着重加强水上货运和客运能力建设，规划建设小型港口和水上物流平台。

完善镇域内路网结构。完善镇区内部交通基础设施，构建不同组团之间方便快捷的交通通道；完善练塘中心镇区和蒸淀、小蒸两个社区之间方便快捷的交通通道；建立满足于工业园区日益增强的物流运输要求的快速出口通道；实施农村道路标准化工程，新建和维修部分镇区和农村道路，继续改建农村危桥。

改善公共交通条件。在道路交通客运方面，继续加强与青浦主城区及周边地区的客运联系，为促进各类人才、物资与信息的流动创造基础条件；积极争取轨道交通20号线向练塘延伸；完善公交"村村通"，改变偏远农村出行难问题；与周边具有水上特色旅游项目的地区共同合作开发水上旅游客运专线，为亲水特色旅游创造有利条件。

（2）加强水利基础设施建设

大兴农田水利设施建设，形成功能齐全、长效管护的农村水利工程体系。加强灌区配套、小型泵站改造、小农桥改造等水利建设，全面提升农业综合生产能力。推广应用节水灌溉技术，强化灌区用水管理，提高农业用水效率。

深入开展农村河道疏浚整治，建立河道轮浚和长效管护机制，实现农村河道疏浚整治和管理养护常态化、制度化。加强防洪除涝设施建设，提高防洪排涝能力。继续抓好镇村重要河流防洪工程，岸堤除险加固。

加强水源地及原水系统保护与建设，提高太浦河原水水质监测与保护能力，加快太浦河取水口周边环境整治，保证城镇和农村饮水安全。扎实推进农村饮水安全工程建设，积极推进区域供水，全面解决农村居民饮水安全问题。

（3）完善市政基础设施配套

优化配置供水资源，构筑覆盖全镇的供水系统，最大限度发挥镇域三个供水厂和配套管网能力，推进集约化供水，提高全镇供水能力和供水水质。做好供水设备的维护和保养工作，实施供水管网改造工程，改善社会用水条件。

加强城镇排水设施建设和改造，确保管网输送安全。做好练塘镇区、蒸淀和小蒸两个社区、工业园区污水管网建设和改造工作，继续做好社区居民纳污死角和管网的摸底清理工作，对遗漏的死角进行集纳改造，确保居民排水安全，确保污水不外泄。发挥污水处理厂最大效用，增加污水收集、处理系统服务覆盖面积，提高全镇工业生产和生活污水的整体处理率。

坚持"减量化、资源化、无害化"的原则，提高固体废物综合处置率和利用率。加强垃圾填埋场周边环境保护，避免环境风险，在镇区内规划建设垃圾压缩中转站，相应更新垃圾收集设施，全镇各类固体废弃物经镇区垃圾中转站交由区属垃圾处理设施统一处理。

加快集镇公共停车场、文化教育、卫生体育基础设施以及市民公共活动场所等建设，重点提升文化、教育、医疗卫生和体育事业的服务功能和水平；加快城镇景观建设，改善人居环境。

（4）提高电力、能源供应能力

提高电力供应能力。重点抓好骨干电源的输变电网络建设，全面形成比较完善、能够满足群众需求的区域性电网。建成稳定可靠的电力生产供应、输送网络，满足全镇电力能源发展需要。继续配合好500千伏、

220 千伏线路等国家和市、区重大工程建设。

适当超前建设与人口和产业增长需求相适应的能源基础设施，为未来的人口和产业集聚提供必要的支撑。加快完善天然气输配管网系统，增强燃气供应的安全性和稳定性，完成练塘天然气门站及出站管道工程，实现城镇天然气管网全覆盖。加快工业园区天然气供应的项目建设，推动城镇居民楼天然气入户，让练塘居民尽快用上清洁、安全的新能源。

积极引入太阳能、压缩天然气储备站等新能源，增加新能源在居民生活、工业生产、交通客运等领域的应用。引入天然气或（压缩净化）生物沼气燃气供应管网，为工业企业与镇区居民生活能源的使用创造更为便利的环境。

（5）加快信息基础设施建设

完善信息基础设施建设，加大以先进技术为基础的骨干网、接入网的建设，推进信息化与工业化进一步融合，打造"数字练塘"，使练塘成为青西地区最具信息化活力的地区之一。

促进信息技术深度应用，积极运用新兴网络和信息技术，大力推进城镇管理和公共服务信息化，提高信息服务覆盖率与服务水平，提升城镇智能化水平。

四、强化生态保护　构筑绿色低碳宜居镇

巩固已有国家级生态镇创建成果，充分发挥生态资源优势，积极探索低碳发展模式，发展循环经济和绿色经济，加大环境保护力度，加强生态环境建设，大力提高人居环境质量，构筑绿色低碳宜居新家园，力争把练塘建成上海市重要的生态保护示范区。

1. 探索低碳发展模式

大力推进节能降耗。严格项目准入，鼓励现代服务业和新兴产业发展。加大调整产业结构和淘汰落后产能力度，加大对企业节能改造的支持。

加大污染减排力度。以完善环境基础设施建设和加强重点企业环境监管为抓手，进一步加强污染减排。通过调整产业实现结构减排，继续推进"两高一低"污染严重的小企业关停并转工作；严格环境准入，综合运用规划和区域环评、建设项目环境准入制度等手段，推进工业企业向工业园区集中。

营造低碳氛围。充分发挥媒体作用，向社会公众宣传普及气候变化、节能减排、清洁生产等相关知识和低碳发展理念，引导居民逐步形成良好的低碳生活方式。

2. 积极发展绿色经济

（1）保护绿色生态资产，发展绿色生态农业

把生态环保产业作为未来期重要的战略新兴产业，注重培育相关产业链。大力发展有机农业、观光农业、节水农业等为主体的生态高效农业；大力发展环境友好型工业，积极承接环境友好型产业转移，促进形成各具特色的生态产业集群，逐步壮大生态产业，打造名符其实的绿色工业园区。

切实保护练塘良好的自然生态环境，充分利用镇域各类生态服务系统及茭白、优质稻米等特色生态产品，妥善开发各类生态、环境资产，全面铺开绿色食品、有机食品的认证和生产，促进传统农业向生态农业发展，并做大做强。

利用生态涵养林工程建设契机，探索、尝试高附加值的绿色林业经济发展模式。积极借助旅游业的发展，适当发展都市观光农业、休闲农业，打造黄浦江上游水源涵养保护地的农业与农产品品牌，实现一、三产业联动的良性循环。

（2）积极开展清洁生产，发展低碳工业

积极开展清洁生产，扩大清洁生产覆盖面，对"双超双有"企业开展强制性清洁生产审计，将有限的环境容量配置给进行清洁生产的企业，全面促进工业产业向低碳与环境友好型发展。

（3）打造环境友好的旅游产业

依托现代农业园区，加快发展休闲观光农业。大力推进以农事旅游、渔业与水上旅游为重点的旅游项目，在三、一产业联动发展上寻求新的突破。

建设环境友好的旅游基础设施。把镇域全境视作一个整体的旅游区，全面配套完善的公共厕所、垃圾收集设施等，各类旅游线路所用的车辆、

游船等交通工具采用人力或清洁能源。同时加强监管,减少各类一次性旅游产品的使用,以尽可能减少旅游产业对环境的负面影响。

3. 加大环境保护力度

推进水环境治理和保护。以改善水环境质量和确保饮用水安全为目标,以水源地保护和水污染物总量控制为重点,进一步加强污水、污泥收集与处理系统建设,加强中小河道管理养护,完善水源地风险管理。

提升大气环境质量,完善镇域大气环境质量在线监测、信息公布系统,推广使用清洁能源,积极防治工业污染和机动车污染;加强工业固体废物综合利用,实现危险废物全部集中处理;积极控制城镇噪声污染,净化、美化居民生活环境。

加强农村和农业环境保护力度。推进村庄改造和环境综合整治,缩小城乡环境差距。从结构调整、化肥农药减量和种植业尾水治理入手,控制农业面源污染。开展规模化水产养殖标准化改造,强化畜禽散养户污染治理,控制畜禽和水产养殖污染。以农村生活污染治理、外来人员集聚地治理,开展农村环境综合整治。

开展重点污染区域和产业整治,加强对工业企业、污水处理厂、旅游业实体等排污单位特别是重点监控企业的监察。加强对本地居民和外来游客的环境保护宣传教育,提升公共参与环境保护水平。

4. 加强生态环境建设

以巩固国家级生态乡镇创建成果为抓手,大力推进生态公益林、水源涵养林、黄浦江水土保持、土地整治等重点生态工程,促进耕地、林地、绿地和水域等融合发展,扩大绿色生态空间,加快环境基础设施建设,构建良好的绿色生态体系,提升区域生态文明水平。

加强镇容环境建设,强化重点区域的综合环境管理,不断提升环境品质,稳步推进生态家园、生态城镇、生态社区建设,大力提高人居环境质量。

强化生态功能区建设。从生态环境特征与人类活动和谐角度出发,协调生态环境与人口、经济、社会的发展关系,突出不同区域生态功能。

五、加强社会建设　营造和谐美好新局面

坚持按照民生优先、共建共享、统筹兼顾、城乡一体的原则,大力加强社会民生事业建设，着力完善就业和保障体系，积极推进社会管理体制创新，不断提高基本公共服务保障能力和均等化水平，切实提高人民生活水平和幸福指数，营造和谐美好新局面。

1. 加强社会民生事业建设

（1）优先发展教育事业

坚持教育优先发展战略，全面推进教育现代化，促进各类教育协调发展。强化政府教育公共服务职能，统筹规划和优化调整教育资源布局。推进基本教育公共服务均等化，建立并完善城乡一体化的教育发展机制。提高公共财政保障水平，确保教育财政拨款达到法定增长要求，财政性教育经费支持占财政总支出比例达到上级主管部门的规定要求。多途径加大教育投入，改善教学条件和教师待遇，鼓励民间资本以多种形式参与教育的投入。

到2015年，在继续完善义务教育体系、提高义务教育质量的基础上，大力发展职业教育，以满足产业发展对人力资源的需求；引导社会力量投入教育事业；发展社区教育。到2020年，形成完善的学前教育、义务教育、职业教育和成人教育四级教育网络体系，社区教育形成一定规模，实现学校、社会、家庭一体化的教育格局。

（2）提高居民健康水平

坚持基本医疗卫生服务的公益性，努力建立公平、安全、有效、便捷、价廉的基本公共卫生和基本医疗服务，实现基本公共卫生服务均等化。

积极探索社区卫生发展新模式，逐步推广"户籍责任制医生"服务模式。加大医疗卫生事业投入力度，鼓励当地社会力量对医疗卫生事业进行投入。优化全镇医疗卫生资源布局，合理配备医务人员，满足居民的多层次需求。完善医院基础设施建设和设备配备，改善居民就医条件和就医环境。加强医护人员队伍建设，特别是全科医疗队伍建设，以优惠政策和待遇吸引高层次医护人员，提高充足的进修、业务培训机会，不断提高医护人员的文化素质和业务素质。重视农村医疗卫生条件的改善、医务人员的培养和培训。

到2015年，农村合作医疗参保率达到100%，完善合理的医疗卫生体系初步形成。到 2020 年，就医问题的 98% 以上得到解决，真正形成练塘人民病有所医、公平就医的良好氛围。

（3）提升科技整体实力

以"加强科技服务，营造创新氛围；运用科技手段，提升产业能级；开展科普活动，提升文化素养"为目标，强化科普能力建设，优化科普发展环境，实施科技资源科普化，努力形成全社会推动科普事业发展的整体合力。深入开展科普活动，搭建群众性、社会性、经常性的科普活动平台，繁荣科普创作，鼓励科普展品和教育的设计制作与研究开发。

（4）加快发展文体事业

广泛开展全民健身运动，坚持群众体育创品牌理念，积极举办具有区域特色、符合水乡特点、具有重大影响的体育赛事，发展"一村一品"，保持每年举办 1~2 次与文化、旅游相结合的体育活动。广泛开展喜闻乐见、参与性强的群众文化体育活动，开展"古镇乡韵"文艺下乡巡演活动，创建文明乡风。

加强公共文化活动场所和体育设施建设和管理，优化数量、种类、规模和布局，满足人民日益增长的需求，基本实现镇村全覆盖。加大文体事业投入力度，增加政府对文体活动的资金投入，积极拓宽镇、社区文体活动的经费来源渠道。

积极传承和保护物质、非物质文化遗产，申报区级非物质文化遗产"江南土布制造工艺"项目。

2. 完善就业和社会保障体系

（1）积极促进就业

深化积极的就业政策，进一步加大促进就业工作力度。坚持经济增长与扩大就业协调发展，支持服务业和中小企业发展，充分发挥实体经济吸纳就业的主渠道作用，建立产业、财税、投资等政策与促进就业政策的联动机制。完善就业援助，切实帮助农村富余劳动力、下岗工人等就业重点人群、困难人群实现就业。继续落实和完善"西劳东输"补贴政策，推动本地劳动力外出就业。

加强职业技能培训。加强非农就业技能培训、高技能人才培训，提高就业能力。探索建立职业教育、产业发展、促进就业紧密结合的高技能人才培养制度。完善职业资格证书制度，形成技能劳动者的评价、选拔、使用和激励机制。

发展和谐的劳动关系。贯彻落实劳动合同制度，扩大集体合同覆盖面，保护劳动关系双方合法权益，强化劳资矛盾调解机制，妥善处理企业劳动纠纷，做好农民工服务和管理工作。

（2）加强社会保障

健全基本社会保障。逐步形成以城镇职工养老保险和新型农村养老保险为核心的基本养老保障制度体系，积极落实新征地人员镇保及历史遗留特殊人群参保问题，加快完善以农副业人员为参保主体的新型农村社会养老保险体系，进一步完善城镇老年居民养老保障制度。完善以城镇职工医疗保险、城镇居民医疗保险和新型农村合作医疗为主体的基本医疗保险制度体系，推动镇保参保人员门诊纳入新型农村合作医疗保险范围。加快推进基本社会保障的制度全覆盖，稳步提高各类保障水平。扩大失业保险覆盖面，加强失业保险金管理，充分发挥失业保险制度保障生活、促进就业、预防失业的多项功能。进一步完善生育保险政策体系。探索开展工伤预防，进一步扩大工伤保险覆盖面。

进一步完善以城乡低保救助为基础，以医疗救助、教育救助、住房救助等专项救助为辅助，以社会帮扶、临时救济、慈善救助为补充的社会救助保障体系，扩大社会救助的覆盖面和受益面，稳步提高社会救助水平，最大限度地保障困难群众的基本生活。完善最低生活保障制度，缩小城镇与农村之间的低保标准差距，实现动态管理下的应保尽保。

（3）加强人口服务和管理

积极应对来练人员快速增长压力，探索人口管理体制机制创新，优化人口结构和人口布局，积极引导人口向集镇、社区集聚。建立"两个实有"全覆盖管理服务长效机制，完善人口属地化管理机制。坚持计划生育基本国策，完善人口和计划生育公共服务体系，加强流动人口计划生育服务管理。进一步保障常住人口机会均等地享有公共服务，探索实施外来务工人员融入社区计划。

第四节　规划实施与保障

一、组织保障

1. 切实加强组织领导

成立战略实施领导小组，镇政府要切实加强对战略实施的组织领导，制订实施方案，明确工作分工，完善工作机制，落实工作责任。要按照规划确定的功能定位和发展重点，抓紧推进相关项目的组织实施。要从解决当前最紧迫、最突出、最重大的问题入手，实化措施，为规划的顺利实施奠定基础。在规划的实施过程中，要注意研究新情况，解决新问题，总结新经验，重大问题要及时向镇政府报告。

2. 重点明确责任分工

按照分级、分类管理原则，将规划中确定的目标任务列入相关镇政府各部门中长期工作计划，有条件的需要列入年度工作计划并明确实施方案，确保规划目标任务有计划、有步骤地落实。

3. 逐步优化考评机制

紧紧围绕经济发展和社会稳定目标，逐步改变重"经济考核"，轻"社会考核"的规划实施考核机制，建立"综合考核"机制，打好为经济社会发展营造长期稳定环境的组织基础。引导各部门树立正确的发展观和政绩观，形成练塘镇构建和谐城镇的强大合力。

二、项目保障

围绕项目带动战略，组织实施好一批关系练塘全局和长远发展的重大项目，通过重大项目实施促进规划落实。

1. 全力招引符合条件的产业项目落地

积极招引相关产业项目，充分发挥企业的招商主体作用，鼓励企业利用现有生产要素对外招商；精心组织好各类招商活动，开展高频率、专业化、小分队招商，并充分发挥中介代理在招商活动中的作用。

按照"开源引流增税收，招大选优扩税基"的要求，坚持数量、质量并举，牢牢把握注册型企业和实体型企业的关系，注重突出落户企业的质量。进一步完善联系服务企业制度，扩展工作内容。完善招商引资考核激励机制，努力提高新增纳税户的纳税数额。

市节能减排专项资金支持加快产业结构调整、淘汰落后产能和工艺，市自主创新和高新技术产业发展重大项目专项资金支持符合条件的高新技术产业化项目落地。采用"区（企）镇"合作模式，探索建立国家级、市级开发区，以及大型企业集团与小城镇建设联动发展机制。

2. 大力推动服务业项目实施

以旅游、商贸、物流等服务业项目为带动，引导商贸服务业项目向城镇综合服务核心区集聚，重点打造综合性服务业聚集区和商贸中心，增强商业活力；推进辐射区域的物流中心建设；推进宜居社区、旅游地产、保障住房、安居工程等项目的实施，促进服务业快速发展。

3. 推进新型城镇化项目建设

加快完善新镇区基础设施，实现镇区与旅游景区之间路网、管网衔接，建立重大基础设施共建共享机制，提升镇区服务功能，聚集人气和商气。以"集聚人口、美化环境、完善配套、提升功能"为原则，打造城镇核心区。大力推进农村基础设施建设，加快兼顾城乡统筹发展，推进新型城镇化建设。

4. 积极发展农村观光休闲旅游项目

积极申请国家 A 级旅游景区（点）或工、农业旅游示范点。在不改变土地集体所有性质和土地用途，不损害农民土地承包权益，符合土地利用总体规划和环境影响评价的前提下，可探索通过土地承包经营权流转的方式，发展农业观光旅游项目。对投资额较大的重点旅游项目，参照市重大产业化项目相关规定，优先保证用地。支持农民通过多种组织形式经营"农家乐"。

三、土地保障

统筹镇域土地利用，明确土地利用战略及倾斜重点，加大土地开发整理、建设用地收储和闲置土地处置力度，通过政府有形之手与市场无形之手的理性对握，使政府掌控的土地资源效能发挥到最大化，为练塘经济社会发展提供用地保障。

1. 积极争取城乡建设用地增减挂钩试点

通过增减挂钩整治腾出的农村建设用地，首先要复垦为耕地，在优先满足农村各种发展建设用地后，经批准将节约的指标少量调剂给城镇使用的，其市级土地出让金收入返还部分和区级留用部分，在扣除国家规定的规费后全部返还用于支持城镇建设。

增减挂钩周转指标可先行用于农民集中居住区的建设。项目区内农民以其宅基地，按照规定的置换标准，无偿换取项目区内搬迁安置房或获得等价的货币补偿。经出让获得土地使用权的农民搬迁安置房，予以房地产权登记。

区有关部门要按照土地成片、设施完善的要求，将拆旧区土地整理后新增耕地优先纳入设施粮田和设施菜田的建设，完善农业水利设施，促进农业规模化、产业化、集约化经营。鼓励试点镇所属村级集体经济组织参与集中居住区公共配套设施和商业设施的建设，努力增加农村集体经济组织的收入。

对项目区内拆旧复垦还耕给予补贴支持。拆旧区的农民宅基地和其他集体建设用地复垦还耕且地力达到国家二等标准的，经市有关部门验收合格后，送区规土局、财政局审核后，从区级新增建设用地有偿使用费中给予每亩2万元的补贴。

通过增减挂钩工作节余的建设用地指标，可以直接用于该镇开发建设，也可以通过调剂，在区内其他符合规划的区域进行开发建设；可以由试点镇自己组织，也鼓励各区级公司参与合作开发。节余建设用地的开发和出让要在宅基地复垦完成并通过验收后的2年内完成。

2. 支持整合工业用地和参与土地储备

推动老镇区内工业企业向工业园区集中，由市、区优先安排动迁企业的用地指标，置换出的原工业用地，依照批准的规划实施管理。同时，可将规划区内的近期建设用地分批次转用和征收后作为政府的土地储备。

3. 开展集体建设用地使用权有偿使用及流转试点

允许集体经济组织以出让、出租等形式对集体建设用地进行有偿使用，收益归集体经济组织所有。允许土地使用人通过土地有形市场，以转让、转租等形式将集体建设用地进行流转。

四、资金保障

1. 合理利用公共财政资源

做大做强产业，多途径充实政府财政实力。公共财政资源投入必须坚持"一切为了发展，发展为了民生"原则合理配置。加大支农惠农力度，适度将公共财政资金向农村和落后地区倾斜，重点支持义务教育、公共卫生、公共安全、环境保护、公建设施、社会保障等非盈利、市场失灵的领域。设立财政奖助基金，充分发挥财政资金"四两拨千斤"的作用。

2. 加大专项资金支持力度

建立水源地保护区生态补偿机制，坚持"谁受益、谁补偿"，对保护水资源做出巨大贡献的地区给予财政支持，并从自来水费中提取一定比例，补偿给当地村民，其他补偿费用重点用于生态环境、基础设施及公共配套服务设施建设；设立水源保护基金，用于对水源区生态建设、产业结构调整、水污染防治等工作的扶持，确保水源区经济社会发展。

完善土地出让金收益扶持政策，土地出让收益优先用于农业土地开发和农村基础设施建设。加大对耕地特别是基本农田保护的财政补贴力度，实行保护责任与财政补贴相挂钩；探索建立耕地保护基金，落实对农户保护耕地的直接补贴；补充耕地指标用于全区占补平衡的，积极争取区级政府全额返还相关税费收入。

设立"小城镇建设资金管理专户"，区有关部门负责对专项资金的使用等情况进行监管。积极争取有关部门用于发展"农家乐"的专项资金，用以支持本镇发展"农家乐"。鼓励农民专业合作社开展农业新技术应用推广、品牌建设、农产品国内外市场促销等经营活动，区级支农资金优先给予贷款担保、贴息、补贴等支持。

3. 充分发挥社会资本作用

充分运用市场手段，积极拓宽资金渠道，鼓励和吸引社会资本投资城镇、新农村和基础设施建设以及各项社会事业发展。积极探索鼓励镇区所在的农村集体投入小城镇建设的政策措施，实现小城镇由农民共建共享。加强与银行等金融机构的合作，保持与国家开发银行的密切联系，帮助政府解决财政支出不足、企业发展融资难等问题。

五、体制保障

1. 加快政府职能转变和管理体制改革

深化体制改革，强化公共管理和服务职能，赋予练塘镇必要的城市管理权限，积极推动行政管理权延伸。通过市和区有关部门委托或授权，享有部分区级行政管理权，包括规划土地部门委托的村镇规划建设管理事项，绿化市容部门委托的临时使用绿地和配套建设的环卫设施管理事项，人力资源社会保障部门委托的劳动保障监察检查事项，以及卫生、文广影视、工商、民政等部门委托的食品卫生、文化市场、无证经营及农村和社区公共事务协调管理事项。

2. 稳步推进"镇财区管"改革工作

完善区与镇财政管理体制，以均衡公共服务水平为目标，进一步完善预算管理，规范镇级财政收支行为，合理优化支出结构，着力提高公共财政保障水平，健全债务管理机制，积极化解债务风险。

探索完善区县与乡镇的财力分配办法，保证基层政权和村级组织的正常运转，区财政通过完善转移支付方案，提高镇政府财政保障能力，使其财力与承担的社会职能相匹配。

3. 拓展小城镇建设多元化投融资渠道

区政府要加强对练塘镇基础设施和公共服务设施建设投资的统筹。支持组建多元参股的城镇投资开发公司。支持开展村镇银行、农村资金互助社、小额贷款公司等新型农村金融组织的试点。

课题组成员：荣西武　白　玮　倪碧野　吴晓敏　郗　望

第九章　贫困地区城镇规划
——以阜平县城南庄镇为例

执笔：倪碧野

第一节　规划思路与分析

一、规划背景

建国 60 多年来，为新中国解放和建设做出过重要贡献的革命老区多数因交通不便、自然资源匮乏、产业基础薄弱等因素制约，发展缓慢，人民生活水平处于全国人均水平之下。尽管近年来国家和有关省区给予一定的重视，做了一些政策倾斜和投入，但是仍有很多老区无法摆脱贫困落后的现状，老区人民生活仍然停留在温饱线上，长此以往必将影响党和政府在人民群众中的威望，影响社会的和谐、稳定。胡锦涛同志在党的十八大报告中提出，要"加大对革命老区、民族地区、边疆地区、贫困地区的帮扶力度"。因此，在"十二五"期间推动革命老区实现跨越式发展，完成 2020 年全面建成小康社会的奋斗目标刻不容缓。

实现革命老区又快又好发展急需找到能够推动老区跨越式发展的突破口。革命老区多为边远地区或山区，交通不便，经济发展滞后，但也正因为此，那里的生态环境相对保护良好，传统民俗内容丰富，同时又是红色资源的富集区，发展红色旅游为改善老区面貌提供了一条有效途

倪碧野：国家发改委城市和小城镇改革发展中心规划研究部助理研究员。

径。随着中国旅游业大发展时期的到来，红色旅游发展得到了从中央到地方各级政府的更多重视，目前已被纳入《国民经济和社会发展十二个五年规划纲要》、《国家"十二五"时期文化改革发展规划纲要》及其他相关规划，并于同期颁布实施了全国红色旅游二期规划《2011－2015年全国红色旅游发展规划纲要》。作为红色旅游资源富集地的革命老区如果能够充分挖掘其特有的红色文化底蕴，结合现代化开发手段，找到适合自身条件的城镇发展模式，将有机会突破革命老区发展瓶颈，在实现可持续发展的同时，提升发展速度，提高老区人民生活质量。目前许多革命老区已经抢抓有利时机，大力推进经济结构战略性调整，寻找自身的发展优势，提高自主创新能力，促进了老区经济又好又快发展。自2004年中央办公厅、国务院办公厅颁布《2004－2010年红色旅游发展规划纲要》以来，井冈山、延安、西柏坡等地作为发展典型率先推进，经过6年的实践积累了不少成功经验。然而革命老区发展的自然条件和发展基础参差不齐，发展的模式和思路自然有所差异。红色革命老区的旅游开发和建设又牵涉到区域经济、城镇建设、旅游产业、历史文化、三农问题、环境保护、可持续发展等一系列问题。因此，在红色文化丰厚的革命老区，特别是一些小城镇地区，如何使红色旅游从一开始就走入适合自身基础条件的良性轨道，趋利避害，避免或尽量少走弯路，合理、科学、因时、因地制宜的规划就显得尤为重要，应该被摆在首当其冲的位置，予以充分的重视。河北省阜平县城南庄镇在旅游开发起步阶段即对规划设计给予高度重视，其战略规划基本设计理念和实施步骤等方面都有值得相关区域借鉴之处。

本文即结合城南庄发展战略规划实践案例，提出革命老区红色旅游小镇的发展要依靠红色旅游资源的深度挖掘整合，打造地区特色，确立明确主题定位，并遵循可持续发展理念，找到最符合自身特色的发展模式。文章最后强调规划实施的重要性，并为规划落实指明实施路径。

二、城南庄介绍

河北阜平县城南庄镇是全国著名的革命老区，是"模范抗日根据地"——晋察冀军区司令部所在地，是"新中国的雏形"——晋察冀边区人民政府所在地，是"华北延安，红色福地"——中央机关所在地，更是毛泽东、周恩来、聂荣臻等老一辈无产阶级革命家战斗生活过的地方。然而直到现在，很多人仍不了解，正是在这个名不见经传的太行小山村，召开了标志着解放战争进入新转折点的城南庄会议，决策了奠定战争胜利和全国解放的三大战役，更孕育了协商共和的伟大构想。如果没有特务告密，国民党对当时毛泽东驻地的空袭，也许城南庄就是党中央在农村的最后一个根据地。城南庄是一本活生生的中国革命历史教科书。在中国广袤的版图上，城南庄虽小却在中国革命历史上有它特殊的重要位置。

然而，革命老区的光环并没有给城南庄带来经济的发展，相反，与其他很多老区相似，由于山区耕地资源相对贫乏，加上工业发展基本处于空白，长期以来城南庄一直戴着贫困的帽子，经济发展相对薄弱，城乡建设缺乏规划，杂乱无章，百姓收入低于全国平均水平，生产生活水平也相对落后。

作为红色老区，城南庄镇域内拥有大大小小 26 处革命遗迹，随着2000 年以来全国红色旅游的陆续开展和不断完善，城南庄也在 2005 年借晋察冀边区纪念馆揭幕成为阜平县的红色旅游的重点发展地区，目前纪念馆作为国家 4A 级景区和爱国主义教育基地每年接待 10 万人左右参观者。然而，长期以来城南庄旅游开发仅限于纪念馆，随着爱国教育基地全面免费对外开放，纪念馆所能创造的旅游收入微乎其微，加之旅游景点单一、单体规模小、缺乏配套服务设施，无法形成吃住行游购娱完整的产业链留住消费者，因此旅游业发展一直比较缓慢，更是无法成为支撑城镇发展的支柱产业。其中不容忽视的一个重要问题是，这里丰富鲜活的革命故事和具有重大历史价值的革命遗迹没能形成城南庄独具特色的红色品牌，没有对广大游客形成旅游吸引力。长期以来红色文化定位不清晰，红色资源缺乏深度挖掘与整合，丰富的红色故事、红色档案的整理开发和宣传的不够，这些都是造成城南庄红色影响力不足以支撑红色旅游蓬勃发展的主要原因。

2011 年，随着西阜高速（西柏坡—阜平）的开工建设和保阜高速（保定—阜平）的建成通车，阜平县城南庄镇的区位交通优势将得到极大提升；同时大西柏坡总体规划的颁布实施也将对处于辐射范围内的城南庄镇红色旅游发展带来前所未有的机遇；再加上国家层面对旅游文化产业的鼓励扶持和政策倾斜，城南庄镇必将迎来自身发展的重大机遇期，如何抓住机遇给革命老区寻找一条最适合自己的发展之路成了摆在阜平县和城南庄政府面前最重大的挑战。

三、规划思路

全国类似城南庄这样的具有独特红色资源的小城镇，要想使其资源得到有效开发利用，造福老区人民，一方面要特别注重自身资源的深度挖掘和整合；另一方面，其发展方向迫切需要符合更高层面的规划要求，从区域资源整合的角度，找准自身未来的发展定位，实现可持续的良性发展。因此在制订规划初期，需要明确两大原则：①加快贫困地区的发展，需要正确处理好"快"与"好"的关系。即加快工业化和城镇化步伐的过程中必须坚固质量，重视总结和汲取国内外现代化历程的经验教训，避免工业化城镇化进程不同步、城乡发展不协调所造成的深层次经济社会和环境等问题。②贫困地区的发展，既要靠外力"输血"，即帮扶政策的加强，更要靠内力"造血"，而从长期可持续角度来看，增强"造血"功能尤为重要。

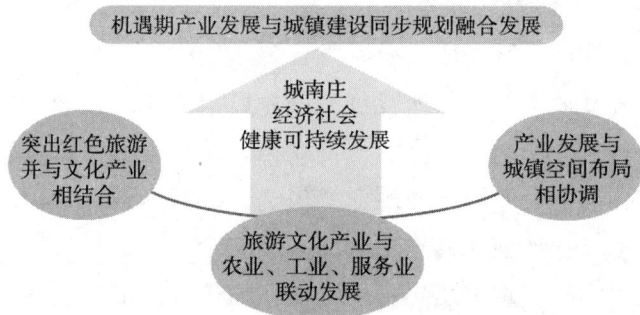

图9.1 城南庄镇战略发展思路示意图

根据以上规划原则，提出城南庄城镇发展战略规划的总体思路就是要在大交通条件改善和大西柏坡旅游战略全面实施的背景下，以红色旅游为主线，充分考虑城南庄本身红色旅游资源优势和长期以来发展缓慢的制约因素，将红色旅游发展放在区域中考量并且结合地方实际，将旅游业与文化产业相结合，与农业、工业、服务业联动发展，并将整个产业发展与城镇空间形态布局相协调,最终达到促进城南庄经济社会健康可持续发展的目标。

深入贯彻上述总体思路,在发展中着力把握好以下几个原则:

——注重以人为本。坚持以人为本,把保障和改善民生作为根本出发点和落脚点,通过服务业发展创造更多的就业机会,促进非农就业、切实提高城乡居民收入水平,为城乡居民提供更好的服务。

——强化比较优势。要立足自身旅游资源与生态资源优势,加大资源深度整合,以文化产业园区打造为契机,加快发展生态休闲旅游业;加快以石材加工为主导的工业转型升级,积极培育接续产业,推进工业聚集区建设;以观光、休闲农业为主体,大力推进农业产业化发展。

——强化低碳经济。强化低碳经济,建立资源节约型经济体系。以节能、低碳能源的利用,推进循环经济,以及提高资源利用效率等方式来实现经济社会、人与自然和谐发展。

通过红色旅游小镇建设提高革命老区的经济发展速度,在获取经济效益的同时,兼顾社会事业与环境保护,实现经济社会环境可持续发展,是发展革命老区红色旅游应该遵循的基本理念。结合这一理念以及资源特色,在城南庄的发展战略规划中提出"红色驱动,绿色发展"的城镇发展模式。红色顾名思义就是城南庄深厚的红色文化底蕴,是城南庄发展的驱动力;绿色是生命的颜色,是城南庄发展旺盛持久的生命力。战略的重点就是红与绿的结合,在这个红底上书写可持续发展浓墨重彩的一笔,为仍较落后的红色老区注入一股绿色可持续的生命力。需要强调的是这里的绿色不单单指传统意义上的生态环境,更是一种低碳生态的发展模式,一种协调可持续的城镇发展途径。

绿色发展内涵包括:

①绿色生态环境:继续一如既往地保护美丽的太行生态。

②绿色高效产业:选择低碳的旅游文化产业作为重点发展产业。

③绿色活力城镇:城镇建设与产业结合充分聚人气促发展。

④绿色低碳生活:保留原有村庄质朴低碳的生活方式。

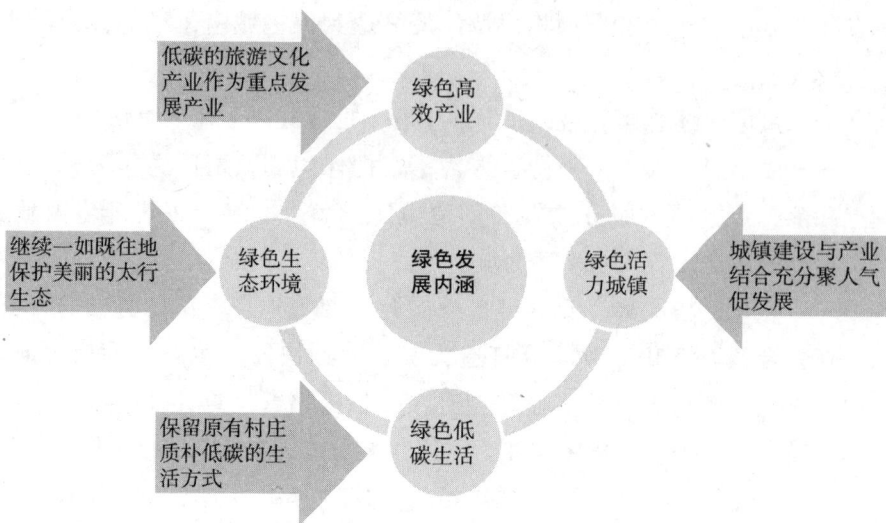

图9.2 绿色发展内涵示意图

第二节 规划目标与定位

一、发展战略规划中的目标定位设计

在制定发展战略规划中，革命老区发展红色旅游的核心问题是给予发展明确的目标定位。革命老区作为红色旅游小镇发展，主要依托其鲜明的红色旅游资源特色带动其他产业的发展，带动百姓就业和人均收入提高，同时带来以爱国主义教育、弘扬老区革命传统，创建老区社会主义和谐社会的社会效益。

围绕这个核心理念提出了以下发展对策。

①将旅游规划与城镇整体发展融会贯通。旅游规划是城镇整体发展规划的一部分，必须与全域经济社会发展相协调，相匹配，使旅游产业真正融入城镇发展，成为带动百姓经济收入增长、生活水平提高和保障城镇可持续发展的一个组成部分。就城南庄而言，一方面旅游发展与城镇发展的基础设施配套尽量实现共享，坚持基础先行、突出重点，加速发展具有基础性、先导性和服务性的现代化基础设施和公用设施，全面提升城镇建设与发展的综合承载力，不断提高当地群众生产生活水平，

也为不断延伸旅游文化产业链，延长游客消费时间提供更好的服务。另一方面在发展过程中实现社会事业协调，按照"公益性、均衡化、内涵式"的要求，更加注重社会事业资源合理配置和内涵建设，以地方百姓的发展需求为导向，让地方百姓真正参与到旅游文化产业发展的各个环节，真正实现产业发展带动百姓共同富裕，最终使得百姓收益得实惠，促进社会事业优质均衡全面协调发展。

②旅游小城镇开发中的主题定位设计。以鲜明的主题形成吸引力和竞争力，同时也使之产生独一无二的不可替代性。综观中外知名古镇建设，无不具有鲜明的主题特点。前面提到当前城南庄红色旅游发展中存在的最大问题即缺乏鲜明的主题特色，而全国以红色为主题并且已经形成一定影响力的小城镇已有许多，紧邻城南庄的西柏坡资源优势就很明显且发展势头正劲。因此，城南庄必须寻找自身资源优势，深度挖掘整合特有的红色文化内涵，在强调与西柏坡历史地理联系的基础上寻找差异，形成与西柏坡的错位发展。在如何确立城南庄红色旅游发展主题的关键环节上，通过反复研究论证，形成了以下与西柏坡既有联系又有鲜明个体特色的主题设计。"新中国从这里走来：西柏坡；新中国在这里孕育：城南庄"。城南庄鲜明的红色资源特色通过与西柏坡的联系和差异得到体现，同时结合其绿色生态资源（如图9.3所示），形成红与绿的结合。

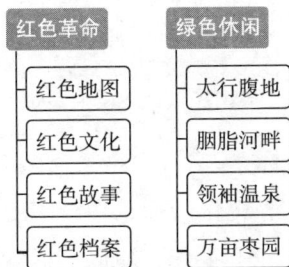

红色革命	绿色休闲
红色地图	太行腹地
红色文化	胭脂河畔
红色故事	领袖温泉
红色档案	万亩枣园

图9.3 城南庄镇资源分类示意图

二、城镇发展定位

根据以上核心理念从三个层面对城南庄城镇发展进行定位，分别是宣传定位，区位功能定位以及自身产业发展定位。

1. 宣传定位——"中国·城南庄"

中国只有一个城南庄，城南庄在中国革命史上的重要地位是不可取代的（在前面的资源分析中已经介绍过）。因此从宣传角度突出打造："中国·城南庄"并不为过，而且基于独特视角重拳出击的宣传方式更能吸引眼球及注意力，进而吸引更多对历史感兴趣的人群希望深入了解城南庄，从而首先解决人不来的问题。

2. 区域功能定位

一节点：即在区域上融入大西柏坡发展，成为大西柏坡交通网中红色黄金旅游大道上的重要的交通节点

一中心：即以晋察冀边区纪念馆及周边核心开发范围为龙头形成阜平县红色旅游发展中心区

一平台：同时努力成为阜平县对外开放合作的平台

3. 产业发展定位

构建以红色旅游文化产业为主导、新型工业为支撑、商贸服务业为配套、生态农业为补充的现代产业体系。

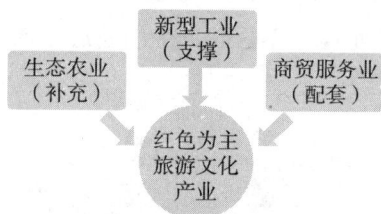

图9.4 城南庄镇产业发展定位示意图

（1）旅游产业发展目标

具体到红色为主的旅游文化产业，由于其战略核心地位，因此需要明确具体发展目标。就城南庄而言，即以晋察冀边区革命老区基地建设为契机，有效利用河北省加快推进"大西柏坡"的战略构想和打造太行山区文化生态旅游带的良好机遇，积极做强红色旅游文化产业，促进旅游业由单一观光型向以观光休闲、农家体验和生态养生三重并举转变，坚持规划先行、政府引导、市场运作、利益联动的方针，优先发展红色参观游、大力发展音乐生态休闲游、全面推进太行山区民俗体验游，成

为拉动县域经济增长的新引擎。

（2）优先发展红色文化游

加快晋察冀边区革命纪念馆二、三期建设和太行山区生态文化基地建设工程，全面推进晋察冀日报社旧址等系列红色文化的保护、开发和利用，积极做好红色旅游与"大西柏坡"建设的对接工作，充分将太行山区文化融入城南庄红色旅游基地建设中，全力建设"大城南庄"，打造与西柏坡差异明显、特色突出的国家红色文化旅游胜地。

在旅游文化保护开发过程中应注意突出三大特色：即红色文化主题游览、绿色音乐生态休闲、军事文化情景体验。具体开发项目即在这三大特色之下开展。

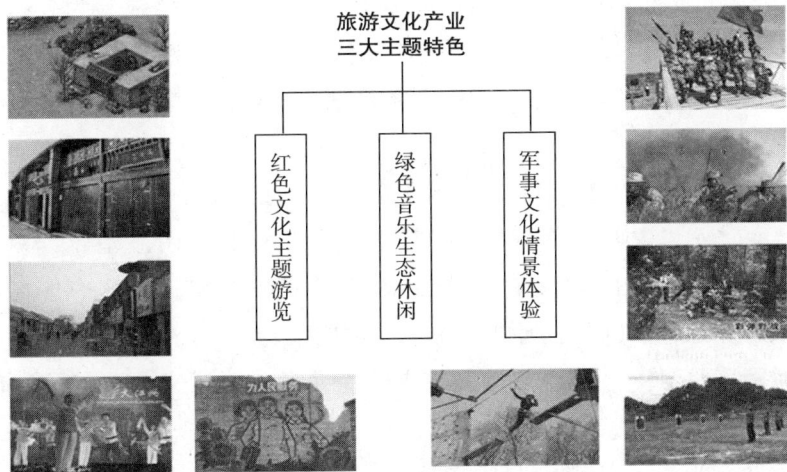

图9.5 旅游文化产业三大主题特色

（3）大力发展音乐生态休闲游

利用马兰小乐队的影响，重点发展音乐休闲、生态养生、消暑避夏、度假观光等休闲游，加快以吴王口温泉为特色的生态养生区和以太行山地民俗文化休闲旅游为主题的山谷休闲区建设，形成功能布局合理、有效衔接互动的旅游产业格局；逐步完善景区的配套设施，大力建设生态旅游文化项目，充分利用文化旅游活动提升区域生态文化品质，扩大城南庄的生态旅游影响，着力发展成为具有区域影响力的知名生态休闲旅游区。

（4）全面推进太行山区体验游

依托太行山区农业资源、生态优美的自然资源和山区民俗资源，大力招引旅游开发项目，通过山区民俗体验——太行农业生产——休闲观光游览——农村农业娱乐产业链建设，实现太行山区体验游的快速发展；利用良好的生态环境和地方特色风味，打造以吃农家饭、住农家院、体验浓郁的乡土气息和淳朴的民俗风情为主，极具地方民俗特色的农家乐；注重民俗旅游的标准化和服务质量的提升，营造城南庄特色，逐步培育成为体现太行山区文化的乡村旅游知名品牌。

根据以上原则将旅游文化产业发展分为近、中、远期三个阶段。

近期（2011～2015年）：为整合发展期。以红色旅游和生态养生为引擎，通过加强宣传和红色景区的集中开发，推动旅游产品体系向红色旅游、（音乐）文化体验、生态养生、休闲运动、乡村民俗体验为一体的生态休闲旅游业发展，初步形成河北省红色生态旅游的特色代表，发展成为在国内具有一定知名度的4A级旅游景区，形成华北较著名的红色文化旅游目的地；

中期（2016～2020年）：为全面提升期。通过结合太行生态、地方特色，全面融入"大西柏坡"战略，建成与西柏坡具有明显差异，又有着一定关联的国家红色生态旅游胜地、保定生态养生基地、阜平县旅游腹地。旅游业总收入以及旅游业增加值占GDP的比重逐渐增加，旅游业将成为城南庄乃至阜平县经济发展的支柱产业，并形成华北著名的红色生态文化综合旅游区。

远期（2020～）：为巩固发展期。使城南庄成为红色旅游文化与地方生态结合最终成为可持续发展的典范。

第三节　规划任务与措施

一、资源转化

红色文化资源是红色旅游小镇旅游业开发的基础，如何将文化资源转化为可供开发利用，最终形成效益的旅游资源是首要任务。

首先需要在特色红色旅游主题下对红色文化资源的深度挖掘、比较分析、区域统筹、有机整合、有效串联、全面保护、创新开发，进而定位、开发、宣传、最终通过旅游产业产生收益，这也是当前城南庄最迫切需要解决的问题。目前城南庄丰富的红色故事、红色档案的整理开发和宣传力度不够，红色文化定位不清晰，长此以往，很多引人入胜的传奇故事缺乏有效的传播渠道，随着老一辈的离去，很多精彩人物事迹会逐渐被遗忘，丰富翔实的红色档案也会因为缺乏编辑整理最终难与红色文化相衔接，并难以成为文化底蕴的有力支撑，无法最终转变为旅游资源。

其次是要开拓文化资源展示渠道，以客源市场为主导，注重保护性、整体性、多样性的开发理念。结合短、中、长距离旅游市场；老、中、青、少四个不同年龄层游客的需要形成集观光、学习、互动、休闲等多种旅游形式为一体的综合游览区；同时结合地域特色和生态资源扩充旅游项目。

必须引起充分注意的是，这种资源的深入挖掘和整合不能无限度地开展，必须坚持在保护中开发和在开发中保护的理念。城南庄目前存在许多红色历史遗迹保护不足的问题，诸如花山村毛泽东旧居、晋察冀日报社旧址、邓拓旧居等。这些具有历史文物价值的重要遗址，在抢救和修复的同时，要研究论证其历史价值和修复方案并制定修复和使用计划，历史文物资源的保护必须列于开发之先。对于镇域内美丽的太行山生态环境和百姓淳朴的生活形态也需要持续保护和有限度地开发，使红色旅游更具绿色生态和人文价值。

二、项目抓手

旅游资源仍然不等于旅游产业，旅游产业也不等于旅游产值。对于红色旅游来讲更是如此。因此，探索旅游资源产业化、市场化，并结合地方特有的文化资源，通过旅游与文化融合，丰富红色旅游产品。同时，探索文化产业园区项目建设与城镇建设同步发展，发挥文化项目产生的集聚效应，托起旅游文化产业发展，提升红色旅游产业化水平，最终使得红色旅游文化产业形成产值，真正成为地方发展的重要经济支撑，为地方及百姓带来实实在在的经济效益。

以城南庄为例，探索以项目作为抓手使旅游资源最终形成旅游产值是必要途径。可以通过旅游元素走出纪念馆的形式，将馆中资源转化为商品，形成效益，并结合城镇建设，尽可能多的将其转化成百姓收益。如修建红色社区，并在其中设立"边区银行"印制边区纪念币、复制晋察冀报等，作为纪念品出售。同时结合农家乐开发地方特色菜品，利用当地特产开发红枣系列产品等特色旅游项目与旅游产品。开发的过程中，要保证当地群众能够参与到旅游文化产业发展的各个环节中，并从中获益。同时重视太行山生态环境的保护，防止打着发展现代化的旗号，肆意破坏环境以及当地群众朴实平和的生活状态。

旅游文化产业项目开发指导原则：

①结合时代特色：作为景区旧址遗迹，需要修旧如旧，但其他表现形式可以结合时代特色，使人们产生亲切感。

②强调百姓贡献：从正面说明中国共产党在历史上功绩植根于坚实的群众基础，如今应该继承发扬，以这条主线挖掘史料进行整理研究并加以宣传，对于积极处理好现阶段党群关系、干群关系具有一定现实意义。

③带动百姓参与：老区百姓长期以来对中国革命胜利和国家建设的贡献应该也必须有所回报，也就是让百姓参与到旅游文化产业发展的各个环节，最终使百姓得实惠。

④区日报、特色菜品、鲜榨枣汁等旅游项目与产品的开发。

⑤建筑风格恢复：是产业结合城镇建设的一个重要因素，在新镇区特别是红色社区建设过程中在城市设计层面进行探索，将各种地方文化元素，红色元素融入城镇布局和建设中去，做到事无巨细。

⑥地方生态保护：开发的同时，一方面是要注意太行生态环境的保护，同时也要保留人们淳朴的原生态生活方式，而不是打着发展现代化的旗号肆意破坏人们原本舒适祥和的生活。

⑦线状各点串联：旅游资源发展应为线状而不是面状，通过旅游线路的设计形成各点有效串联。

根据以上原则，策划以下四个文化产业园区：

①城南庄红色文化产业园——红色革命社区（新镇区）；毛泽东思想论坛（马兰）；晋察冀文化研究及中共党史教育基地（纪念馆三期）。

②马兰音乐文化创意园——新闻从业者教育基地；森林音乐会。

③大枣生态文化产业园——福子峪大枣观光采摘园。

④温泉养生文化产业园——温泉休闲疗养中心。

三、区域串联

旅游地区的主题突出，特点鲜明至关重要，但旅游作为外向型产业，不能仅仅依靠区域内资源的开发整合，更需要进一步与周边地区合作发展形成互补。因此，与周边地区特别是周边旅游景区的交通体系的建设以及交通环境的改善也构成规划重要任务之一。

城南庄在规划中一方面注意到短期内城南庄的对外交通将由于西阜和保阜两条高速公路的建设得到明显改善，同时也提出目前存在的道路客货混运现象还比较突出，旅游交通环境亟待改善，镇域内旅游资源的交通连通性仍然有待加强等问题。指出从长远发展看，河北省是红色旅游大省，除最著名的西柏坡位于石家庄以外，保定无疑是红色旅游资源最为集中的区域。保定区域内其他红色旅游景区发展相对成熟，主要包括白洋淀、易县狼牙山、冉庄地道战、唐县白求恩纪念馆等。只要城南庄不断强化与周边红色景区的关联度，力争在北京－保定－石家庄这条国家级红色旅游精品线路上占有一席之地，与周边相对成熟的红色旅游景区捆绑营销，必能逐步成为这条旅游线路上不可或缺的重要节点，形成区域旅游的联动、互补和多赢关系。

四、产业联动

红色旅游发展不仅需要结合绿色生态，还需要结合镇域内其他产业，形成为游客提供吃、住、行、游、购、娱完善服务的旅游综合体，力求构建以红色旅游为主导、生态农业为补充、商贸服务业为配套、新型工业为支撑的现代产业体系。例如，城南庄的万亩枣园目前建设已经初具规模，可作为未来建设旅游休闲型、生态观光采摘型以及结合农家乐等发展模式的一个基地。利用这个基地，做好特色农副产品深加工，提高相关产品的附加值。带动农业结构优化调整，形成农业龙头企业，推进特色农业基地建设，形成旅游产品的特色品牌。当然，在红色旅游小镇发展规划中不能脱离现实还存在的一些在短时间内难以改善的问题。如城南庄目前镇域内包括石材加工及铁选行业等工业项目对旅游环境造成一定影响，但短期内地方没有这类工业项目作支撑，很难解决现实的经济发展及地方百姓的就业问题，因此工业发展不能停。但是走新型工业化道路是必由之路。针对这一问题，规划中提出推进石材加工产业优化升级，促进产业规模化、高效化、品牌化生产，积极培育以新型建材为主导的接续产业等内容。力争采用集群式、延伸式、及循环经济发展模式，使其成为旅游文化产业发展的有力支撑。商贸服务业是旅游发展的基础，城南庄的规划强调打造阜平商贸服务业次中心服务功能区的概念。打造功能相对完善的多层次商贸服务体系，使之不仅满足地方百姓的相关需求，同时为前来休闲度假的游客提供吃、住、行、游、购、娱等全方位的旅游服务配套。

五、产业布局

红色旅游小镇建设要将产业布局与城镇布局充分结合，具体到城南庄镇规划要求遵循以下布局理念：①强化城镇特色，贯彻对接京津战略的发展理念。突出"红色、生态、休闲"为一体的城镇特色，协调好红色文化旅游、生态休闲农业、新型工业等产业的发展需求；②统筹城乡一体化协调发展。突出城南庄核心功能区对周边乡镇的辐射作用，带动阜平城镇协调快速发展，推进全县城乡一体化建设；③集约利用土地空间资源，紧凑发展城镇。高效集约利用现有土地空间资源，人口与产业向镇区相对集中紧凑布局，发展轴线与太行山体、园林等相互融合；④文化产业园区建设与周边的自然生态环境相互协调发展，形成良好的生态环境空间的结构框架。使产业园区、生态园林与太行山体楔入和环绕发展组团，形成城镇与自然和谐共处的空间关系。

在布局理念指导下形成总体布局思路：依据城南庄产业空间的现状格局，充分考虑未来产业经济发展的需求，明确城南庄增长核心，充分地发挥增长核心的带动作用和集聚效应，实现区域发展的合理分工和各项经济服务功能的有效集聚，促进产业链整合和经济社会协调发展。以实现农民增收与旅游业协调发展为目标，加快生态、高效、休闲农业发展；集聚石材加工产业，培育新型建材业，推进工业结构优化升级，构筑新型工业体系；打造红色生态旅游胜地、全县商贸服务业次中心服务功能区，促进农、工、商三次产业联动发展，全力推进"大城南庄"

（即，以城南庄为中心，产业发展辐射周边乡镇，在空间布局上突破城南庄行政区划界限）战略。

具体布局构架是以阜平县总体经济战略布局为依据，以巩固提高太行山区生态屏障为背景，加快全县经济发展承载力的营造，促进生态休闲农业、新型工业、红色文化旅游业、商贸服务业的发展，重点打造"农业产业化基地、新型工业化园区、红色旅游胜地、绿色宜居休闲地"，逐步形成华北知名的红色旅游胜地和保定市生态休闲宜居新镇，建设保定产业协调发展典范。

在政府引导、企业参与下，规划形成"一个核心、一个中心，东西联动发展"的空间布局框架。

1. 一个核心

也是旅游空间中的核心发展区，将提升城镇服务功能与大力发展旅游文化产业紧密结合。主要布局在镇区西侧高速引线两侧区域和沿将军路两侧的区域，包括商贸服务区、行政办公区和红色旅游文化社区。

①商贸服务区：以镇区商场和集镇商铺为基础，在元帅街两侧和靠近镇中心沿高速连接线两侧布局以商业、文化、餐饮、娱乐、便民服务等功能为一体的商贸服务中心，加强商业服务中心打造、形成与工业和旅游产业良性互动的综合性商贸服务区。

②行政办公区：在高速连接线与元帅街交汇处布局政府行政办公区，是城南庄行政中心所在地，该区域对提升城镇形象的影响力、人文环境的感染力、区域竞争软实力，推动区域经济社会协调发展具有重要作用。

③红色旅游文化社区：结合商贸服务区，在高速连接线两侧新镇区位置打造集红色旅游、文化创意产品开发、旅游配套服务、居民生活于一体的红色旅游文化社区。并且利用南部胭脂河，打造优美生态景观，使文化与自然，建设区与生态环境有机融合。

2. 马兰作为西部发展中心区

通过与核心区的带状联动作用带动西部地区共同发展。利用现有主要交通体系，串联主要景区，塑造城镇主体架构。

3. 强化四区

构筑华北红色旅游胜地。以华北敌后抗日第一司令部为主题，重点建设以晋察冀革命纪念馆为核心的革命遗产纪念区、以高速引线两侧新镇区为主体的红色革命社区、以马兰村晋察冀日报社旧址为核心的抗战文化主题区、以镇区东南部山区沟谷地带为主体的抗战情景体验区，构筑华北红色旅游胜地。

①革命遗产纪念区：以晋察冀革命纪念馆为主体，发展集纪念馆、革命旧址、名人故居参观，晋察冀革命文化交流与展览等。

②红色革命社区：沿抗战街发展轴线两侧，采用抗战文化元素营造浓郁的革命氛围，布局以红色民居、红色文化体验、旅游服务等配套产业及设施。

③抗战文化主题区：构建以马兰村晋察冀日报社旧址为中心的抗战文化主题区。

④抗战情景体验区：主要在镇区东南部山区地带，布局以战役场景体验、军事拓展训练、抗战模拟体验等项目。

4. 培育两园

建设现代产业化基地。以优化总体布局、突出现代产业特色为导向，按照功能协调互动、产业相对集聚的布局原则，构建新型工业园和生态农业园。

①新型工业园：处理好景矿关系，避免在中心镇区位置、未来主要旅游景区以及连接景区主要交通要道周边进行矿产开发：第一，适当集中于远离旅游休闲度假景区的沟谷地区，避免对旅游环境造成破坏；第二，结合未来交通路网规划，尽量靠近主要对外交通干线便于运输，但避免与旅游路线相重合造成道路客货混运的现象。

②生态农业园：重点推进大枣、板栗、畜禽养殖、生态休闲农业四大特色农业基地建设，打造全省生态休闲农业示范区。一是布局在镇区东部的高标准生态奶牛养殖和无公害畜禽养殖为主的生态养殖基地；二是布局在镇北的万亩大枣科技观光基地；三是镇区东部的生态休闲农业示范基地；四是镇区西北部的板栗种植基地。

六、多方协作

红色旅游小镇的建设和运营与其他旅游小镇的最大区别在于，政府开发占据绝对主导地位。然而这种形式产生的弊端也逐渐显现，主要表现在过度的行政干预使市场力量得不到充分发挥，因此发展活力不足。在产品的打造、包装、宣传、营销、后续服务等方面，政府也往往存在滞后性，而开发商的市场运作以提高收益为目标，因此会尽量为游客提供较为完善的服务，较快满足游客需求。所以在融资、产品打造、营销、评估、经营等各个环节上重视市场的力量，发挥开发商的优势和作用显得尤为重要。然而，政府重视地方经济发展、开发商企业以盈利为出发点、居民从自身生活需要角度认识，旅游者更多的是考虑自身的旅游体验，正是由于需求角度的不同，因此在小镇开发建设过程中，必须以尊重各方利益为原则，充分调动社会资源，协调好政府、开发商、居民、及旅游者之间的关系，最终形成多赢发展的局面。

第四节 规划实施与保障

规划中的实施步骤和战略重点是地方推进规划平稳有序落地的保障和抓手。红色旅游小镇的发展建设是系统工程，首先要以规划先行，并且在规划中制定明确的实施步骤、近中远期工作重点，以及有效的实施途径，避免项目出现无法推进或者重复建设等情况。

一、巩固强化规划先行

城镇建设与发展需要规划指导，特别是战略规划明确发展方向的基础上，各类专项发展规划以及配套建设规划的制定和落实是保证战略有效实施的必要途径。

1. "三规合一"强调镇域空间整体规划

"三规合一"是指将国民经济和社会发展规划、城镇总体规划、土地利用规划中涉及的相同内容统一起来，并落实到一个共同的空间规划平台上，各规划的其他内容按相关专业要求各自补充完成。对于城南庄镇，既以整个镇域为一个空间规划平台，在战略规划指导下，制定在规划安排上互相统一的发展、建设以及土地规划，同时加强规划编制体系、规划标准体系、规划协调机制等方面的制度建设，强化规划的实施和管理，使规划真正成为建设和管理的依据和龙头。

2. 具体专项规划配套实施

新镇区需要编制控制性详细规划，并使具体旅游产业发展规划及旅游文化产业项目策划融合到城镇规划建设中去，同时在实施过程中强调文物保护规划的重要作用。

二、开发建设兼顾整体性与时序性

在规划之初既需要形成整体开发的思路，同时根据资源分布和资金持有状况制定分阶段实施方案，重视开发的时序性。城南庄的规划中根据开发的时序性将旅游文化产业空间分为核心区、控制区、和拓展区。如图所示，镇区即纪念馆所在地以及其西侧西阜高速引线新镇区位置为近期开发重点，使其成为"核心区"。以西部马兰村为中心则先以保护为重点，特别是晋察冀日报社旧址、马兰惨案纪念碑等具有重要历史价值的古迹，结合马兰小乐队（由邓拓同志之女邓小兰老师组建，当地青少年组成）适当开发，打造"红色马兰、音乐马兰、生态马兰"，使这个区域成为"控制区"。"拓展区"主要包括镇域其他仍具有开发潜力区域，例如北部花山、南部的领袖温泉等，近期以保护为主，为未来进一步拓展，并结合生态旅游开发留有余地。近期为能集中力量在核心区域聚集商气和人气，留住更多的游客，可以将控制区与拓展区的旅游资源在对外宣传推介上，与核心区项目一并推出进行展示，以达到预报和展望的效果。

三、明确各阶段工作重点

城南庄发展的三个阶段以及各阶段工作重点分别是：

①宣传推广期：旅游推广与投资促进。

②集中建设期：文化产业园区建设。

③巩固发展期：服务基础设施配套。

此处特别强调规划实施初期需要将旅游推广和投资促进作为工作重点。如上文提到的主题形象是红色旅游小镇发展的核心，因此主题形象的树立和宣传在开发初期应作为重中之重，并且贯穿始终。宣传上的成功不仅能吸引更多游客的注意，产生旅游冲动，也能吸引更多投资方的兴趣，吸引更多人流和资金流的进入，形成旅游发展的良性循环。"中

国·城南庄":新中国在这里孕育,作为城南庄的宣传定位,强调了城南
庄在中国革命史上的重要作用和不可取代的历史功绩,要想了解中国共
产党的这段历史城南庄是不能不去的地方。这样不但吸引更多进行党史
教育的团体和对革命历史文化感兴趣的人到城南庄,也能吸引一些革命
先辈的后代子女如邓小兰女士,利用他们的人脉资源,为城南庄旅游建
设投入更多的人力和物力支持。

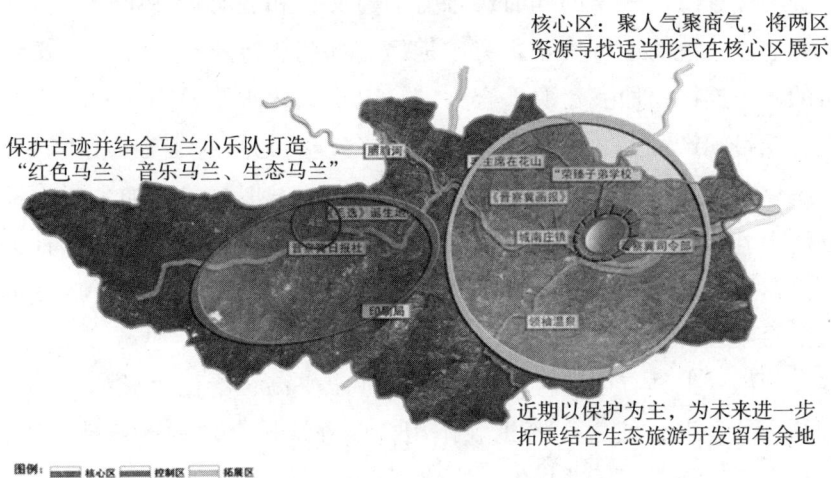

图 9.6 城南庄镇旅游空间开发示意图

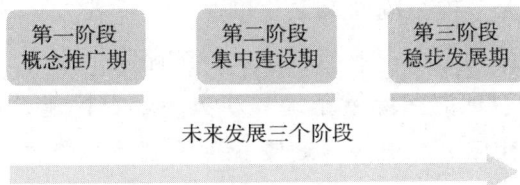

图 9.7 未来发展阶段示意图

四、加强相关政策创新

1. 旅游文化产业政策创新

文化产业法规政策的制定,对于改善文化产业投资环境,加强文化
市场管理,满足多样化、个性化的文化消费,拉动内需,促进地方综合

实力的提高具有重要作用。当前，文化产业法规政策滞后，影响了文化产业的蓬勃发展。譬如，文化企业用地政策，税收政策、金融政策等问题，若不考虑文化产业的特殊性而与其他产业等同对待，势必迫使文化产业放弃思想教育，审美教育等内在功能，以追求利润最大化为唯一目的，造成没有文化理性、科学理性、审美理性的利润争夺和文化衰落，违背了发展文化产业的根本目的。

因此，各级政府应在盘活文化与旅游资源的存量，扩大增量，优化两大资源配置以及融合的同时，着力构建文化和旅游产业融合的协调机构，并建立良性的运行机制，突破地区、部门、行业壁垒，实行文化与旅游的无缝连接，加大资源整合力度，以集约化水平着力构建具有国际水平的项目和产品策划，建设相应的平台，实施政府主导、市场引导、企业主体、社会参与、群众收益、持续利用的发展战略，加大引导性资金的注入，鼓励多元化经营与多元化资金投入，建立财政投入、社会资本、民营资本以及海外资本多渠道投融资机制，支持一些条件成熟的文化旅游企业上市，并进一步支持其参股、控股、兼并，收购旅游企业，做强、做精一批具有创新性竞争力、专业水平高、特色明显的文化与旅游相结合的企业，使之发挥旗舰作用，促进结构合理的产业体系形成，聚集社会各种资源，促进文化与旅游产业的融合提升。

2. 小城镇建设发展改革试点

小城镇建设是一项系统而又繁重的工程，需要大量细致完善的政策为其提供保证。特别是在产业与城镇发展战略期，需要组织专人研究成熟地区政策，结合地方实际就土地复耕方案、农村建设用地流转制度、拆迁补偿制度、房屋分配流程、城镇管理体制、综合执法体制、城镇市容管理方式、小城镇物业管理方式等方面制定相应政策和措施，完善创新小城镇建设管理体制，确保小城镇建设工作与经济社会发展相协调，保证长期可持续推进。

由国家发展和改革委城市和小城镇改革发展中心负责指导的全国发展改革试点小城镇经过十多年的实践和探索，为中央有关城镇化政策的出台提供了大量研究和咨询成果。过程中，各试点小城镇进行了户籍制度、规划体制、完善农民工公共服务、城乡土地挂钩、节能减排、特大镇管理体制等方面的改革试验探索，为地方创新发展提供了先行先试的机会，也为国家有关城镇化政策的形成提供了重要的支撑。因此，积极申请小城镇（市）发展改革试点对于城南庄镇发展具有现实意义，在为国家探索扩大试点内容提供实践经验的同时，也为未来城南庄镇长期持续稳定发展提供良好的政策创新支撑。

五、发动广大社会力量

1. 争取相关政策资金扶持

红色旅游的发展得到国家战略层面的支持，朱之鑫在 2011 年全国红色旅游会议上的讲话上强调，"中央已将红色旅游发展纳入《国民经济和社会发展第十二个五年规划纲要》、《国家'十二五'时期文化改革发展规划纲要》及其他相关规划，各地也要将红色旅游发展纳入本地区'十二五'经济社会发展规划和相关行业发展规划，在人力、物力、财力等方面落实保障措施。"在《关于支持和促进革命老区加快发展的若干意见》中提出的着力推进老区产业集聚和优化升级，其中也有"大力发展红色旅游"的相关内容。已经列入国家"十二五"规划红色旅游经典景区和红色旅游景点的地区，可以积极争取中央投资和安排省级扶持资金。

2. 探索相关机构支持

探索机构支持对于像城南庄这样的拥有众多中央国家机构前身的小镇来讲更具优势，是一条可行的有效途径。机构支持的途径可以多种多样，如通过帮助修缮维护历史遗迹，保留机构的历史根基；组织新员工寻根溯源，进行革命传统教育，加强对机构历史文化厚重感的亲身体验；或设立培训基地，定期组织学习交流；与当地的中学小学建立帮扶和支教关系等等。

3. 发挥先烈后代的社会影响力

马兰小乐队的影响不容忽视，通过与北京音乐台形成一帮一互助对子和 2012 年参加北京春晚演出等活动，由邓拓之女邓小岚老师指导的马兰小乐队在北京地区的影响力不断加深，刘延东国务委员亲自接见并大力赞赏他们取得的成果，强化了马兰小乐队的政治和文化意义，为宣传马兰以及城南庄提供了绝好机会，孩子是未来而音乐无边界，这在一定程度上改变了城南庄不为人知的局面，会在很大程度上使城南庄更快速地纳入旅游者的视野。因此加强宣传像邓小岚女士这种老一辈革命先烈后代这种回馈革命老区的感人精神，有利于广泛带动社会各界对城南庄发展的关注与支持。

六、形成有效反馈机制

在规划实施过程中注重统计资料的收集与保存，实时监督规划实施情况，形成有效反馈机制，及时调整保证正确的发展方向。按照"统筹协调、分工负责"的原则，进一步健全责任制，加强考核评价和民主监督，动员和引导社会广泛参与，确保规划分阶段有效落实和发展目标的如期实现。

1. 统筹进度安排

根据战略期城南庄经济社会发展的特点，合理把握规划实施的阶段重点和建设节奏；主要围绕红色旅游文化产业园区建设，重点推进西阜高速连接线两侧新镇区建设，做好各项筹备工作，为全面实现战略目标创造良好的经济、社会、文化、自然环境；制订实施好年度发展计划，围绕战略规划确定的发展目标和主要任务，明确进度要求和具体政策导向，确保规划目标任务有计划、按步骤地得到落实。

2. 完善考核评价

镇政府各部门要按照职责分工，将战略规划确定的相关任务纳入本部门年度计划，明确责任人和进度要求，切实抓好落实，并及时将进展情况向镇政府报告。按照科学发展观的要求，进一步改进考核方法，完善评价机制。

3. 加强实施监督

进一步加强规划实施的监督，建立健全重大事项报告制度，定期将规划目标和主要任务的进展情况向镇人大常委会报告，向镇政协通报。进一步扩大政务公开，强化信息引导，面向企业和公众，积极广泛地组织好规划宣传，及时披露相关政策和信息，给市场主体以合理预期和正确导向，形成全社会关心规划、参与实施和共同监督的良好氛围。发挥新闻媒体和群众社团的桥梁和监督作用，健全政府与企业、市民的信息沟通和反馈机制，促进规划实施。

4. 搞好滚动衔接

组织好规划实施的监测和中期评估，积极借助社会中介组织力量，多角度分析评价规划实施效果和政策措施落实情况，及时发现问题和提出改进意见，保障规划目标实现。加强重大战略问题的跟进研究，不断探求解决问题的新思路、新机制、新办法，为本战略规划的有效实施和滚动发展规划的研究制订创造条件，促进城南庄镇社会发展总体战略目标的有机衔接、逐次推进。

课题组主要成员：文　辉　荣西武　郁　望

第十章 边疆民族地区规划
——以新疆疏附县兰干镇为例

执笔：叶伟春

第一节 规划思路与分析

一、发展现状

兰干镇地处南疆喀什地区疏附县境内。疏附县是一个典型农业大县，也是一个以维吾尔族为主，多民族聚居的地区。兰干镇是一个维吾尔族占绝大多数的农业乡镇、民族乡镇，目前还谈不上城镇化。兰干镇和南疆很多乡镇情况类似：小城镇普遍发育程度低，规模不够大，受绿洲经济的环境条件约束，大部分小城镇目前的人口规模不足，二、三产业发展滞后，农业比重偏大，缺少支撑财政收入的支柱企业；产业结构单一，主要表现为单一的农牧业生产类型，农牧业生产条件相似，生产结构类同，产品生产主要是农业产品和初加工产品；由于生产力水平较低，形成了自给自足式的生产，专业化生产和商品流通不发达；生产力布局分散，导致商品流通费用增大；小城镇建设落后，没有像样的镇区；基础设施和公共服务设施缺乏，相当于上世纪80年代初的东中部地区乡镇。

二、制约因素

导致兰干镇发展的制约因素主要有：一是规划滞后。缺乏科学合理

叶伟春：国家发改委城市和小城镇改革发展中心发展改革试点处助理研究员。

的发展规划和战略措施，规模和建设档次低、积聚能力有限、规划设计趋同、建筑式样单调、千篇一律的现象突出；二是产业落后。缺乏支柱性产业，现有乡镇企业规模太小，难以给小城镇形成集聚效益；三是资金匮乏。资金筹集困难，财政上的拮据和发展滞后的二三产业，难以为农村小城镇后续发展提供足够的资金；四是体制约束。管理体制不合理，对小城镇发展的政策、农村城镇化规律缺乏研究和重视。

三、基本思路

基于兰干镇发展的现状，兰干镇经济社会协调发展首先要把稳中求进作为基本原则，坚持跨越式发展，实施"农业稳镇、商贸富镇、文化兴镇、改革活镇"发展战略，正确处理好经济发展与社会稳定的关系，民生发展与民族团结的关系，小城镇建设与新农村建设的关系，产业发展与空间布局的关系，外部援助与自力更生的关系，加快建设有南疆地区特色的"生态兰干、魅力兰干、幸福兰干"。

第二节　规划目标与定位

一、兰干镇所处的发展阶段分析

判断兰干镇所处的发展阶段对于制定发展措施具有重要指导作用。我们一般以一个地区进入工业化发展阶段的不同节点来描述。工业化是任何国家或地区发展都必须经历并不可逾越的一个历史进程。工业化发展具有明显的阶段性，而在不同的工业化发展阶段，产业结构变动的程度和经济的增长速度有明显的不同，工业化的特征和任务也不同。因此，科学地把握兰干镇当前所处的工业化发展阶段，是正确选择今后一段时期产业结构调整的方向和着力点、顺利实现产业升级的前提。根据相关文献，工业化发展阶段可以从三个方面进行判断：人均 GDP、城镇化水平、产业结构。

1. 基于人均 GDP 的判断

人均 GDP 是综合反映经济发展水平的重要指标，也是反映工业化阶段的直观指标。一般而言，人均 GDP 水平与工业化程度成正比。美国经济学家钱纳里经过研究，给出了工业化不同发展阶段人均 GDP 的增长情况，如表 10.1 所示。

表 10.1　　　　　　钱纳里工业不同发展阶段的 GDP 水平　　　　　　单元：美元

阶段	人均 GDP			发展阶段描述	
	1964 年	1970 年	2005 年		
1	100～200	140～280	745～1490	初级产品生产阶段	准工业化阶段
2	200～400	280～560	1490～2980	工业化初级阶段	工业化实现阶段
3	400～800	560～1120	2980～5960	工业化中级阶段	
4	800～1500	1120～2100	5960～11170	工业化高级阶段	
5	1500～2400	2100～3360	11170～17886	发达经济初级阶段	后工业化阶段
6	2400～3600	3360～5040	17886～26829	发达经济高级阶段	

考虑各个时点人民币对美元的汇率不同以及通货膨胀因素的存在，在进行对比分析时，必须把不同国家或地区不同时点上的人均 GDP 转化在同一时点上，同时考虑购买力差异的影响，才具有可比性，才能得到正确的结论。

2011 年，疏附县全年完成生产总值 25.23 亿元，人均 GDP 为 7692元，按 2005 年不变价计算的疏附县 2011 年人均 GDP 为 939 美元，比照钱纳里标准，可判断疏附县处在初级产品生产阶段，即准工业化阶段，疏附县还是一个以农副业和初级产品生产为主的地区。兰干镇是疏附县典型的农业乡镇，也处于这一发展阶段。

2. 基于城镇化水平的判断

城镇化与工业化相伴随，两者相互促进、相互制约。城镇化水平是衡量工业化进程的一个重要指标。城镇化水平一般用城市人口占总人口的比例来衡量，当此比例超过 50% 时，被认为基本实现城镇化，此时经济大体处于工业化中期阶段，当此比例超过 70% 时，被称作高度城镇化，此时经济大体处于后工业化阶段。而我们可以看到，兰干镇除个别人以外基本都是农业人口，是一个农业镇，城镇化水平还相当落后，是一个农业乡镇。

3. 基于产业结构的判断

根据库兹涅茨假说，工业化进程是三次产业占国民收入比重变化的过程，特别是第二产业与第三产业增加值比例提高的过程。钱纳里提出了不同工业化时期的标准结构，即三次产业增加值比重，工业化初级阶段 37：16：47、工业化中期 18：27：55、工业化后期 6：39：55。

兰干镇农业产业产值占绝大部分比重，可见还达不到初级阶段的标准，还处于农业发展向工业发展转型的阶段。

总的来看，我们可以做出判断：当前兰干镇处于农副业和初级产品生产阶段向工业化初级阶段转型的时期。同时，兰干镇也处在社会事业不断优化发展、空间环境不断改良发展的重要阶段。

二、兰干镇发展的定位与目标

思路决定出路。兰干镇是一个维吾尔族群众占绝大多数的农业乡镇，目前还谈不上城镇化。兰干镇和南疆很多乡镇情况一样，目前生产力布局分散，导致商品流通费用增大；产业结构单一，主要表现为单一的农牧业生产类型且相邻的绿洲生产条件相似，生产结构类同，产品生产主要是农业产品和初加工产品；自然环境和生产力水平的低下，形成了自给自足式的生产，专业化生产和商品流通不发达。要做好兰干镇的社会经济发展工作，必须定位于自身农业乡镇的现实，用超常规的发展思路，创新的工作理念，稳扎稳打的工作态度，"四两拨千斤"的资金运作模式，才能取得显著的成效，并将兰干镇打造为"生态兰干、魅力兰干、幸福兰干"。

兰干镇的发展要坚持"农业稳镇、商贸富镇、文化兴镇、改革活镇"的理念，立足于农业镇的现实基础，稳步发展有限工业和相关服务业，将兰干镇发展为：南疆地区小城镇建设的典型示范乡镇；大喀什"一市两县"地区的重点乡镇；喀什地区农副产品供应基地之一；喀什地区城乡结合部的蔬菜和特色农产品交易中心。

三、发展兰干镇的示范意义

疏附县兰干镇同喀什地区乃至南疆地区众多乡镇一样，有着类似的自然资源条件、经济社会发展历史和水平、人力资源状况以及面临的发展机遇和挑战，因此兰干镇的小城镇建设有着积极的示范意义。特别是如何把握援建机会将人力、物力的投入效益最大化，兰干镇正面临着大胆尝试的机会，一旦其建设成功在同类区域将有着切实推广的实际意义。

规划先行，把握住典型性、地区性、民族性、示范性、经济合理性等规划基本原则，特别是在经济合理性、可行性上按照"花小钱、办大事"的原则，以政府有限的资金投入带动社会资本共同开发，建设兰干小城镇，起到"四两拨千斤"的作用，以社会经济发展规划的编制实施对南疆地区的农村乡镇发展起到重要示范带动作用。

第三节　规划任务与措施

一、以三产发展为抓手，带动二产和一产的发展，营造活力兰干

1. 农业以稳步扩大发展为主，突出特色化、规模化、科技化、信息化

考虑到兰干镇仍处在农业发展阶段，兰干镇需要发挥农业资源优势，力图多渠道强农富民，包括科学发展现代林业、积极发展现代果品业、培育重点农业龙头企业、加强畜牧业组织管理，规范发展家庭养殖业，同时加强农业发展支撑体系建设，包括加强农业节水技术改造升级、完善农业科技服务、加强农业合作社建设和管理、加强信息化建设，成立镇农产品信息咨询中心等。

农业产业化过程中有多种可以选择的发展模式，兰干镇应结合自身经济发展的水平、区位因素以及现有设施条件选择最适合自身特点的农业产业化道路。一是"公司＋农户"的经营模式，"公司＋农户"模式还有一种变形，即"公司＋基地（中介）＋农户"；二是"合作社＋农户"的经营模式；三是"行业协会＋农户"模式；四是"专业市场＋农户"的模式；五是"龙头产业＋农户"的模式。对于兰干镇来说，选择哪种模式来发展农业，实现农业的产业化升级，取决于不同农产品的特点和不同模式对资金、技术以及人力资源等要素的要求。

粮食安全涉及兰干镇的社会稳定，必须把保障粮食的稳产增产放在经济工作的首位，做好小麦、玉米等粮食作物的稳产增产工作。兰干镇玉米和小麦仅以种植为主，缺乏深加工，处于产业价值链的低端，农产品附加值极低，造成农户种植玉米和小麦得不到较高的经济效益。兰干

镇必须走农产品深加工的道路，延伸粮食作物的产业链，占据价值链的高端，提高农户收入。

2011年，林业对兰干镇的经济贡献仅次于小麦，兰干镇的林木种植已经达到26505亩，超过了小麦的种植面积。而且，林业的发展具有很强的正外部性，对于防止水土流失，保护兰干镇生态环境具有重要战略意义。兰干镇的地形成北高南低态势，发展林业经济应该因势利导，因地制宜，合理规划布局，不同的地形种植不同种类的林木，充分利用土地资源，充分考虑环保效应，起到发展经济与生态环境的双重功效。林业产业只由政府主导不能产生最大的经济利益，只由企业和农户主导又不能达到资源的最优配置，起不到经济效应和生态保护的双重作用。因而，必须由政府出面组建专业的行业协会指导兰干镇的林业发展，一方面整合林业资源，引进并培育龙头企业引导林业进行市场化发展；另一方面指导产业合理规划布局，起到林业的生态作用。即应当采取"行业协会＋农户"的模式发展兰干镇林业。

兰干镇经济作物种类丰富，主要有红枣、核桃和杏等特色林果产品，绿色蔬菜、马铃薯和黄萝卜等蔬菜作物，随着中国社会城镇化的不断发展，健康绿色农产品需求日益旺盛，经济作物发展潜力巨大，兰干镇应该抓住这一历史机遇，深入发展蔬菜产业和特色果品深加工，把它们打造成为促进未来经济增长的重要引擎。兰干镇应重点扶持和发展西圣枣业和翔海实业等具有增长潜力的农产品加工企业，深化深加工产业链，加大政策上的优惠和扶持，给予企业税收和土地上的支持，帮助企业做大做强，带动镇农业产业化发展。要做大做强兰干镇农业产业，必须打造拳头产品，走高附加值的品牌化农业道路，集中资源培育优势农产品，向先进地区学习品牌化建设，如寿光蔬菜和涪陵榨菜等，力争将兰干打造成为与之齐名的疆内乃至全国著名的特色果品生产、加工和贸易基地之一。

兰干镇是典型的农区而非牧区，畜牧业的发展方向和目标应以自我平衡供给为基础，适当控制规模，以养殖业科技进步为突破口，提高个体生产水平为目标，有选择地发展特色养殖业，兼顾与大农业其他各业的协调发展。从农业产业比较效益结果出发，恰当地选择畜牧业产业发展路径。

做大做强第一产业和农业经济的转型升级离不开农业发展支撑体系的建设,只有支撑农业发展和转型的配套设施和制度跟上了,实现农业产业化发展的口号才不是纸上谈兵。农业发展支撑体系的建设主要包括三大方面。首先是完善的基础设施,包括农田水利设施,道路交通设施,商贸物流仓储设施等;其次是完善的制度体系,包括合理的产业规划,有效的政策激励,创新的组织结构,科学的人员配备等;最后是人力资源和信息体系要跟上产业结构的升级。

2. 工业以节能环保型工业发展为主、突出农副产品加工、建材等,以解决富余劳动力就业

作为一个生态脆弱的地方,兰干镇要以保护生态环境为主,发展节能环保型工业,挖掘优势,做大做强农产品加工产业,充分发挥援疆项目的带动力,变输血为造血。发展飞地经济,加大招商引资力度,以县级工业园区为平台,引进符合疏附县产业发展的企业。

兰干镇目前产业类别分散,企业规模小,效率低下,就业容量不足。应该规范引导砖厂、砂石厂集合积聚,做大做强,在防止污染、安全生产的前提下提高发展质量和发展规模,满足当地经济发展需求和提供就业岗位。采取灵活的政策措施,多渠道鼓励乡镇企业的发展,探索不同的乡镇企业发展模式,为兰干镇工业化打下基础。

(1)鼓励农民创业,发展创业带动就业型乡镇企业

促进农村能人和农民工回兰干镇创业,大力发展新型劳动密集型产业、生产性服务业和与规模企业配套的产业,形成以创业带动就业、以就业促进创业的格局。同时,加大兰干镇创业者的政策扶持力度,给予适当的技术支持和市场扶持。

(2)加快农业经济转型,发展农业产业延伸型乡镇企业

引导兰干镇农民和农村专业合作组织根据农业资源优势和市场条件,大力发展农产品加工及储藏、运输、保鲜、包装和流通业,逐步形成优势农产品生产和加工产业带,努力提高农民的组织化程度和农产品的市场化程度。

(3)走科技兴业道路,发展科技创新型乡镇企业

产业链微笑理论认为,产品附加值在科研和品牌销售环节最高,而

生产加工环节附加值较低。因而要引导兰干镇企业建立自己的技术研发中心，逐步实现自主创新，实施品牌战略；大力发展产学研结合，形成集成创新；不断引进国内外先进技术，实现消化吸收再创新。通过各种渠道，大力培养经营管理人才、专业技术人才和职业技能人才。

（4）提高资源利用效率，发展循环经济型乡镇企业

兰干镇并不是一个资源大镇，相反，其发展还受到能源、水利、土地和资金等各种资源的制约。因此，兰干镇的发展必须提高发展效率，按照节约能源、节约用水、节约用地、节约材料、加强能源资源综合利用原则，推行清洁生产，严格执行环境影响评价制度，积极治理污染项目，保护生态环境，形成企业内循环、产业内循环和区域内循环的循环经济。

（5）利用区位优势，发展对外开放型乡镇企业

喀什作为我国西北重要的边陲重镇，具有重要的战略位置，自古就是丝绸之路上的明珠。改革开放之后，喀什成为我国连结中亚各国"五口通八国，一路连欧亚"的重要枢纽。兰干镇作为喀什的西部门户，在区位上具有得天独厚的优势。因此，利用这一优势，发展对外开放型乡镇企业应该是兰干镇的重要选择。对此，兰干镇应该积极参与国际国内产业分工，搭建国家间、地区间、城乡间和企业间的"产业梯度转移承接平台"，引导东部沿海企业按照互惠互利、合作双赢、共同发展的原则，在兰干以投资设厂、参股入股、收购兼并、技术转让等多种形式兴办乡镇企业。引导规模企业不断延长产业链，裂变新企业，带动配件配套企业，形成"雁阵效应"。利用区位优势、劳动力优势、特色资源优势，合力打造外向型工业经济。

3. 服务业以新建及扩大发展为主，突出商贸物流、农产品交易、民俗旅游和餐饮等

科学运作新建农贸市场，发挥功能，先聚集人气，再聚商气，培育商业氛围是未来兰干镇发展的重点。要建设符合民族特色的商业街，挖掘特色果品采摘和民族餐饮特点的旅游元素，发挥优势，加强与周边旅游景点的联系，努力发展旅游线路的空间节点，谋划成立镇开发投资公司，全面运作镇有关资源。

兰干镇要积极发挥镇农贸市场优势，做活本区域内蔬菜农产品和小商品交易，争取和广东商品城同等政策优惠，吸引周边乡镇的参与。首先，通过市场的建立、管理水平的提高，为广大生产者提供农产品供需要求、价格信息，引导农民按市场需求调整结构，进行生产，为广大消费者创造一个丰富多彩的购物平台，为农业架起一个以流通促生产的桥梁。其次，扩大交易规模，以品种多、质量优、批量大、价格稳定的产品满足市场需求，形成健康、有序的市场竞争环境。最后，要规范市场经营秩序，提高市场管理水平，增强市场活力，更好地发挥市场在区域经济中的辐射和带动作用。为此，一是市场设立信息发布中心，包括电子信息发布平台、咨询中心、供需黑板报等形式，为广大生产经营者搭建一个信息平台，及时提供国内外农产品供求、价格、技术、金融等信息，为客商和消费者提供产地价格、供应量、经济技术条件、产品质量、品种品牌等信息，形成产供销、国内外双向信息交流。二是对进入市场的商品加强卫生、检疫、计量、标准等行政监督，以保护消费者的权益。三是规范管理，市场交易中废除一切地方保护行为，杜绝市场内的缺斤少两、欺行霸市等行为。对区内区外客商一视同仁，营造一个公开、公平和竞争有序的市场环境。

考虑到兰干镇农户知识水平程度，普及网络和在农户中推广 C2C（消费者对消费者）网络销售模式很困难。因此可以利用龙头企业、行业协会以及专业合作社在淘宝等电子商务网站注册商铺的方式，构建 B2C（企业对消费者）销售平台，通过网络营销推广兰干镇农产品，打响兰干镇农产品品牌，拓宽农产品流通渠道。

兰干镇紧邻喀什市，发展观光农业、采摘农业具有得天独厚的优势。将兰干镇打造成为南疆知名的观光农业旅游示范点，应当努力开发多种观光农业模式，一是发展现代生态农业旅游模式，创建舒适、环保的农业自然资源和农村人文环境，集合科普教育、物种试验、休闲观光、体验农作、享受乡土情趣等元素，还包括住宿、度假、游乐等；二是打造特色乡村休闲游模式，以乡村的生活、乡村文化、特有的民俗风情为核心，开发具有浓郁乡村特色和民族特色的农业旅游项目，开展以"吃农家饭、干农家活、住农家屋、享农家乐"等主题的休闲、娱乐、体验活动；三是农业贸易游模式，充分利用本地特有的民俗风情、传统工艺、民间艺术等，在景区集中建立特色农业贸易市场，使其成为景区的重要组成部分，为游客提供免费观赏本地民间艺术、民俗文化、特色农产品等，通过这种形式吸引游客，带动本地产业的品牌宣传、农产品消费，创造商机，增加农产品的附加值，扩大旅游市场的影响力和竞争力。针对目前具有参与性的旅游产品总是能够保持旺盛生命力的特点，兰干镇餐饮业的发展应围绕观、尝、参与加工、购、娱等环节，设计体验式餐饮旅游。同时，兰干镇应该加强同南疆各旅游景点的联系，努力发展成为知名旅游路线的空间节点。

二、以镇区建设为载体，调整优化空间格局，建设魅力兰干

1. 选择适合兰干发展的小城镇发展模式

目前，比较典型的小城镇发展模式主要有以下几种：①小城镇为主导的苏南城镇化模式；②私人资本推动型的温州城镇化模式；③外资推动型的珠江三角洲城镇化模式；④城市融合扩张型的长株潭一体化城镇化模式；⑤飞地型的张家界城镇化模式。

以上五种城镇化模式主要是以乡镇企业、民营经济、加工工业、旅游业的发展以及农村工业化的加快、外资的引进和城市群的带动为基础促进当地城镇化的发展，这对新疆地区城镇化的建设具有重要的启示意义。通过借鉴国内城镇化发展的成功经验，结合喀什地区的实际提出兰干镇小城镇发展模式。

一是加快优势产业农业和农业加工产业的发展，培育大中型农业企业，推动农业特色型城镇建设；

二是加快节水型加工工业发展，发挥援疆项目带动作用，推动资源型城镇建设；

三是加大对外开放和宣传营销力度，创新商贸物流产业发展，推动边贸型小城镇发展；

四是加快投资公司平台建设，发挥招商引资作用，灵活运用各类资产和土地资源，建设金融助推型小城镇；

五是加快旅游空间节点建设和民族特色餐饮业的发展，推动飞地型城镇建设。

2. 调整优化空间布局

结合兰干镇小城镇发展模式的探索，在空间布局上，要加快核心区建设，增加商业氛围，集聚人气，保护环境、保护水源、保护生态，加快发展农业和农产品加工业，结合产业发展的分析和交通路网的建设提出各类功能区的分布，加强兰干镇核心区建筑风貌设计与规划，同时抓紧确立镇城体系布局，确定核心村、重点村，一般村。

根据兰干实际发展情况，兰干镇都市休闲农业配置在兰干镇八村所在区块，以更好地与市场衔接；农副产品加工业布置在兰干镇西侧，以减少对上游水源的污染；生态园区域发展成为高端的生态旅游区；商业主要布置在核心区，特别是商贸街和集贸市场地带。

3. 保持民族建筑风格和特色

作为民族地区，要注重民族建筑风格，建造符合地方特色的民居民宅，经济适用，以民为本，体现建筑文化的传承。要改善住房困难群众的居住条件，确保百姓住有所居，同时要科学规划生态园建设，提高园区知名度。

4. 加快未利用地开发利用

作为戈壁地区，在土地利用上，要有效利用土地资源，科学开发戈壁资源，加快农村建设用地整理，探索农用地流转模式。

三、以突出保障民生为目标，维护社会稳定，构建幸福兰干

1. 坚持以民生促稳定

根据南疆地区的历史和现状，维护社会稳定，促进民族团结和文化融合是当地任何时候社会经济发展的基础保障，要加强警力装备和警务合作，防止国外三股势力的渗透，同时群策群力，群防群控，加强维稳工作力度，创建平安乡镇，要以平等、尊重为前提加强民族认同和文化融合，增进民族情谊，通过各种途径加强维护祖国和谐稳定大局的宣传力度。

2. 坚持以公共服务促发展

要提高镇医疗卫生水平，加强农村艾滋病等各类疾病预防。完善体育设施，树立健康生活方式。培育养老敬老传统美德，关心残疾人健康

成长。保护生态环境，建设村容整洁的社会主义新农村。抓紧建设垃圾处理中心，科学管理水源地，有效利用各类水资源。要加强基础设施规划，有序推进镇村公路硬化工作，盘活村集体场地和闲置设施，增加村级财政收入。要加强经营城镇的理念，广开融资渠道，打造特色产品，塑造城镇品牌。

3. 坚持以教育促融合

对少数民族群众而言，要改变落后的现状，走出家门面向全国乃至世界，首先要过语言关，让少数民族群众掌握国语和母语，是事关新疆社会经济全面发展的大事。语言基础是继续高等教育，接受后期职业培训，优化人力资源，提升劳动力素质的基础保障。掌握好语言能够使少数民族群众切实可行地脱离地域限制，对其开拓眼界有着实际性的帮助意义。同时，新疆地区的双语教育应该是广义上所指的双向教育，语言的学习不是仅限于单方面。在新疆特别是领导干部、公职人员想要深入透彻地了解现状，进行有效的沟通，更好地开展工作，学习当地语言势在必行。但南疆地区各个学校都存在双语优秀教师短缺的问题。要积极引进双语师资，提高双语教学水平，发展双语教育，提出加强双语教学对于提高兰干镇群众思想素质，促进汉族和其他少数民族之间的交流能力的重要意义。提出加强父母教育，逐步引导孩子求学成才理念的形成。

表 10.2　　　　　　　兰干镇农村双语幼儿园师生基本概况

序号	幼儿园	教师数	幼儿数	入园率（%）
1	中心双语 幼儿园	5	139	99.5
2	阿克吾依拉（1）村双语幼儿园	1	78	98
3	苏鲁格（2）村双语幼儿园	5	179	99
4	玉吉米力克（7）村双语幼儿园	4	144	98
5	康迪尔（8）村双语幼儿园	4	100	98
	合计	19	640	98.5

4. 坚持以管理创新促和谐

兰干镇要创新社会管理机制，探索干部管理制度改革，加强村级组织建设和干部管理，切实保障村干部收入，增加国家干部编制到村。加大干部培训力度，让本地干部切实增长见识，加强人才引进，用感情留人，用发展机会留人，营造尊重人才的工作氛围，提高镇村干部水平和素质。

第四节　规划实施与保障

一、规划实施所需的扶持政策

①授予镇政府一定的县级管理权限，包括对撤销的原七站八所的处置权等。

②按照镇级政府规划建设新的组织架构，授予镇党委、政府一定的机构设置、编制和人员调配、激励制度制定和奖金分配等权限。

③切实增加兰干镇援疆资金和扶贫资金分配比例。

④对兰干镇农贸市场和商业街建设争取享受援疆项目广东商品城同等政策优惠。

二、重点项目和资金投入

兰干镇要对重点项目和资金投入进行引导。国家财政和各类援疆和扶贫资金应用于确保民生类公共服务项目的建设，非公共服务类项目可以积极引进民间投资参与市场运作。

同时，兰干镇要抓紧成立镇投资开发公司运营相关资产和产业。加强援疆和扶贫资金管理，确立扶贫重点方向。

①镇行政办事中心。使用援疆资金。

②镇农贸市场。使用援疆资金和民间投资资金。

③镇核心区商业街。使用援疆资金和民间投资资金。

④镇农产品信息资讯平台。使用援疆资金引导，主要使用企业资金和民间投资资金。

⑤镇核心主干道路硬化和路网建设。使用援疆资金，并通过援疆资金引导使用受益企业的企业资金。

三、组织管理与实施

按照"县组织、镇实施"的方式，成立由县委书记或县长任组长、副县长或县长助理任副组长的兰干镇小城镇开发建设实施领导小组。

兰干镇小城镇开发建设实施领导小组主要职责是：

①按照"三规合一"规划的相关建议措施开展工作。

②督办镇投融资平台建设、红枣专业市场建设、小城镇环境整治、农贸市场建设、商业街建设和主干道硬化等地方重大民生和经济工程。

③加强对外交往工作，开拓和内地的多种经济和社会联系，维护少数民族地区繁荣稳定。

好风凭借力。坚持在县委县政府的正确领导下，进一步解放思想，改革创新，扎实工作，全面加快兰干小城镇建设，将兰干建设成为吸纳周边乡镇农民居住、创业的聚集地，服务喀什地区城乡居民休闲、度假的游憩地，带动南疆地区小城镇加快发展的示范地。

课题组主要成员：文　辉　王俊沣　吴　斌　吴晓敏

第十一章　商贸城镇规划
——以辽中县茨榆坨镇为例

执笔：文　辉

第一节　规划思路与分析

一、规划思路

1. 规划背景

茨榆坨是沈阳郊区县辽中县下辖的一个镇。2006 年，沈阳启动了近海经济区建设。规划用地面积 100 平方公里，核心区 20 平方公里，大约有 18 平方千米的地方在茨榆坨镇，6 平方公里的起步区全部在茨榆坨镇的范围内。目前，近海经济区已经征完土地 4.53 平方公里，基本都坐落于茨榆坨镇太平村内。

沈阳近海经济区建设将引导茨榆坨产业结构调整。特别是对未来茨榆坨二产和三产发展的影响，省市对近海经济区的定位是着重发展装备制造业配套产业、物流业和新型材料业。其中机械设备加工园和生产铸锻造及配套的产业园都建在茨榆坨镇，这将促进茨榆坨镇相关产业的发展。同时由于近海经济区的建设，带来了企业和人口的集聚，可以带动茨榆坨镇第三产业的大力发展，使得茨榆坨镇的产业结构发生变化。

文辉：国家发改委城市和小城镇改革发展中心规划研究部主任、中心副研究员。

沈阳近海经济区建设将促进加快茨榆坨商贸服务产业功能的提升。商贸、物流运输等相关服务型产业将会出现快速的势头，因此，对于新的产业增长空间的需求和压力将会快速加大。为了配合城镇功能等级提升的需求，为新型产业发展提供合理的空间，必须要从整体空间布局的角度出发，对新一轮的产业聚集进行合理的引导，合理安排新的产业增长点的空间布局，形成有序、协调发展的格局。可以说，适当引导商贸物流等功能区向镇区集中将是合理布局城镇功能、有序发展新型产业的必然要求。

沈阳近海经济区建设将进一步加快居住功能向镇区迁移。沈阳近海经济区的建设使得茨榆坨基础设施水平明显提高，尤其是镇区与辽中以及沈阳和周边城市之间的交通联系将更为便捷，发展的交通制约性条件将有较大改观。这一因素将刺激交通沿线地区的房地产开发，并进一步推动居住功能向镇区迁移。随着近海经济区的建设，茨榆坨镇的经济发展，镇域的城市化水平将不断提高，自然、人文环境也将得到改善。与之同时，居民的生活水平将有所提升，生活方式和观念也将改变，整个茨榆坨镇的面貌将有所改善。为避免出现的无序扩张现象，需要对镇区住宅开发项目进行合理的规划控制和引导，以形成适度聚集、整体开敞的空间格局。

2. 基本思路

第一，明确发展目标，确定总体规模。沈阳近海经济区的提出使得沈阳由原来的区域性中心城市、内陆城市，变成了区域性近海城市，由陆地经济向海洋经济的转变，因此要重新认识茨榆坨作为沈阳近海经济区的核心区所担负的主导功能、发展目标、总体规模，明确其作为近海经济区内的商贸物流城、大城市郊区宜居小城的"双城"定位，论证和确定其适宜的工作和居住人口规模等一系列量化指标。

第二，优化空间布局，促进经济发展。在现有空间布局的基础上，推动工业入园区，推进商贸物流区建设，围绕沈盘线、304 国道，打造"十字型"发展轴带，完善行政服务区、工业协作配套区、商贸物流区、服务休闲区、宜居生活区等五大功能分区，将空间布局优化与经济、社会、环境规划有机结合起来，促进经济社会总体又好又快发展。

第三，调整市场结构，提升市场形象。现有的市场基础不能满足未来近海经济区发展的需求，尤其不能满足区域劳动力就业的需求，市场升级改造是大势所趋。坚持"政府主导、市场化运作"的原则，完善市场基础设施和市场环境建设，扩展市场多样化经营，引进外来市场和管理人员；大力发展商贸物流服务，促进市场升级改造，不断提高服务质量，创新管理理念，改善市场经营环境，优化市场经营主体，提升市场形象。

第四，推进环境建设，提高生活品质。以环境卫生专项整治为突破，重点围绕市场环境卫生、公共场所、食品卫生、饮用水卫生、集中供暖、绿色村庄建设等六个方面的内容展开；以社区建设为龙头，重塑新型社区结构，合理地进行中小学、菜场集市、幼托、老年设施、社区卫生保健中心、社区服务中心、社区活动中心、公共绿地广场等配置，以人为本，贴近居民，方便人民群众生活，构筑高品质生活居住区的基本框架，创造良好人居环境。

第五，近期与远期结合，项目与土地挂钩。明确近远期发展目标，特别是确定近期建设的目标、内容和实施步骤，展望远期发展目标；要结合当前的土地政策，促使引进项目落实到具体空间上。

二、区位条件与发展环境

1. 区位条件

茨榆坨镇位于辽宁省的中部，隶属于沈阳市辽中县管辖。位于辽中县东南部，东经122°48′45″～122°58′54″，北纬41°28′30″～41°35′00″。北临沈阳铁西区四方台镇，东北接壤沈阳铁西区长滩镇，东南与灯塔市五星镇、南面与肖寨门镇相邻，西南接乌伯牛乡，西北临潘家堡乡。

茨榆坨镇所处的位置具有自然资源和经济地理条件优势，交通方便，通讯发达，境内有京沈高速、沈盘公路、沈阳产业大道等重要交通要道，是辽中县科技、经济、贸易中心和集散地。距辽中县城15公里，距沈阳56公里，距辽阳48公里，距灯塔35公里，距营口70公里，位于沈阳、辽阳、鞍山、营口、盘锦城市群之间。

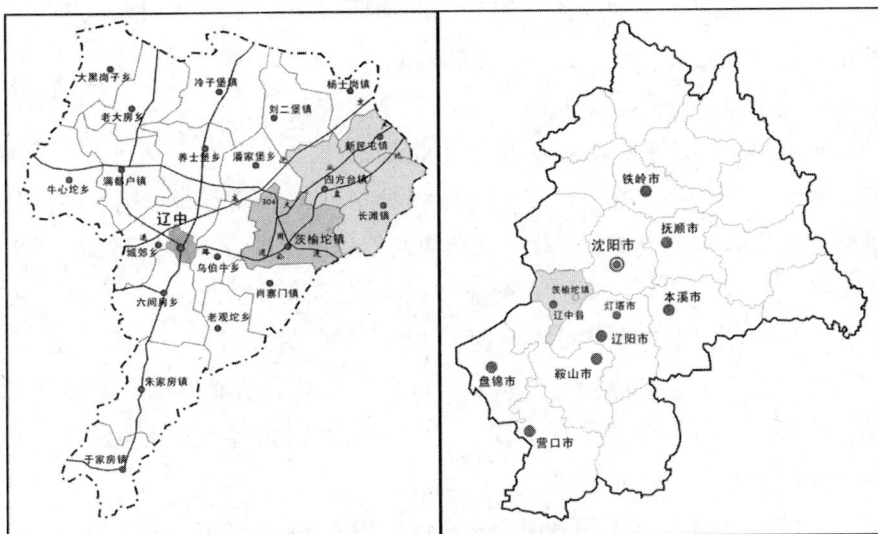

图 11.1 茨榆坨镇位置图

2. 发展环境

(1) 宏观层面

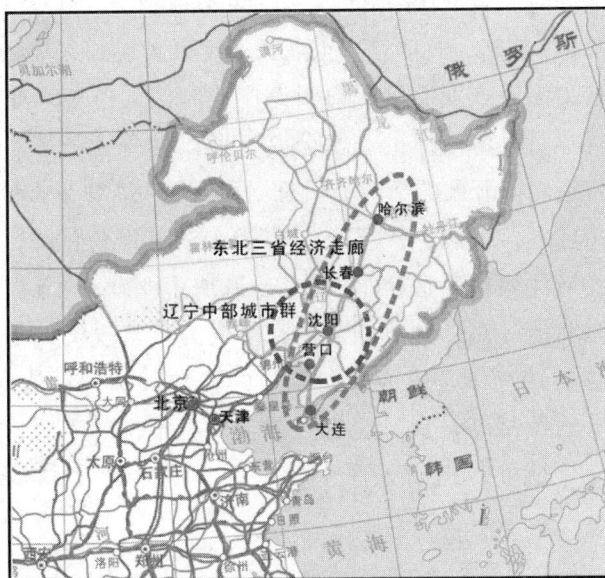

图 11.2 东北振兴发展战略图

①振兴东北老工业基地。实施东北地区等老工业基地振兴战略，是党中央从全面建设小康社会全局考虑做出的重大战略决策。2003 年 10 月，中共中央、国务院下发《关于实施东北地区等老工业基地振兴战略的若干意见》。文件要求对东北老工业基地的发展要统筹规划，分步实施，打好基础，扎实推进。要突出体制机制创新，着力深化国有资产管理体制和国有企业改革，推动经济结构调整和技术进步；加快基础设施建设，扩大对内对外开放；抓好就业和社会保障体系建设，大力发展科技教育文化事业，促进经济社会全面、协调、可持续发展。

振兴东北工业基地，为茨榆坨的经济社会建设提供了难得的发展机遇，为将茨榆坨建设为经济协调发展、基础设施完善、文化生活丰富的新型农村创造了良好的条件。

②辽宁"五点一线"发展战略。辽宁省有 14 个城市，其中有 6 个在海边，全省 2/3 的面积在离海 100 公里内。2005 年初，辽宁省委、省政府提出了以沿黄、渤海的五个重点发展区域和一条贯通全省海岸线的滨海公路建设为核心，实施"五点一线"对外开放的新战略，在推动老工业基地振兴的同时，也依托沿海优势加强对外开放。

"五点一线"战略，具体是指重点开发建设大连长兴岛、大连花园口岸工业园、营口沿海产业基地、锦州湾产业园区、丹东产业园区这五个区域，建设贯穿黄渤海沿岸的滨海公路，形成沿海经济带，带动辽宁中部城市群，打造对外开放的新优势。总规划面积 482.9 平方公里。

从地缘角度看，"五点一线"有着无可替代的区位优势，易于更好地转化为区域经济优势和产业融合优势；从开放角度看，"五点一线"建设是全省乃至东北地区对外开放的前沿，将成为外来投资的承接地、吸引国际产业转移的接续带，成为外向经济的先导和示范；从现实角度看，实施"五点一线"战略是提升全省经济整体竞争力的需要，是协调城乡发展，解决充分就业，提高人民生活水平，全面建设小康社会的迫切需要。

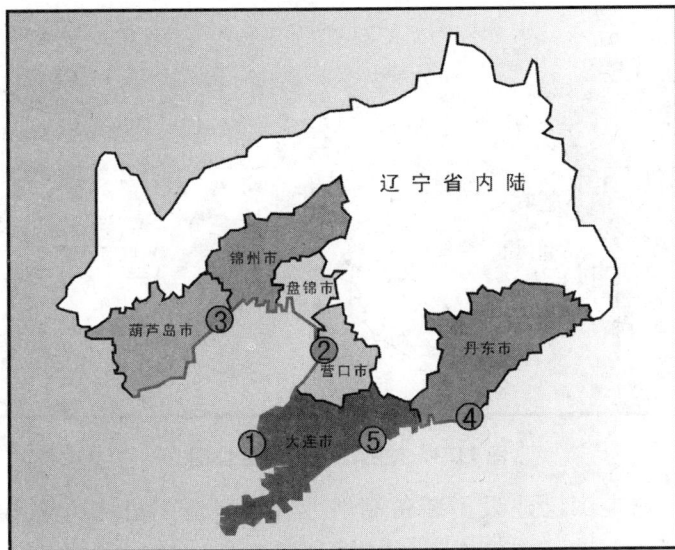

图11.3 辽宁省五点一线发展战略示意图

表11.1 "五点一线"主导产业选择

五点	主导产业
大连长兴岛	以装备制造产业链为主，进而发展成新兴港口城市
大连花园口岸工业园	高新技术产品项目、汽车零部件、新型材料、精细化工、新能源、农产品精深加工等
营口沿海产业基地	精细化工、新材料、微电子、生物工程和现代服务业等
锦州湾产业园区	重化工行业和石油化工产业链条的接续产业
丹东产业园	装备制造业、电子信息产业、化工医药业、重化工业

　　实施"五点一线"战略，特别是随着沈阳近海经济区战略的发展，实现沈阳与营口港对接，对茨榆坨吸引外资，承接沿海产业转移，调整产业结构，促进农民增收，缩小城乡差距，促进城乡协调发展带来重大的发展机遇。

　　（2）中观层面——沈西工业走廊

　　为实现沈阳老工业基地全面振兴目标，沈阳市政府规划了沈西工业走廊。走廊位于沈阳市的西部，由东至西全长50公里，规划占地面积850平方公里，以发展先进装备制造、石油化工、冶金等重化工业为重点。沈西工业走廊将设计成城市经济命脉，引导沈阳的工业向西发展，为沈阳今后50年提供经济"给养"。

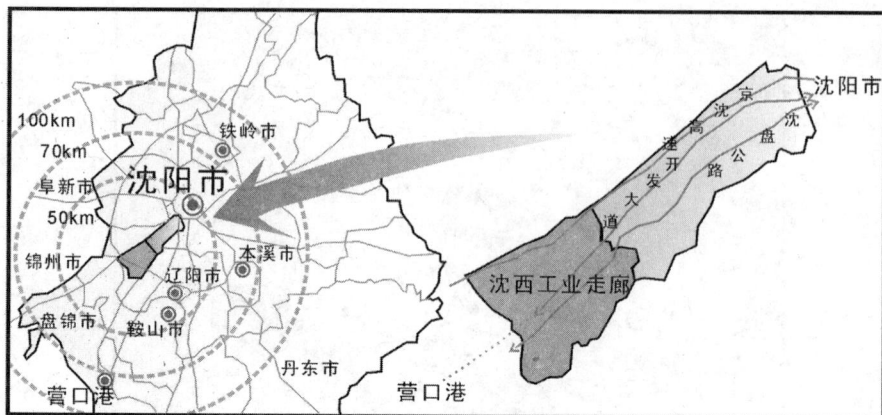

图 11.4　沈西工业走廊区位图

沈西工业走廊已建设了装备制造业片区，沈阳机床、沈阳鼓风机、沈阳重型等一大批大型国企从铁西老城区整体搬迁至此建设了新厂区，国外知名企业也在此建设了汽车及零部件企业；启动了化学工业区 4 平方公里的起步区，正在建设煤化工等项目；辽中新城片区已有不锈钢和泵阀两个产业集群项目正在建设。规划到 2010 年，沈西工业走廊工业总产值将达到 2500 亿元。

2006 年 9 月竣工的沈阳西部工业走廊开发大道也使沈西工业走廊与沈阳母城形成了完整对接，拉近了沈阳与营口港之间的时空距离。沈西工业走廊开发大道全长 50 公里，贯穿张士开发区和茨榆坨经济区，途经沈阳市于洪区、新民市、辽中县，成为沈阳西部工业走廊的主干线。开发大道不仅将铁西装备制造业核心区、沈阳化学工业区和辽中冶金工业园等 3 大园区串成一线，还联结了两条省级公路和 5 条县级公路，成为沈西工业走廊的交通主干线。

沈阳市为组建细河经济区，将原辽中的四方台、新民屯、长滩镇划归到铁西区后，茨榆坨就成为辽中紧邻沈西工业走廊的桥头堡。区位与交通的优势，将为茨榆坨承接沈西工业走廊的产业、人口转移，提供良好的机遇。

（3）微观层面——沈阳近海经济区

沈阳近海经济区是省级开发区，享有市级经济管理权限，位于沈西工业走廊近海点（辽中）。经济区规划建设用地面积 100 平方公里，核心区 20 平方公里，起步区 6 平方公里。成立沈阳近海经济区是省委、省政府振兴东北老工业基地和发展临港产业、沿海经济的一项重要战略举措。

沈阳近海经济区立足沈西工业走廊，依托沈阳母城和营口港，服务辽宁中部城市群、辐射环渤海经济圈、面向东北亚，最终建设成为沈阳对外开放的门户、最具活力的近海现代工业基地、北方商贸物流中心以及滨水生态文化新城。经济区采用工业立区、物流兴区、生态建区和商贸活区的四大战略，预计用 5 年时间，新引进规模以上企业 800 家，实现产值 1000 亿元。人口规模达到 50 万人。

图 11.5 沈阳近海经济区区位图

从地理位置特征来看，沈阳近海经济区近海港、近空港、近沈阳。距营口港 70 公里，距母城 45 公里，处于辽宁中部城市群的核心地带，七大工业城市均在 1 小时车程内。京沈、本辽、辽新、秦沈等高速公路、铁路构成了中国北方最密集的陆路交通网，使近海经济区真正成为连接沈西工业走廊与辽宁中部城市群和"五点一线"沿海城市的动脉。如果把"五点一线"战略比作一张弓，沈西工业走廊是一根弦，那么近海经济区就是一只蓄势待发的箭，必将从母城附属地区转变为具有专业化职能、服务中心城市、支撑中心城市发展的新区，必将成为沈阳功能传递的枢纽和沈阳的出海口。

从战略地位来看，近海经济区符合东北振兴，老工业基地改造，辽宁省五点一线发展战略等国家和省级重大战略，对辽宁省、辽中城市群的发展有着重大的意义，同时也是一次发展模式的推进，将辽宁老工业基地的振兴与沿海开放的双重发展机遇更好的结合起来。近海经济区是沈阳振兴所积蓄的能量到达一定阶段，沿沈西工业走廊向西释放的必然结果。它处在大沈阳经济圈和辽宁"五点一线"战略一体化格局的钻石节点，丰富了"五点一线"战略和沈西工业走廊战略，实现了沿海和内陆的优势互补，使近海发展模式成为现实。

从经济发展条件来看，辽宁省委、省政府实施沈阳工业"西进"战略，规划建设850平方公里的沈西工业走廊，是继珠三角、长三角、滨海新区后的第四新型工业经济增长极。而近海经济区是沈西工业走廊的龙头和出海口，位于沈西工业走廊——沈阳和营口的中心点。

从辐射效应来看，近海经济区位于辽中城市群（包括沈阳、辽阳、鞍山、抚顺、本溪、铁岭、营口7个城市）的西南部。以经济区为中心，50公里范围内包含了沈阳、辽阳、鞍山三个城市，其余4个城市也都在据经济区100公里范围之内。空间上的临近使得经济区会对辽中地区的城市发展起到不可忽视的带动作用。

从规划建设来看，近海经济区规划建设用地面积100平方公里，核心区20平方公里，大约有18平方公里的地方在茨榆坨镇，6平方公里的起步区全部在茨榆坨镇的范围内。目前，近海经济区已经征完土地4.53平方公里，基本都坐落于茨榆坨镇太平村内。

三、产业发展分析

1. 总体状况

茨榆坨镇2006年地区生产总值实现271525万元，同比增长36.8%，其中一、二、三产业增加值分别实现17325万元、149407万元、104793万元，同比分别增长8.6%、53%、21.5%。

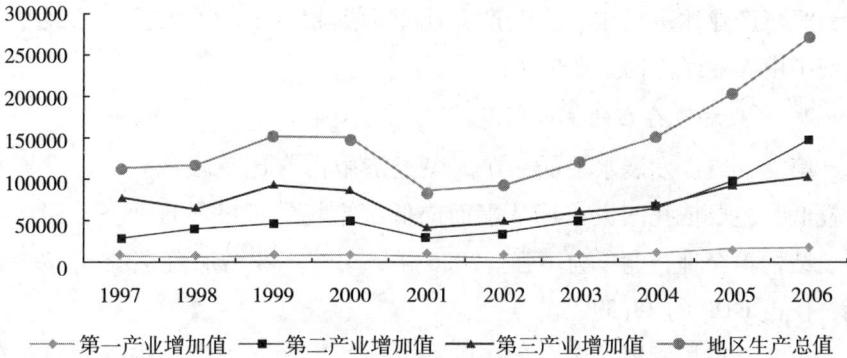

图 11. 6 1997～2006 年茨榆坨镇经济增长变化图（单位：万元）

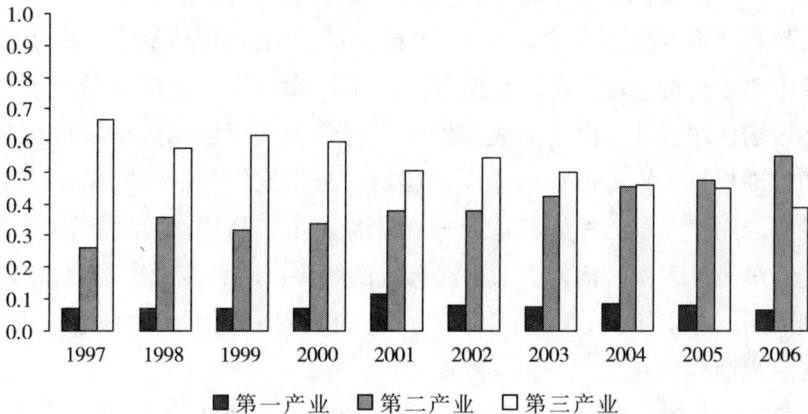

图 11. 7 1997－2006 年茨榆坨镇 GDP 构成变化图

从经济增长变化图可以看出，第一产业增加值变化稳中有升；第二产业增加值在 2000 年前后略有波动，随后稳速增加，2001 年以后进入了快速增长的阶段；第三产业增加值在 1999 年和 2000 年达到了顶点，与第二产业相似，在 2000 年前后波动较大，而以后进入了增长阶段，只是增加的速度较第二产业缓慢。目前看来，茨榆坨镇的 GDP 增长迅速，第二产业的增长速度高于第三产业，有较大的发展潜力。

从经济增长总量看，2001 年后增长速度较快，增长潜力很大；从产业结构来看，第三产业所占的比重较大，2001 年以前优势突出，近几年来，第二产业发展迅速，逐渐超过了第三产业，2006 年，三次产业的增加值比例为 6. 38：55. 03：38. 59；第一产业比重较小，第二产业比重较大，第三产业比重居中，二三产业比重远远超过了一产比重，已经基本实现了由农业经济向工业经济的过渡。

2. 产业发展存在的主要问题

第一，三产发展水平低，在国民经济中占有比重较低。三产发展水平较低，主要依托四大市场从事面向低端市场的批发零售业务，层次不高、结构不合理，竞争力不强。2006 年，第三产业增加值总量 104793 万元，仅占 GDP 的 38. 59%。

第二，市场发展缓慢，存在以下方面的问题：①市场内基础设施较差。排水不畅、道路低洼不平整，没有美化、亮化设施，影响了茨榆坨市场的整体形象；②轻工市场的服装产品存在质量问题，缺乏"拳头"地产品和名牌产品，市场竞争力不强；③在市场管理体制上，由于市场服务中心重收费、轻管理，甚至在道路上出卖摊位，造成市场乱摆、乱放，市场秩序混乱，由政府成立的市场管理委员会也无法正常行使对市场的管理权；④轻工市场内的违章建筑尚未彻底拆除，特别是由于市场内没有专用停车场，车辆只能停放在沈盘路上，造成沈盘路镇内段交通混乱，虽经过多次整治，仍未得到有效的解决；⑤各专业市场自由发展，规划滞后，起点不高；⑥周边新型市场的兴起和优厚的税收政策吸引，使得不少商户离开。

第三，旅游、休闲、宾馆服务、物流业、房地产业还有较大差距。虽有红色旅游景点——谢荣策烈士陵园，但目前如何挖掘、整合、发挥示范带动作用还需要加以认真研究。另外观光农业、城郊农业发展在规模、观光项目、设施投入上还很不够。宾馆服务、物流业、房地产业才刚刚起步，需要进一步做好政策引导和扶持工作。

四、发展阶段与战略分析

1. 发展历程

近十年的数据表明，茨榆坨镇的发展经历了三个历程：一是 1999 年以前主要依靠民资民力，发展农村服装加工制造业和茨榆坨大集，建立市场网络，促进民间资本积累、推动工业迅速成长的阶段。二是从 2000 年至 2002 年，服装加工逐渐衰落，市场环境日益恶化，政府负债经营的经济社会发展低谷阶段。三是从 2003 年开始，贯彻落实科学发展观、制定和实施机构改革、强化"工业立镇、商贸强镇"思想、建设"工业化、商贸化、现代化"工贸城的经济社会发展新阶段。

2. 发展阶段判断

人均收入是体现小城镇经济社会发展的综合指标。通过与全国、沈阳、辽中的人均收入水平纵向比较来判断茨榆坨经济社会发展的位置；通过与发展类型类似的白沟镇人均收入横向比较来判断经济社会发展的阶段。

（1）纵向比较

从2000～2006年人均收入数据来看，远高于全国水平，略高于辽中，略低于沈阳。说明茨榆坨的经济社会发展处于在全国中等偏上水平。

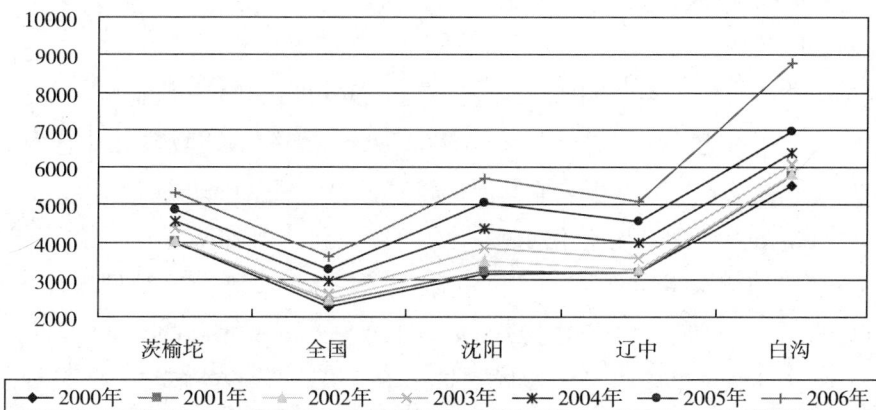

图 11.8　2000～2006年人均收入截面数据比较

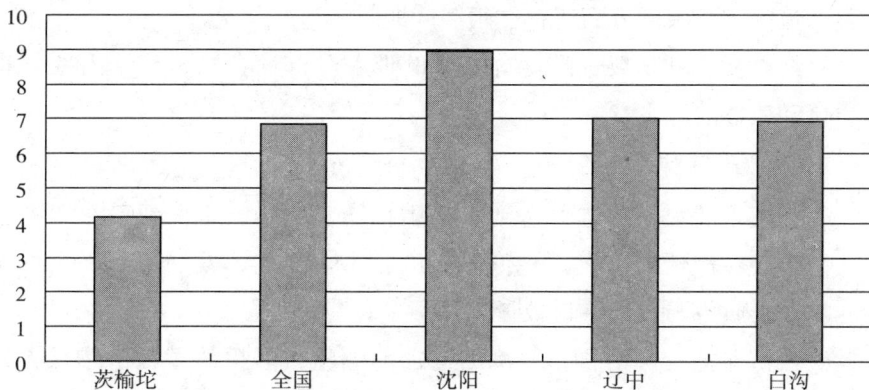

图 11.9　2000～2006年人均收入年均增长率比较

从 2000 ~ 2006 年人均收入年均增长率来看，茨榆坨人均收入年均增长率 4.2%，低于全国、沈阳和辽中水平。说明在发展速度上，茨榆坨发展有所缓慢，面临结构性调整。

（2）横向比较

与白沟镇相比，从人均收入来看，2006 年人均收入 5327 元，仅相当于白沟 2000 年的人均收入水平；从年均增长率来看，落后于白沟 2.7 个百分点。总体上来说，都相对低一层次。而从白沟发展的历程来看，从 2000 年开始经济社会发展开始转型，是其起飞阶段。

总而言之，产业结构、城镇化与工业化、公共服务设施是反映经济社会发展的重要指标，分析它们的内在关系有助于进一步把握经济社会发展阶段判断。

从产业结构来看，目前二、三产业比重相当，第二产业略有优势，第一产业所占比重较小；从经济结构来看，经济结构比较多元化，农产品加工、批发零售业、服装业发展都较好，是城镇发展的主要动力。

从城镇化水平和工业化水平来看，城镇化水平滞后于工业化水平。2006 年城镇化水平达到了 47.7%（根据镇区人口 2.5 万，镇域人口 5.3 万测算），而工业化水平达到 57.6%（工业总产值占社会总产值测算）。

从公共服务设施与经济发展水平来看，公共服务设施与经济发展水平不协调；2006 年农民人均收入达到 5327 元，高于全国平均水平 3587 元，但是在污水处理，生活垃圾，环境绿化，交通基础设施，餐饮服务，商贸物流等公共服务方面还存在很多问题。

总结以上，可以判断：茨榆坨镇正步入经济社会结构转型升级、提升质量和效益的起飞发展阶段。

3. 发展阶段特征

①人民生活水平总体上达到了小康社会，开始向全面建设小康社会迈进，但现在达到的小康还是低水平的，不全面的、发展很不平衡的小康，城乡低收入与贫困人口数量依然不少。

②经济保持较快增长，经济结构加速调整，但粗放型经济增长方式尚未根本改变，产业结构调整提升空间很大。2000 年以来，GDP 年均增长率达 11.5% 左右，经济保持较快增长，但粗放型经济增长方式尚未根

本改变。加快经济结构调整，农业结构调整向经济作物、养殖业，农产品加工业发展；用新技术和适用技术改造传统产业，推进工业化进程；加强管理和完善基础设施，促进服务业发展。

③与经济发展相比，社会发展明显不足。

农村中等教育硬件设施和教师资源相对薄弱，镇卫生院的设施和人员构成不合理；农村地区通过养殖致富，但是造成了环境恶化，污水、粪便明沟排放，臭气熏天；市场的环境恶劣，垃圾到处堆放，市场空间缺乏规划，处于相对凌乱的低端发展状态；企业的竞争有恶性竞争的危险，仅石棉瓦厂就有十几家，各家之间进行恶性的成本的竞争，而缺乏技术和品牌层面的打造，而且由于商会、协会缺乏，企业之间也缺乏协调，在面对市场调整以及遇到知识产权等问题的时候，缺乏协作和专业的知识和精力去打官司。

④居民市场经济意识强烈，市场发展波动性较大。

市场意识与市场判断能力特别强。历史上，服装市场以及为服务于市场的服装生产为茨榆坨镇人积累了原始资本和市场意识，经过市场的起步、繁荣、停滞等过程的考验，茨榆坨人的经商意识、市场判断力特别强，本地人以服装起家，并进行了大量的原始资本的积累、市场意识的培养，在服装市场陷入困境的时候，多数人能否寻找新的市场机会，开办企业等。

市场发展波动性较大。当市场由卖方市场转变为买方市场的重要转折点，由于没有品牌意识以及政府在市场管理中又出现缺位和越位现象，加之周边市场的兴起，结果造成了本地市场的萎缩，波动性较大。

⑤成为辽中县推动城镇化的重要载体。与其他乡镇相比，茨榆坨镇的经济社会发展明显处于高水平，是沈阳经济低谷地带中的增长极，而且作为沈阳近海经济区的起步区和核心区的重要组成部分。作为沈阳远郊的辽中县，利用近海经济区的契机，规划三城联动发展战略，必将给茨榆坨的发展带来更大的政策支持。

随着，撤乡并镇力度的加大，茨榆坨镇未来发展成为一个小城市的可能性增大。加上近海经济区的建设，会吸引当地的农民会进城务工并逐渐定居下来，这也会波及周边乡镇。而且，这个过程还要考虑公共服务设施的空间安排，根据沈阳教科文卫的规划，未来学校要从乡村全部搬到镇区，公共服务设施的合理配置，会吸引人口向镇区集中，进一步促进城镇化。

4. SWOT 战略分析

（1）优势

第一，交通区位优势明显。第二，资源优势突出。第三，产业发展优势。第四，区域发展优势。

（2）劣势

第一，受周边城市聚集作用影响较大。第二，产业发展不平衡。第三，基础设施较为薄弱。

（3）机遇

第一，要抓住东北振兴机遇，积极推动新农村建设。第二，要抓住沈阳西部工业走廊发展机遇，积极推动茨榆坨基础设施建设。第三，要抓住沈阳近海经济区建设机遇，积极推动茨榆坨商贸城建设。第四，要抓住社会主义新农村建设机遇，积极推动绿色村庄建设。

（4）挑战

第一，面临着国家宏观政策调控的挑战。第二，面临地区经济发展的挑战。第三，面临产业结构调整的挑战。第四，面临人才储备不足的挑战。第五，面临诸多因素发展薄弱的挑战。

第二节　规划目标与定位

一、定位

1. 定位：经济发达、文化先进、环境优美、设施齐备的、以商贸物流为特色的、服务于沈阳都市圈的生态型宜居小城市

即："三地三区"战略：

——沈阳产业大道沿线以工业为支撑、迅速隆起的产业"高地"；

——沈阳—营口经济带上环境极为优化的投资"洼地"；

——生态良好、服务于大都市的农业观光旅游、环境优美的宜居地；

——沈阳西部工业走廊最现实意义上的延伸区；

——沈阳近海经济区的协作配套服务区；

——新兴的以商贸物流为主、多功能齐备的现代服务集聚区。

2. 战略阶段及目标

第一阶段（2007～2010年）：夯实基础阶段，镇域总体经济发展水平接近沈阳郊区镇的平均水平。继续搞好农业产业化；加快工业化进程，使产业集群初具形态；重点完善近海经济区起步区工程的建设，同时积极搞好西山工业园区的规划、设计、开发以及基础设施建设，做好招商引资工作，健全园区综合配套服务体系，以带动镇域经济发展；启动商贸物流区和商住区的规划和建设，且初步见效；力争地区生产总值年均增长速度达到18%左右，即到2010年全镇地区生产总值达到46.93亿元，发展成为以节约型、集约型、生态型工业为支柱，现代农业为基础，商贸服务业逐步发展壮大的经济兴旺发达、社会文明进步、人民生活富裕的沈阳市中心城镇。

第二阶段（2011～2020年）：巩固提高阶段，总体经济发展水平位居沈阳郊区前列。近海经济区基本建设完成；产业集聚呈现规模；商贸服务区、物流区和居住区开发突显成效。区域经济进入稳定发展阶段，各项基础设施得到完善和发展，城镇化水平达到70%，到2020年人均GDP比2005年翻两番。发展成为以高新技术产业为支撑、房地产业和服务业兴旺发达、农业协调发展，综合环境优美、配套设施齐全的、与辽中城区融为一体的现代化、生态化、花园式沈阳郊区宜居小城市。

3. 发展目标

①经济持续快速发展，结构更加优化。到2010年茨榆坨镇国民生产总值达46.93亿元，年均增长率18%；财政总收入达9386万元，年均增长率24%。到2020年，人均GDP比2005年翻两番。

②社会事业全面发展，社会更加和谐。教育质量明显提高，人均受教育年限2010年达到10年，2020年达到12年；城乡医疗卫生体系进一步健全，农村合作医疗制度覆盖率2010年达到100%；社会保障体系不断完善，农村居民医疗参保率达到95%，参加养老保险人数明显增长。城镇化进程进一步加快，城镇化率2010年达到50%。

③人口适度发展，人民生活水平进一步提高。到 2010 年，人口规模控制在 7.5 万人以内；农村居民人均纯收入 2010 年达到 8000 元；城镇居民人均可支配收入达到 12000 元；城镇登记失业率控制在 4% 以内。

④生态环境持续好转，生活环境明显改善。到 2010 年，城镇绿地率达到 35%；城镇生活垃圾无害化处理率达到 80%；城镇污水集中处理率达到 65%（其中镇区达到 80%）。

表 11.2　　　　　　茨榆坨经济社会发展规划目标

指标	单位	2006 年	2010 年	年均增长率（%）	2020 年	年均增长率（%）	指标属性
镇域总人口	万人	6.1	7.4	4.9	12.0	5.0	预期性
镇区人口	万人	3.3	3.7	2.9	8.4	8.5	预期性
城镇化率	%	18.3	50.0	22.3	70.0	3.4	导向性
国内生产总值	亿元	27.15	46.93	14.7	166.35	13.5	预期性
全口径财政收入	万元	4397.8	9386.0	20.9	66540.0	21.6	预期性
人均国内生产总值	万元	4.5	6.3	9.3	13.9	8.1	预期性
镇区建设用地	km^2		3.7		7.5	7.3	约束性
农民人均纯收入	元	5327	8000	10.7	17500	8.1	预期性
城镇居民人均可支配收入	元	—	12000	—	29000	9.2	预期性
人均受教育年限	年	9	10	—	12	—	约束性
新农合参保率	%	61.8	100	—	100	—	约束性
城乡低保覆盖率	%	1.6	2.0		4.0		约束性
城镇绿化率	%		35		60		约束性
城镇污水处理率	%	—	65	—	100	—	约束性
城镇生活垃圾无害化处理率	%		80		100		约束性
农村生活垃圾集中处理率	%	—	30		70	—	约束性

第三节 规划任务与措施

一、合理确定城镇规模，做好功能分区

1. 城镇发展规模

——人口规模：2010 年茨榆坨镇域总人口 7.4 万人，镇区人口 3.7 万人；2020 年镇域总人口 12 万人；镇区人口 8.4 万人。

——用地规模：2010 年镇区建设用地 370 公顷，2020 年远期建设用地 750 公顷。

2. 功能分区

——重点开发区：具有较高的工业开发需求，适合大规模工业开发和城镇建设的区域，是未来的城镇拓展区和先进的装备制造业基地。主要任务是实现高起点的规划与建设，承接东部沿海劳动密集型产业转移，发展前景广阔的新兴产业，加快人口的有效集聚，力争形成若干新的产业高地。重点建设西山工业园区。

——优化开发区：优化开发镇区，发展方向是向西南与辽中城融合，发展途径是调整优化现状用地结构，逐步减少工业用地，增加服务业用地，提升城镇服务功能，发展目标是打造现代服务业和商贸物流、休闲区。

——限制开发区：具有较高生态保护和历史文化保存价值，生态条件较为脆弱，不适宜大规模开发建设。包括水库、湖泊水面、丘陵、生态绿地等生态保护区、景区等，主要任务是强化生态环境保护与整治。以浑河河段、烈士陵园、乌伯牛回水堤为重点。

——禁止开发区：有极高的生态保护价值和安全保护作用，不宜进行开发建设活动。主要包括水源地、地下水开采、基础设施廊道、基本农田保护区等法律、法规明确不允许开发区域。饮用水源保护区：严格执行水源保护区污染防治有关规定，所有水厂取水口都必须严格分类保护，严禁从事任何可能污染水体的建设活动。基础设施廊道：交通、电力、管道等廊道两侧按相关规定，禁止从事与廊道建设无关的开发活动。

二、统筹城乡协调发展

坚持"以城促乡，以工带农"，促进农村人口向城镇转移，推动茨榆坨城镇化水平的提高，统筹城乡经济社会发展的基本方略，积极稳妥地推进城镇化的进程。

按照"生产发展、生活宽裕、乡风文明、村容整洁、管理民主"20字方针的要求，扎实稳步推进新农村建设。

1. 又快又好地推进城镇化

（1）分类引导，推进农村人口平稳有序城镇化

加快转变以土地城镇化为中心、允许农民进城就业而不允许进城定居的城镇化模式，引导农民平稳有序进入城镇定居，使土地城镇化与人口城镇化相协调。一是对临时进城务工人员，继续实行亦工亦农、城乡双向流动的政策，在劳动报酬、劳动时间、法定假日和安全保护等方面切实保障其合法权益。二是对在城镇已有稳定职业和住所的进城务工人员，要创造条件使之逐步转为城镇居民，依法享有当地居民应有的权利，承担应尽的义务。三是对因城镇建设和国家建设项目导致承包地被征用、完全失去土地的农村人口，政府要立即将其转为城镇居民，并提供相应的就业培训、失业保险或最低生活保障等。

（2）统筹协调，加强城镇管理能力

随着茨榆坨镇经济的发展，尤其是近海经济区的建设，所吸引和容纳的当地农民以及外来务工人员会短期内快速增长。因此，需要尽快提高城镇建设与管理水平，加强基础设施和公共服务的供应规模和质量。进一步完善交通、城管、卫生管理体制，发挥社区管理职能，健全社区服务体系，加强城镇经营和管理。

（3）市场主导，完善城镇建设多渠道投资机制

用市场化的运作方式来推进城镇化建设。通过用市场经济手段经营城镇，建立完善城镇建设多渠道投资机制，完善土地资本运营机制，用市场运作的手段经营城市土地，实现土地市场效益的最大化，筹集到更多的城市基础设施建设资金。

2. 建设社会主义新农村

为了发展现代农业，加快新农村建设步伐。根据农业发展实际情况，

实现农业高产、优质、高效，加快发展农村经济，促进农业增效，农民增收。加快产业结构调整步伐，因地制宜进行新农村建设。

（1）发展现代农业和特色农业

第一，合理调整农业产业结构。除了进一步提高传统作物的质量和产量以外，还要根据农业自然资源的区域优势，发展特色种植、养殖业。同时，通过发展培育培植农产品加工业，对农产品进行精深加工，同时给市场提供多样化的品种，引导和消费广大市场。

第二，加强农业服务体系建设。强化镇农业服务中心的服务职能，建立村农技服务组，及时引进和推广先进的农业技术和优良品种，并为农户提供技术指导。大力发展科技事业，提高村民的科学文化水平，通过举办各类培训班，培养造就一批科学种养能手。充分调动科技人员的积极性和农民自己的创造性，促进科技与经济相结合，提高经济发展的科技含金量，提高科研成果对经济增长的贡献率。充分重视农村社会化服务体系建设。要加大农副产品营销队伍培育力度，在各中心村建立一支营销队伍，使农副产品能尽快地在市场上销售出去，转化为经济效益。要积极组建特色农产品生产协会，实现信息共享，规避风险。

第三，多渠道补充资金。以点带面，全面推进农业发展，通过支农惠农政策调动农民的积极性，通过协调多种渠道，补充资金的不足。同时，还需从各个方面出台一些有利于农业产业发展的具体措施，引导农业产业化经营组织不断发展壮大，加强农业服务机构的综合服务能力，建立健全各种专业组织。本镇计划成立五味子专业协会，由协会统一管理，产前管理可以降低成本，技术上可以做交流，同时可以抵御市场风险。目前，种植一亩五味子，沈阳市政府补助1000元（要求是50亩连片）。

（2）多渠道增加农民收入

第一，调整农业生产结构。根据市场需求及时调整农业生产结构，积极发展品牌农业，加强市场服务体系建设，保证农民稳定的农业收益。

第二，发展劳动密集型产业。积极引进或培育具有一定特色的劳动密集型产业，特别是围绕茨榆坨大集的建设，为解决本镇富余劳动力创造条件。

第三，组织劳务输出。政府加强收集发达地区的就业信息，并组织到当地考察，与输入地签订劳动力供应协议，帮助农民顺利在非农产业就业。

（3）改善农村面貌

第一，搞好农村基础设施建设规划。将农村基础设施建设纳入城乡长远发展规划，加快公共基础设施建设向农村的延伸。对村镇规划，应考虑农村人口向城镇集中的大趋势，重点建设好中心镇区、较大的村。

第二，加强农业基础设施建设。重点是完善农田灌排体系，加大对中低产田的改造力度，提高农业综合生产能力。抓好骨干道路沿线的路、沟、渠、地、林、塘、湖、村的综合治理，塑造新的田园风貌。加快农村公路建设，建立有效的养护管理机制。

第三，加强村庄整治。重点抓好现有村镇的街巷整治、上下水改造及卫生管理等工作，使农民不需花很多钱就能使居住环境有明显变化。加强中心村基础设施建设，对农民确实需要新建住房的，引导其向中心村镇集中。加强管理，坚决制止不符合规划要求的私搭乱建行为。结合实际设计一些有引领作用的新式住房，供农民建房时选择。

第四，建设中心村。整理农村居民点，实现多个小的自然村合并成一个大村或向邻近的中心村集聚，人口向中心村集聚，但仍留在农村，原村庄土地成片复垦。到2010年，形成莲花村、赵寇村、黄腊坨、前后岭村、太平村、前后边外村等6个中心村。

（4）培养新型农民

第一，加强农村劳动力培训，形成以镇政府培训文明知识、生活常识、就业技巧等，企业培训专业技术知识，农民自己钻研工作技巧等多层次、相对完整的培训体系，促进农民更加顺利地向二三产业转移。

第二，加强农村文化建设。加大对农村文化基础设施建设的投入，促进城乡文化资源共享，构建农村公共文化服务体系。积极开展群众喜闻乐见、寓教于乐的多种形式的文体活动。全面推进和谐村镇建设，形成文明向上的社会风貌。扶持农村业余文化队伍，鼓励农民兴办文化产业。推动实施农民体育健身工程。开展"文明村镇"和"宽裕型小康村"活动，引导农民形成科学文明健康的生活方式。

第三，积极发展农村卫生事业，提高农村医疗卫生服务水平。加快

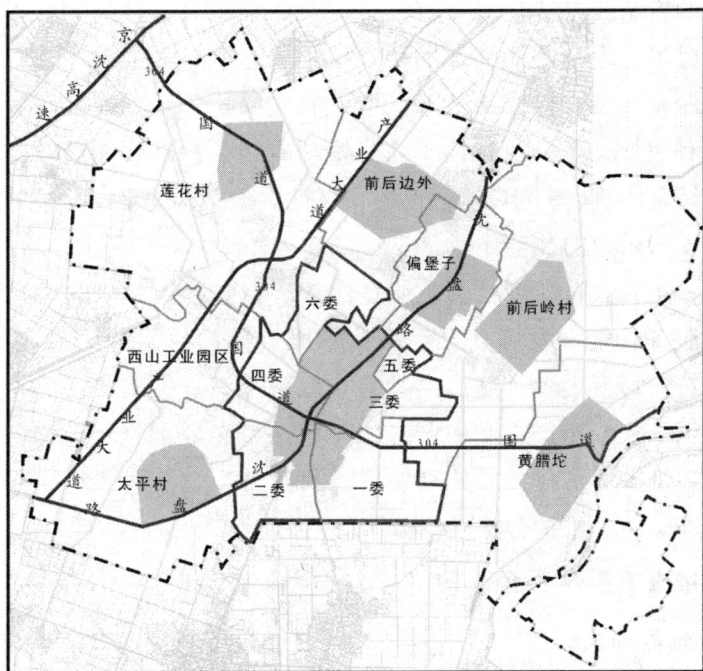

图 11. 10　茨榆坨镇迁村并点规划图

乡镇卫生院的规范化建设，探索建立城市医疗卫生机构对口支援农村的机制，加强对地方常见病、多发病的研究。坚持计划生育的基本国策，实施少生优生工程，从根本上提高农村人口素质。

第四，逐步建立农村社会保障体系。加大公共财政对农村社会保障体系建设的投入，逐步让农民老有所养、弱有所助、贫有所济。根据农村经济发展水平，按照"低水平、广覆盖、适度保障"的原则，建立农村居民最低生活保障制度。全面推行农村合作医疗，建立大病医疗救助制度。进一步落实农村"五保"供养政策，不断提高"五保"对象的集中供养率。

（5）强化农村基层组织建设

第一，切实维护农民的民主权利。坚定贯彻实施村民自治制度，监督、保证农村民主选举的客观性、公正性；进一步完善村务公开和民主议事制度，让农民群众真正享有知情权、参与权、管理权、监督权，充分发挥村务公开栏的作用。完善村民"一事一议"制度，健全农民自主筹资筹劳的机制和办法,引导农民自主开展农村公益性设施建设。开展村务公开民主管理示范活动,推动农村基层志愿服务活动。加强农村法制建设,深入开展农村普法教育,增强农民的法制观念,提高农民依法行使权利和履行义务的自觉性。妥善处理农村各种社会矛盾,加强农村社会治安综合治理,打击"黄赌毒"等社会丑恶现象,建设平安乡村,创造农民安居乐业的社会环境。

第二,培育农村新型社会化服务组织。在继续增强农村集体组织经济实力和服务功能、发挥基层经济技术服务部门作用的同时,要鼓励、引导和支持农村发展各种新型的社会化服务组织。推动农产品行业协会的发展,引导农业生产者和农产品加工、出口企业加强行业自律,搞好信息服务,维护成员权益。鼓励发展农村法律、财务等中介组织,为农民发展生产经营和维护合法权益提供有效服务。

四、推进工业园区建设

1. 加强基础设施

在已经完成的道路网络体系的基础上,加大园区道路建设,实现园区骨架道路全覆盖。建设 8 万吨/日污水处理厂、20 万吨/日自来水厂(一期 10 万吨/日)、100 万吨/日生活垃圾处理厂各一座。同时建设 10 万平方米的科技孵化器及标准化厂房。

2. 培育主导产业

近海经济区的招商引资工作取得了很大的进展。截至 2006 年,签约项目 3000 万元以上的项目 41 个,计划总投资额 91 亿元,其中亿元以上的项目 15 个,5 亿元以上的项目 5 个,外资项目 8 个。目前引进的大项目包括固定资产投资 11 亿元的香港联美集团生物发电项目、投资 6 亿元的营口港务集团沈阳近海物流港项目、固定资产投资 5 亿元的辽宁高科能源集团地源热泵下项目、固定资产投资 1.6 亿元的烟台三和集团铸造模具项目。计划总投资 5000 万美元的美国其仕皮草项目、计划总投资 1200 万美元的香港博德航空食品项目和计划总投资 1200 万美元的香港华英伦项目已正式签约,韩国体派基服装加工等一批项目正在洽谈中。

充分利用近海经济区的优势,发展与近海经济区重点产业协作配套,关联性强的产业,具体来说就是为临港工业、装备制造业、电子信息产业、汽车业、高新技术产业等协作外包服务的上游或下游产业；以发展高效、节能、无污染的高附加值、高技术含量的产业为目标，并利用本镇优势主要发展劳动密集型产业，从而改善现有产业质量、节能降耗、防治污染，从而优化工业结构，增强市场竞争力；另外，要在此基础上积极进行招商引资及主动接受和利用沈西工业走廊的辐射，从而实现产业的转移；对于显现出优势的项目要重点建设，农产品加工项目发展态势良好，美国仕皮草、禾丰牧业、富莱美花卉、荷兰欧中牛肉加工等一批国外知名品牌进入，促进农业的产业化发展。

3. 严格执行规划

严格执行园区的产业布局规划，严把项目准入关，招商选资，逐步引导限制类产业有序退出园区。企业入园一定要作好产业空间分区布局的工作，促使分工协作的企业聚集在一起，产生集聚经济。

4. 提高服务水平

在征地、拆迁等方面配合支持近海经济区的建设。治理企业周边环境、协调与周围居民的关系。继续加强镇政府干部联系企业的制度，帮助企业切实解决与周围地区和居民的冲突，为企业的发展营造良好的环境。协助企业办理各种审批手续。在企业注册、土地申请、规划审批、贷款等各环节中帮助企业顺利通关，帮助企业实现快速发展。进一步优化、规范园区环境政策体系，为投资者提供较大的发展空间、较好的基础设施和良好的服务，塑造优质知名的特色工业园区，真正实现园区建设的可持续发展。

五、大力发展第三产业

1. 推动商贸服务业发展

借助近海经济区的快速发展，加快带动金融、物流等生产性服务业的发展，同时，规划预留销售、餐饮等生活性服务业的发展，满足随着工业产业发展工人提高生活质量的要求。围绕茨榆坨商贸城，引进广东服装轻纺城，兴建以销售、加工、知名品牌聚集和孵化、研发设计等为主要功能的现代化大型服装销售和生产基地，推动商贸服务业的大力发展。

加速发展社区服务业。坚持政府引导、企业资助、社会兴办相结合的原则，加强社区服务设施建设。鼓励发展社区家政服务、就业服务、便民零售、文化娱乐、体育健身、医疗保健、信息咨询、慈善互助、养老托幼等，推进社区服务的规范化和网络化经营。

有序发展房地产业。调整住房供应结构，提高普通商品住房、经济适用住房和廉租住房供应比例。进一步加强房地产市场管理，活跃房地产一、二级交易市场。建立健全房地产咨询、评估、经纪等中介服务组织，规范中介行为。拓展和完善住房消费信贷和保险。有序发展家装市场。引入竞争机制，强化物业管理，提高智能化水平，实现物业管理规范化。推进建筑业技术进步，提高施工机械化水平，完善工程标准体系和质量安全监管体系。

2. 积极发展现代物流业

以近海经济区为依托，利用营口港港口功能前移，建设临港产业和物流业相结合的物流配送体系，打造现代物流产业基地。在京沈高速公路和产业大道之间、京沈高速公路茨榆坨出口引路两侧，规划建设 10 平方公里的物流区，建成与我国经济发展水平相适应，具有一定国际竞争力东北最大的集运输、仓储、装卸、包装、配送、信息等为一体的现代化绿色物流基地，实现商流、信息流、资金流的良性循环。

3. 大力振兴茨榆坨市场

借用茨榆坨镇原先的"名气"，重振茨榆坨大集。本着"市场运作、政策推进、整体规划、分步实施"的原则，建设功能齐备、结构合理、管理先进的市场，振兴老市场，推动整个茨榆坨镇市场的发展，打响茨榆坨市场这张名牌，把茨榆坨市场建设成为东北"三省一区"的集服装、小商品、建材和汽配为一体的交易中心。整个市场统一采用南方的管理模式。

①服装及小商品城。建设服装加工园区，启动区规划面积 200 亩，2007 年完成入驻企业 20 户，通过采用优惠政策等方式，动员茨榆坨在外地做服装的企业家回家乡投资建厂；成立服装加工集团，统一进料，统一管理，集团统一上缴税费，在东北地区及全国打响茨榆坨的服装品牌。建设批发与零售中心，拟规划建设面积 500 亩，位置在沈盘公路西，南起

轻工市场北路，北至木材批发市场。通过并校、房屋动迁和木材批发市场迁移方式整理土地。

②建材城。整合资源组建新型建材项目，以茨榆坨建材市场为依托、以 20 家新型建材企业为基础，打造成为东北最大的新型建材城。

③汽配城。依托沈阳汽车制造业，建设汽车配件城，形成了汽车、配件的集散的和物流中心，集汽配流通领域各要素为一体，融汽车展示、汽车交易、仓储配送、维修监测、汽车装潢、售后服务为一体，充分体现了大规模、高档次、全方位的市场格局。

六、全面提高公共服务水平

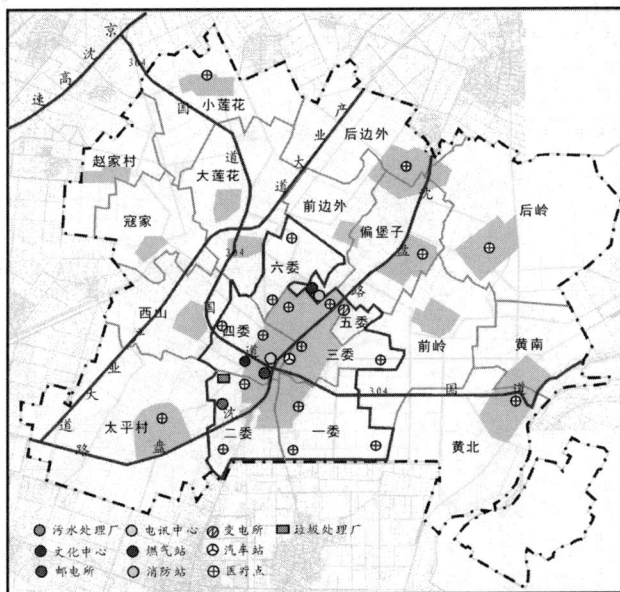

图 11.11　茨榆坨镇公共服务设施分布规划图

1. 公共教育

（1）科学调整学校布局，建设优质学校

职业教育：继续开办职业教育班，加大以实用为主的技术培训。到 2010 年实现职业教育与高中教育的比例达到 1：1。

初中：合并后的辽中县茨榆坨初中，地处沈盘公路 56 公里处，在辽中县茨榆坨二中的原址上建设。学校占地面积 76950 平方米，总建筑面积

20760 平方米，其中新建筑面积 15540 平方米（教学楼 10350 平方米，实验楼 1930 平方米，食堂 2300 平方米，锅炉等其他用房 960 平方米）；原有建筑面积 5220 平方米（改造后用作宿舍楼和专用教室），总投资将达到 2200 万元。新建教学楼拟建班型 48 个，可容纳 2400 名学生，为茨榆坨的小城镇建设和茨榆坨教育的可持续发展提供空间。

小学：规划到 2010 年合并后的茨榆坨小学共计 4 所，教学点 6 个。其中第一小学：占地面积 19344 平方米，总建筑面积 9180 平方米，新建筑面积 6880 平方米，原有建筑面积 2300 平方米，计划总投资 583 万元；第二小学：占地面积 14860 平方米，总建筑面积 4960 平方米，计划总投资 421 万元；第三小学：占地面积 24000 平方米，新建筑面积 8296 平方米，计划总投资 705 万元；第四小学：占地面积 40000 平方米，总建筑面积 15192 平方米，新建筑面积 12192 平方米，原有建筑面积 3000 平方米，计划总投资 966 万元。茨榆坨小学计划总投资 2675 万元。

幼儿园：坚持就近入学原则，扩大规模。规划在镇区建设中心幼儿园 1 所，中心村幼儿园 6 所。

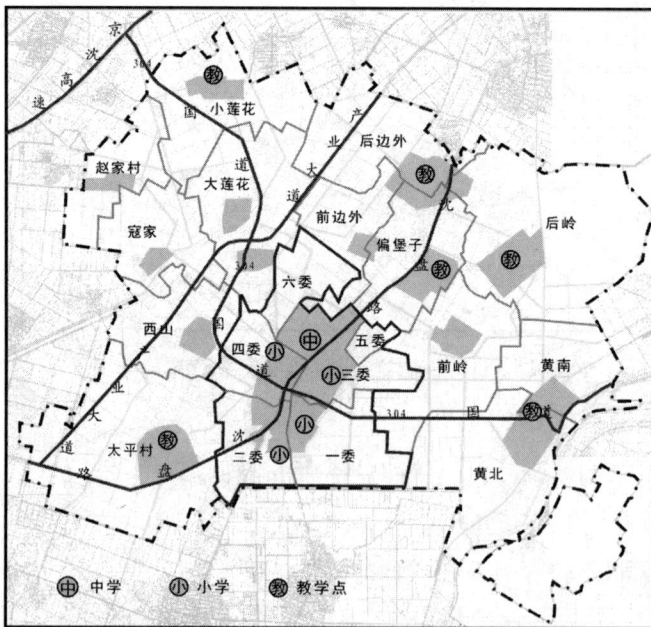

图 11.12　2010 年茨榆坨镇教育资源布局图

（2）深化教育改革，加强学校管理

以民主与科学为宗旨，以学校发展目标为指针，以服务全体师生为指导思想，在今后三年的管理工作中提高教师的工作积极性，全面提高学校的工作效率，加强校园的文化氛围。把建设独具茨榆坨学校特色与现代化学校相结合。

（3）加强师资队伍建设，抓好分流与提高

学校将以合校为契机，抓好教师内部调整工作。继续引导教师发扬和传承学校"脚踏实地、艰苦创业、知难而上、开拓创新"的教师队伍，根据发展性指标要求，把不同层次教师专业发展需求、创设开放式的校本格局、建立培养名师和骨干教师机制作为努力的方向。到2010年，初中教师本科学历达到90%，小学教师专科达到85%，中小学教师100%掌握信息技术；中小学干部教师交流达到50%，教师内部分流20%。

2. 公共安全

（1）交通安全

加强交通安全宣传教育；改善道路的安全性，加大投入，完善道路隔离、防护设施和交通标志、标线等交通安全设施，加强对急弯、陡坡、临水路段的管理，增设警示标志和安全防护设施，提高公路行车的安全性；强化对运输企业的交通监管；全面加强交通管理，最大限度地预防和减少重特大事故发生。

第一，继续加大宣传力度，特别是对茨榆坨镇内的村民，普遍进行交通安全教育，并在茨榆坨集贸市场等人口密集处播放宣传光盘，展出宣传挂图，悬挂交通安全标语。

第二，继续加大查处力度，对茨榆坨集贸市场周边停放的车辆，摊床进行彻底的整治，对乱放乱停，违规占道等交通违法行为，依法予以严厉的查处。

第三，设置机动车停车场，目前茨榆坨现有的一个停车场已经不满足机动车停放的需求，在茨榆坨集贸市场附近设置一个新的停车场，以缓解和改变现有车辆停放拥挤的状况。

（2）消防安全

消防规划目标是消除火灾隐患，遏制和减少火灾的发生，保障茨榆坨正常的经济秩序和广大居民的生命财产安全。具体规划：

第一，按照《城市消防站建设标准》建立消防站，配备消防车。各村和重点企业要添置消火栓和灭火器。

第二，消防管网按城镇标准建立。合理建设消防泵和消防水池，建设天然水源取水设施。建立节约型社会环境，把节水意识放在每一个环节。

第三，建立各种形式的消防队伍，包括建立相对固定的义务消防队伍，提高灭火自救能力。

（3）治安管理

治安管理的目标是社会治安秩序好，发案少，信息灵、群众满意。具体做到刑事案件上升幅度明显下降，健全和完善社会治安防范体系，政法队伍的整体素质明显提高，司法保障工作有较大改善，人民群众确实有安全感。

加大社会管理力度。一是加强流动人口管理，切实加强对失学失业青少年、刑释解教人员、涉嫌吸毒人员等"高危人群"的法制教育和管理，减少诱发犯罪的社会消极因素。二是对社会不法组织的管理。近几年一些社会不法机构增多，扰乱执法秩序，危害社会治安，必须依法调查清理。

严格落实政府公共安全责任制，完善公共安全预警和应急体系，建立健全水利、气象、农业生物灾害、疫情、食品药品安全以及社会治安、交通、人防等监测、预警和应急指挥管理体系。

3. 科技文化和体育

（1）主要措施

加强组织领导。把农村公共文化服务体系建设纳入各级党委、政府工作的重要议程，纳入社会主义新农村建设的总体目标，并作为硬性指标纳入各级政府的干部晋升、任期考核指标。

多渠道加大经费投入。设立农村公共文化服务体系建设专项经费，保证公共文化服务体系建设和文化活动的经费投入。同时鼓励民间资本向文化事业投资，通过国家、集体、社会等多渠道筹集资金。

理顺农村基层文化管理体制。农村文化站人员的人事权归县级文化主管部门和人事部门，文化站专职人员纳入财政全额供给行政事业单位编制。在基层文化站推行人员聘用制和岗位目标责任制，促进农村公共文化服务人才资源合理配置和流动。

建设充满活力的农村文化工作机制。建立健全竞争激励机制和目标岗位责任制，面向农村、农民，制订年度公益性文化项目实施计划，改进服务方式，提高服务水平。积极探索社会办文化的途径，开展有偿服务和文化产品经营，努力发展文化产业，缓解文化活动经费不足的困难，逐步增强自我发展的内力。

加强对农村文化单位人员的专业培训。采取多种形式每年对基层文化工作者开展业务知识和技能培训，提高农村文化队伍思想水平和业务能力。

整合农村文化资源。依托文化站建立起综合公共文化服务基地，加强对教育、科技、卫生等部门的协调，形成合力，资源共享，使对农民科技讲座、法制宣传、文艺辅导等活动能够集中开展，充分发挥农村文化站的阵地作用。

做好农村公共文化体育服务体系规划，确定实施步骤和重点内容。重点落实基础设施建设、群众文化工作、体育工作、文化市场及文化产业工作。

4. 公共卫生和基本医疗

（1）加大政府投入，切实发挥政府在农村卫生事业中的作用

加大卫生经费投入力度，要有硬指标，保证增幅不低于同期财政经常性支出的增长幅度。一是加大公共卫生投入，明确政府公共卫生和重大传染病防控的责任。调动相关部门和全社会的积极性，加强重大传染病的及时发现、报告和控制等措施，以减少重大传染病对农民健康和社会稳定与经济发展的影响，强化和落实政府的基本公共卫生责任，保证城乡居民能够平等地享有最基本的公共卫生服务；二是增加对乡镇卫生院基本医疗服务的投入。与城区大医院相比，农民在乡镇卫生院就医，既便利又经济。因此要加大对乡镇卫生院建设投入，解决乡镇卫生院基础建设所需的资金，改善卫生院的医疗条件，同时解决乡镇卫生院和村卫生室医务人员的基本工资待遇问题，降低农民就医成本，使乡村两级

卫生防治服务网络能够真正提供质优价廉的服务。

（2）提高农村卫生机构基本服务能力

积极推进社区卫生服务，建立起适应农村卫生实际的服务网络体系。引导镇卫生院向社区发展，以提供基本卫生服务为主导，依托村级一体化管理机构大力发展社区卫生服务。在基建投入、设备配置、医学院校学生分配、人员职称晋升等方面，给予社区卫生服务政策性倾斜和优惠。不断加强农村基层卫生技术人员全科医学知识的培训，建立健全规章制度并认真贯彻落实。强化一体化管理，科学合理的设置村级卫生服务组织，为群众提供方便、及时、有效的卫生服务。引入竞争机制，改革用人制度，按照精简、效能的原则定编定岗，公开岗位标准，推行全员聘任制，减员增效，竞争上岗，择优聘用；改革分配制度，兼顾公平与效率，职工收入要与技术水平、服务态度、劳动贡献等挂钩，实现多劳多得，拉开收入档次，体现卫生技术劳务性价值。

（3）完善公共卫生、医疗服务和卫生监督执法三个体系

以完善公共卫生服务体系为保障，提高重大疾病预防控制能力和医疗救治能力，实现传染病和突出公共卫生事件网络直报，大力发展妇幼卫生事业，着力贯彻《妇女儿童发展纲要》，提高妇幼保健的服务质量和水平，有效降低新生儿死亡率。提高城乡居民健康知识知晓率和城乡居民健康行为形成率，以完善卫生监督执法体系为手段，确保人民健康。深入贯彻《关于卫生监督体系建设的若干规定》和《关于卫生监督体系建设的实施意见》。加强食品卫生监管，消除食物中毒隐患，实现卫生监督覆盖率100%，食物中毒等公共卫生时间报告及时率100%。调查处理和原因查明率100%。

（4）加强农村合作医疗的网络建设

加强镇、村两级医疗服务体系建设，提高整体医疗服务水平，适应农民就医的需要。提高医疗服务质量，增强辐射能力，吸引社会资金恢复和发展其他卫生院应有的功能，提高门诊、急诊处置能力。制定并下发标准化卫生室建设方案，将标准化卫生室建设纳入社会主义新农村建设规划，整合村级卫生资源，改善服务条件，提高服务水平。做好参合信息统计、登记和医疗证发放工作。同时，加强监管，有效防范基金风

险，保证新型农村合作医疗健康运行。

5. 社会保障

（1）多渠道推动就业

第一，大力开展职业技能培训，促进务工者自主就业。通过开展"联合培训"、"上门培训"、"订单培训"、"定向培训"等培训方式，建立了"用人单位下单、求职者填单、培训机构接单、政府买单"的培训就业机制，鼓励新办企业使用本地劳动力，设立专项劳动力培训资金，用于支持劳动力的技能培训；支持各种培训机构的发展，开展各项深层次培训，提高劳动力的基本素质；推动培训与就业相结合的培训形式的发展，并实施跟踪培训，保持劳动力的持久竞争力，降低了失业率。

第二，积极推动二三产业的发展，为居民提供尽可能多的就业岗位。加大招商引资力度，制定措施推动民营经济的发展，特别是推动劳动密集型产业的发展，为劳动力提供充足的就业岗位。

第三，加大劳务输出力度，引导农村剩余劳动力转移就业。多渠道收集用工信息，建立了县、乡、村三级劳务信息网络，组建民间劳务联络站，劳务输出覆盖东部沿海及中西部大中城市。

第四，发放小额担保贷款，推进创业带动就业。对有创业愿望的下岗失业人员进行资金帮助，提供 1 万 ~3 万元小额贷款启动资金，并对其进行开业指导和创业培训，提供全方位的管理服务。

第五，建立就业援助长效机制，安置"零就业家庭"实现就业。实施送政策、送岗位、送技能、送服务、送温暖活动；强化就业援助，建立了以预警预报、申报登记、入户调查、动态管理、帮扶援助制度为核心的"零就业家庭"等困难群体的就业援助长效机制，使其出现一户、援助一户，并且确保其家庭成员在三个月内实现就业。

（2）完善社会保障体系

第一，继续完善养老、医疗、工伤和生育保险制度和农村新型合作医疗制度、少儿住院医疗互助金制度。

第二，探索农民社会保障的模式。积极推动大病统筹式的合作医疗保险的发展，争取覆盖绝大多数农民；向农民多多宣传各种社会保险，提高农民的参保率；探索以部分土地收益作为基本投入的农民社会保障资金的筹措模式。

第三，完善城乡一体的社会救助体系，高度重视切实解决低保群体和弱势群体的困难，提高城乡居民低保补助标准，提高农村"五保户"生活补助。

6. 生态环境

①加强水资源保护和水环境治理。进一步强化大气污染防治理，提高集中供暖率，改善能源结构，鼓励农村使用沼气等清洁能源。

②支持并监督铸造、饲料等行业严格按照环境监管部门的要求，按期达到污染物治理标准。加大监管力度，努力提高镇域企业的治污投入和处理能力，对不能达标排放的企业施行严格的限制措施。

③建设生活污水的收集管网，争取到2010年建成独立的污水处理厂。

④建设垃圾处理厂，将城乡生活垃圾和生产垃圾纳入垃圾处理系统，教育居民做好垃圾分类和处理再利用。

⑤大力发展循环经济。紧紧围绕发展农业生态循环经济和改善农村生态环境，做好畜禽养殖粪便处理工程，以"一池三改"户用沼气建设为重点，着力推进生态家园建设；以"畜—沼—菜（果）"生态循环模式为重点，因地制宜调整产业结构，发展农村循环经济；以大中型沼气工程建设为重点，全面开展农村面源污染防治，实现庭院经济高效化、农业生产无害化、家居温暖清洁化。要把农作物秸秆综合利用作为重要切入点，提高农业资源利用效率，促进农村经济发展和农民增收。

第四节　规划实施与保障

一、合理配置公共资源

1. 空间资源

①发展方向。总体上沿沈盘路向西南发展，与辽中城区融合。产业向西发展与近海经济区融合；居住向辽中城区和东部浑河景观地带发展。

②空间布局。在镇域范围内，形成以商贸服务区为主、以工业协作配套区、物流区、休闲农业区为辅的城镇体系。近期主要以镇区为发展

重点。

随着人口的不断集聚，建设用地的规模不断扩大，城镇发展以现在镇区内沈盘路段和304国道交界处为核心向四周扩展，发展成为"一心、五区、三带"的布局。

"一心"指商务中心，集商务、金融、酒店、餐饮、娱乐休闲于一体。

"五区"由工业协作配套区、行政服务区、居住区、商贸物流、休闲区构成。其中，工业协作配套区包括西山工业园区，以为近海经济区服务为主；行政服务区主要以镇政府为中心，集行政办公、企业服务于一体；居住区位于沈盘线以东、304国道以南两侧，以一委、四委为中心，主要承接本镇人口居住；以二委、三委为基础拓展，主要承接外来人口居住；商贸物流区主要是沿沈盘路西侧和304国道以北区域进行建设，包括市场、物流、商业街、餐饮、住宿等设施；休闲区主要以烈士陵园和镇区内小广场等为主。

"三带"指茨榆坨步行街，沈盘路商务走廊带，浑河生态景观带。

2. 财政资源

①财政收入。茨榆坨镇逐步实现了工商税收的稳定快速增长，随着近海经济区的建设，入驻企业的增加，新税源也会迅速地发展和壮大。2006年，税收全口径税收4397.8万元，可支配收入1198万元，比上年增加了48.93%。但是由于历年来增长率变化较大，因此根据茨榆坨镇的发展情况，其财政收入预测如表11.3所示。

表11.3	规划期内茨榆坨镇级财政收入表		单位：万元
年 份	2010年	2015年	2020年
财政总收入（万元）	9386	28317	66540
年均增长率（%）	20.87	24.71	18.63
财政可支配收入（万元）	2816	9911	26616
占GDP的比重（%）	2	3	4

②财政支出。

——2010年财政支出方向。人口规模的扩大，会对茨榆坨镇环境的承载能力、基础设施的完善程度、教育医疗等公益事业的规模及政府的城市管理职能提出了挑战，而这些方面都需要政府财政投入，因此要优化政府财政支出的结构。政府要将财政资金投入的重点放在公共事业建设、社区管理、环境保护等方面。

行政管理支出：结合政府机构改革，精简机构和人员，控制公务消耗性支出和消费性支出；对于一定要由政府财政开支的公用经费，逐步推行政府采购制度，从而压缩行政事业费支出；到 2010 年，将其占财政支出的比重控制在 10% 以内。

城镇管理支出：随着人口规模的扩大，增加规划编制、城镇管理、社会治安和交通、消防方面的投入，到 2010 年使其达到财政支出的 5% 左右。

环境治理和保护支出：为了改善人居环境，加大对大气、水环境和噪声污染的治理投入，到 2010 年使环境治理费用占财政支出的 10% 左右。

农业支出：增加农村公共设施（主要是农田水利设施）和农业科技的投入，并在一定程度上扶持农业物流的发展，预计到 2010 年支农投入达到财政支出的 10% 左右。

基础设施建设支出：要淡化财政资金在城市建设中的主体地位，强化政府在城市建设投融资体制中的基础性作用，使基础设施建设逐步市场化，寻求多元化的筹资渠道，减轻财政的负担。预计到 2010 年茨榆坨镇用于公共基础设施建设的投资占总财政支出的比例控制在 20% 左右。

公共教育支出：到 2010 年使文教卫生事业支出占财政总支出的 40% 左右。

福利保障支出：为了提高农村居民的社会保障程度，使其与城市接轨，要增加财政投入，因此预计到 2010 年该项支出占总支出的 8% 左右。

其他支出：为了促进经济结构调整，政府可考虑对高科技企业、农业产业化龙头企业进行一定的贴息扶持，并对劳动力就业培训提供财政支持。

——2015 年财政支出方向。根据产业发展和人口规模情况进一步调整和优化财政支出结构。首先，随着 2006～2010 年期间农业结构的大幅度调整及农业物流中心的建设，2011～2015年农业投入趋于稳定，主要是常规的农田水利和农业科技投入，因此农业支出在财政支出的比重可以适当下调，预计为5%。其次，经过2010年以前较大力度的环境污染治理和全镇发展的合理布局，该镇在2011～2015年期间环境治理和保护方面的支出也可以适当下调，预计为5%；这两项节省的资金可以用来投入城市管理、治安、交通、消防及文教卫生事业和社保等方面，从而为居民提供更安全、便利、舒适的居住环境。

——2020年财政支出方向。由于到2020年，茨榆坨镇的人口会增加到12万左右，城镇管理的力度要加大，因此财政要加大对其的投入，力争创造和谐稳定的社会秩序；同时，要在2015年的基础上进一步完善基础设施建设及文教卫生事业，营造出舒适、便利、高质量的居住和投资环境。

③优化措施。

第一，大力培植财源，增加乡镇财政收入。充分发挥财政的经济杠杆作用，利用好财政政策优势，广开财源，扩大基础设施的承载与服务功能，为招商引资创造良好的生产经营环境。按照"属地管理、收入共享、基数包干、超收分成"的原则，扩大招商引资的成果，新办企业形成地方税收，实行县、乡按比例分成，壮大乡镇财政实力。

第二，坚持依法治税、努力做到应收尽收。认真贯彻落实税费改革各项政策，保证农村稳定。耕地占用税要加大征管和挖潜力度，努力做到应收尽收；继续做好契税征收工作，重点突出，运用行政和司法手段，进一步完善征管机制，使契税征收工作走向规范化。

第三，优化支出结构、节减财政支出。坚持"一要吃饭、二要稳定、三要建设"的原则，保证人员工资等重点支出。努力规范开支标准，降低办公成本。

第四，要加强预算外财力的源头控制。加大非税收入征管力度，加强行政性收费的管理，要增强政府对预算外财力的调控能力，由政府适当统筹一部分预算外财力，保证一些必要的事业发展需要。

第五，加强债务管理，不断减少负债规模，缓解财政压力。由于历史的种种原因，目前尚有1000多万元的沉重债务包袱，这些负债今后要用镇财政的财力予以偿还，财政形势是严峻的。在今后的工作中，一方面最大限度地减少不必要的新增负债，另一方面要积极的协调配合有关执法部门，组织力量追缴欠款，收回偿债，缓解财政压力。

3. 公共管理资源

未来14年，茨榆坨镇政府行政管理体制改革的目标是：按照市场经济和现代城镇管理的需要，在明确和上级政府事权划分的基础上，建立以"小城镇，大服务"为目标的新型行政管理体制；建设一支高素质、专业化的行政管理干部队伍和管理职能明确、管理手段先进、廉洁高效、运转协调、行为规范的行政管理机构。

①增强政府公共服务职能，提高政府效率。今后政府要完善公共服务职能部门，加强其财政资金调配的权利，尽量提高其机构设置的规格。

②加强政府机构改革，转变政府职能。按照"精简、统一、效能"和分类指导的原则，设立行政机构设置党政、经济发展、社会事务三大办公室，整合现有站所，设置农业服务中心、文化服务中心、财政所、人口和计划生育生殖健康服务中心四个公益性事业机构，强化公益性事业单位公共服务功能。

③做好经济社会发展规划的基础上，合理制定城乡总体建设规划、土地利用规划等专项规划，并保证规划的落实。将近海经济区的建设、拆迁等工作与小城镇的镇区建设统筹发展，推进城镇化。

二、建立健全规划实施保障体系

通过健全规划实施机制，采取经济、法律及行政等综合手段，切实为本规划实施提供有力保障。今后5~14年对于茨榆坨镇国民经济和社会发展切实转入科学发展轨道、和谐社会之路至关重要。在社会主义市场经济体制初步建立条件下，实现规划目标和任务，必须依靠发挥市场配置资源的基础性作用。同时，政府要认真履行职责，强化要素资源保障，有效引导社会资源，合理配置公共资源，保障规划有效实施。

1. 组织保障

加强规划组织体系建设，做实做深专项规划。强化经济社会发展规划的约束性，所有区域规划和专项规划乃至行业规划，都必须以经济社会发展规划为依据，服从、服务于发展规划的要求，做到与发展规划相衔接。加强专项规划编制工作,要以发展规划为指导,结合各自实际,研究编制区域规划和专项规划,理清思路,把全镇经济社会发展规划目标和任务落到实处。各个专项规划要增强科学性和可操作性,突出做好功能、产业和重大项目布局,提出具体工作措施和保障措施。

2. 政策保障

按照茨榆坨镇经济社会发展的总体思路、发展重点和宏观政策取向,以"整合资源、突出重点、加大力度"为原则,进一步完善现有政策。

强化产业发展政策。按照走新型工业化道路的要求,认真贯彻国家产业政策,结合茨榆坨实际,制定适合茨榆坨镇的《产业发展导向目录》,设立产业结构调整专项资金,整合现有的企业扶持政策,大力扶持基础性、先导性的优势产业、重点产业、重点行业、关键领域和重点企业,并促使其快速发展。

强化科技创新和品牌创建政策。立足于激活创新活力,提高创新能力,完善科技创新和品牌创建政策,加大对特色农业、先进制造业、现代服务业技改创新的扶持力度,推进产学研一体化进程,促进科技成果的转化;加大对品牌创建和品牌经营的扶持,促进品牌经济发展,提升经济竞争力。

强化循环经济发展政策。促进经济增长方式转变,大力发展循环经济,适当安排财政引导资金,拓宽社会融资渠道,筹集设立循环经济专项资金,大力支持清洁生产企业和生态保护区域。

强化城乡统筹发展政策。按照统筹发展、重点开发的要求,研究提出区域协调、城乡协调政策,建立健全协调机制,强化对要素资源配置的调节,引导资金、土地等要素向"三农"和重点开发区域倾斜。

3. 要素保障

按照"适度超前,留有余地"的原则,搞好要素资源平衡,合理利用水、土地、电力、资金、人才等要素资源供给,以满足经济社会快速发展的需要。

土地资源支撑:根据预测,2010 年镇区建设用地 370 公顷,2020 年远期建设用地 750 公顷。为保持经济社会可持续发展,必须集约利用土地。

电力支撑：茨榆坨镇 2006 年用电量为 0.78 亿千瓦时，根据电力、电量预测，到 2010 年，全镇供电量将达到 1.5 亿千瓦时。

人才支撑：根据预测，今后经济社会的发展对人才需求以年均 10% 的速度增长。为此，要充分利用大型展会、招商引资、项目引进和技术合作等平台，从重点高校、重点区域引进所需高层次人才，同时加强现有人才的再培训。

环境支撑：茨榆坨镇将建设处理能力为 2 万吨/日的污水处理厂，接纳茨榆坨镇生活及工业污水。2007 年完成项目可研和选址工作，2010 年 5 月建成并试运行。

4. 法制、机制保障

依法实施《茨榆坨经济社会发展规划》，创新规划的实施机制，综合运用经济、行政等手段，将规划落实到经济社会发展年度计划和财政预算中，确保规划目标实现。要加强规划实施的监督检查，本规划确定的约束性指标要纳入评价和绩效考核体系，分解落实到相关部门。确保本规划在全镇规划体系中处于核心和统领地位，各种专项规划和区域规划必须服从于这一规划的总体要求。

课题组主要成员：马庆斌　张宝华　徐勤贤　郁　望

第十二章 工业强镇规划
——以浙江省杨汛桥镇为例

执笔：白 玮

第一节 规划思路与分析

　　工业强镇的基本内涵包括：一是行政级别属于小城镇或建制镇级别，即直属于城市的区、县（自治县，旗）、县级市管理，明确设立镇的行政单位，二是第二产业职业和产业构成比例大，即城镇第二产业劳动力比例、第二产业增加值比例和第二产业用地比例占主导的城镇。经过长期的发展，工业强镇在增强经济实力，提高居民收入等方面发展迅速，但是也积累了一定的发展矛盾，如产业发展环境污染、城镇发展空间有限、城镇发展滞后于工业化发展造成城镇功能不完善，吸引力下降等问题，研究工业强镇规划，促进工业强镇经济社会可持续发展具有很重要的意义。

　　本章以浙江省绍兴县杨汛桥镇为例，探讨工业强镇的规划研究。杨汛桥镇位于绍兴县西北部半山区，东接钱清镇，南连夏履镇，西北以西小江为界，与杭州市萧山区的所前镇、新塘街道、衙前镇隔江相望，总面积 37.85 平方公里。杨汛桥镇自 80 年代成功研发第一台提花经编机起，经编行业在杨汛桥蓬勃发展，享有"中国经编名镇"的美誉。目前杨汛

　　白玮：国家发改委城市和小城镇改革发展中心规划研究部发展规划室主任、博士、高级经济师。

桥已经形成纺织印染、建筑建材、经编家纺、机械制造四大支柱产业并正在向家用电器、汽车配件、电子信息等领域拓展。2009 年全镇拥有 954 家工业企业，其中 11 家拥有自主知识产权、主业突出、核心力强，全镇 500 万以上的规模企业产值占全镇的 80% 以上。先后有浙江玻璃、永隆实业、宝业集团、展望股份等 8 家企业上市。杨汛桥镇杨汛桥镇 2009 年地区生产总值达到 45.98 亿元，人均 GDP 达到 19319 美元，第二产业增加值占 GDP 比重高达 87.91%，杨汛桥镇镇域总人口 9 万人（其中户籍 3.5 万人，外来人口 5.5 万人），第二产业就业比例达到 80%。从经济总量、产业结构和就业结构等方面都可看出，杨汛桥镇属于典型的工业强镇。

杨汛桥镇在快速经济发展过程中，积累了一定的问题和矛盾，具体如下。

一、城市化滞后于工业化发展

杨汛桥镇工业化和城市化发展集中表现为四大不适应：经济发展水平与城市化发展程度不适应；城镇产业发展水平与城市化发展要求不适应；城镇生活服务功能与居民生活需求不适应；城镇综合服务功能与经济发展水平不适应。

二、杨汛桥发展空间受到制约

杨汛桥镇 42.8% 的土地资源利用难度较大，在 21.65 平方公里的土地上，为 9 万人提供生产和生活空间，人口密度高达 4157 人/平方公里。

杨汛桥镇工业用地和居住用地占土地总面积的 27%，根据《全国土地利用总体规划纲要（2006－2020 年）》，2020 年浙江省全省建设用地比例仅为 11%，杨汛桥镇工业用地和居住用地比例远远高于全省平均水平。公共服务设施和基础设施配套相对滞后，镇区和杨江大道沿线工业发展和城镇建设重叠；城镇内生活区与生产区功能混杂，居民生活空间拥挤，且环境质量恶化。土地利用方式不合理进一步加剧了发展的空间制约。

三、城镇功能划分不明确

杨汛桥和江桥两大镇区分别位于镇域东西两端，由杨江大道相连，城镇空间格局呈"哑铃"状。而两大镇区功能定位不明确，城镇功能同构，未能发挥对人口、商贸服务等资源进行合理配置，形成空间相互依存，功能互补的格局。具体表现为一是城镇生产生活服务设施档次低，不能适应当地企业商务发展需求；二是杨汛桥镇居民经济实力较强，商业服务业功能不能满足居民物质文化需求。城镇服务功能不完善导致镇域内部分企业总部外迁，本地居民生活消费外流，杨汛桥镇集聚能力较弱。

四、经济结构转型升级压力较大

杨汛桥镇纺织印染和经编家纺业仍以传统的生产模式为主，产品质量档次以中低档为主，缺乏设计等高附加值和高效益的生产环节；受到环保政策的制约，建筑建材等产业环保成本高；同时受到金融危机的影响，上市企业和大型企业深陷债务危机困境，外部融资环境恶化。杨汛桥在农村工业化、企业规模化和资本国际化发展进程中，面临传统产业向现代产业转型的挑战，但受到土地空间制约，企业财务危机和市场前景不明朗等问题的影响，杨汛桥经济转型结构升级压力很大。

五、社会管理矛盾凸显

首先，杨汛桥镇经济发展水平与本地人民群众物质文化需求严重不匹配，居民收入水平较高，经济实力较强，而镇内教育、医疗等公共资源配置不均匀和质量有限，污水处理、交通、商贸服务业等基础设施建设滞后，难以满足居民需求。其次，随着大量外来人口规模急剧增加，公共服务供给相对不足，社会治安、外来人口居住、就业、子女教育等方面的社会管理压力激增；第三，制约杨汛桥镇长期发展的土地空间和城镇布局优化问题尚未解决，杨汛桥城镇吸引能力严重下降，经济活力降低，对人才引进、产业结构调整升级、就业等方面带来严重的负面影响，公共财政压力加大；第四，政府、企业、村民委员会、居民委员会、本镇居民和外来人口在城镇改造方面尚未达成协议，如不能谨慎处理，维持社会和谐稳定的难度加大。

杨汛桥镇已经具备城市的基础和规模。当前，杨汛桥镇正处于由传统工业向现代工业，由传统小城镇向现代城市发展的转型关键期，同时杨汛桥镇遇到的问题和困惑在长江三角洲地区具有一定的代表性，符合浙江省加快培育中心镇发展小城市的要求，因此杨汛桥镇今后 5～10 年的主要任务是抓住国家鼓励城镇化发展的战略机遇期，紧紧围绕浙江省深化扩权强镇、加快将中心镇培育为现代化小城市的工作，推进杨汛桥镇全面城市化、深度城市化。全面城市化包括全域城市化和全民城市化，即杨汛桥镇不再划分农村和城镇社区，也不再区分农业和非农业户口，将全部区域和全部人口纳入城市化考虑的范围。深度城市化是指提升城镇形象、完善城镇功能，改善人居环境，为三产服务业发展提供平台，促进城镇从形象到内在品质的转化。针对杨汛桥镇而言，深度城市化的重要任务包括以下四点：明确城市核心区，改造城市形象；优化城市空间布局，适应产业发展和居民居住要求；提升城镇服务功能，实现城市化生活需求；以城市化发展的要求促进产业结构调整升级。

第二节　规划目标与定位

一、发展定位

1. 长三角工业强镇城市化发展的示范区

紧紧抓住城市化发展机遇，明确城镇发展核心区，优化城镇空间布局，完善城镇服务功能，合理配置资源，统筹协调各方利益为工业强镇破题城市化发展树立榜样，成为长三角工业强镇城市化发展的示范区。

2. 长三角次中心民营经济创业实验基地和特色产业制造基地

传承杨汛桥人"永不平庸、永不满足、永不放弃"的创业精神，总结提炼杨汛桥镇创业故事和经典案例，与本地企业运行管理实践相结合，为企业管理层、企业管理专业研究人员和高校提供教学实践基地，成为长三角次中心民营经济的创业实验基地。

积极进行产业结构调整升级，提升产品质量和档次，继续发挥杨汛桥镇在经编家纺、纺织印染等方面的产业集聚优势，打造中国窗帘窗纱等特色产业制造基地。

3. 杭州城市群核心区的特色小城市

《长江三角洲地区区域规划》提出杭州为长三角副中心城市，构建杭州城市群的目标，杭州城市群主要包括杭州湾区域的宁波、绍兴、台州和舟山等城市。杨汛桥镇位于绍兴县西北部，毗邻杭州市萧山区，是绍兴与杭州沟通联系的桥梁和纽带。杨汛桥镇应以对接杭州为发展方向，成为绍兴县对接杭州桥头堡，打造杭州城市群核心区的特色小城市。

二、战略目标

到 2015 年，城镇核心区初具规模，城镇空间布局和功能区形态基本实现，产业结构调整工作基本完成，城镇发展的核心和增长极培育成熟，镇内污水管网、道路、通信等基础设施建设达到小城市标准要求。

到 2020 年，科技和创新对经济增长的支撑能力进一步提升，城镇第三产业长足发展，经济发展水平总体有较大的提升，城镇空间布局合理，形态良好，生态环境得到极大改善，努力实现生态环境优美、经济繁荣、社会和谐的发展局面，积极参与区域合作与分工，建成长三角地区民营企业创业和特色产业基地、宜居宜业的特色小城市。

第三节　规划任务与措施

一、规划任务

1. 加强与杭州市的区域联系

杭州市历史上就是经济繁荣地区，长江三角洲中心城市之一，目前主要经济指标已经达到或接近发达国家水平，对周边城市具有重要的辐射带动作用。萧山区属于杭州市江南城副中心，江南城规划建设成为以高科技工业园区为骨干，产、学、研协调发展的现代化科技城和城市远景商务中心，南部建设重点为商贸、居住生活区，东部建设重点是工业和文科教研区。杨汛桥镇紧邻萧山区东南部，仅一江之隔，经和门程大桥进出萧山区仅需 10 分钟时间，交通快捷便利，两地纺织业和苗木花卉种植业建立了部分产业联系，且传统文化习俗相近，人流来往频繁，杨汛桥镇作为距离杭州和萧山最近的地区，具有对接融入杭州和萧山的便利条件，同杭州对接，接受杭州人口和经济辐射联系，也是杨汛桥镇的重要战略内容之一。

杨汛桥镇应积极承接杭州和萧山市区产业转移，如花卉苗木、纺织产业等，同时提升自身科技创业水平，积极开展制造业和科技创业方面的合作，其次为所前、衙前和新塘街道等地人口转移集聚提供生活服务。

2. 努力推进产业结构调整升级

积极贯彻落实科学发展观，以现有资源和产业为基础，充分发挥地方比较优势，不断优化产业结构，提升产业竞争力。根据产业政策和环保政策的要求，对杨汛桥镇现有产业进行调整升级。

产业调整升级的思路是，第一产业作为对接萧山的重要通道，予以保留，并在现有规模种植的基础上，延伸花卉苗木种植产业链，向生态观光休闲农业方向发展，发挥农业的休闲观光、科学教育和生态环保的综合功能，提高农业附加值和综合服务能力。

杨汛桥镇第二产业已经形成了经编家纺、建筑建材、纺织印染和五金机械制造为主导的产业体系。随着经济社会条件转变，杨汛桥镇第二产业发展的机遇和优势发生了变化，产业发展方向也需要随之调整。其中经编家纺、纺织印染是杨汛桥镇的传统特色产业，对于富裕百姓、吸纳就业和塑造品牌具有重要的作用，应坚持低碳、高附加值、高技术含量的发展方向，限制印染等生产环节的发展，重视产品设计环节的投入，提升经编家纺产品的科技含量和附加值。延伸纺织机械开发制造产业链条，打造具有本地特色的五金制造产业。积极进行产业转型，限制不符合产业政策和环保政策产业的发展，走提高产品质量和科技含量的发展路径，继续做大做强；二是根据本地产业发展需求，积极吸引与本地产业实现配套和上下游关联的产业，对现有资源进行有效配置整合，丰富工业产业类型。

第三产业：改造提升传统服务业，着力发展需求潜力大的物流、高档商贸、生产性服务等现代服务业，提高服务业产业的整体规模和水平。

3. 积极促进杨汛桥镇城市化发展

杨汛桥镇常住人口规模已接近 10 万，达到小城市人口规模，形成了四大主导产业，经济发展基础好，人口就业稳定，公共服务和基础设施建设水平均已经达到城市标准，可以说杨汛桥镇已经具备小城市的规模和特点。但杨汛桥镇仍存在城镇空间布局不合理，公共服务和基础设施建设滞后，经济发展压力等问题。全面城市化和深度城市化成为杨汛桥镇今后发展的第一要务。根据人口就业和生活居住分布情况，合理安排学校、医院、市民活动中心等公共服务设施的规模和位置，满足不同知识层次和不同年龄段人口的需求；构建完善的外来人口服务工作体系，在职业培训、就业、子女教育、社会保障等方面深入改革，为外来人口真正融入本地社区和城市生活建立良好的基础。

4. 土地空间优化整合

土地资源已经成为制约杨汛桥经济社会发展最重要的要素，提高土地集约利用水平，进行土地空间调整和整合是增进杨汛桥经济社会繁荣的重要内容。战略规划期内，杨汛桥镇在空间布局优化和功能分区的基础上，制定较为详细的控制规划，利用产业政策和调整公共服务资源配置的手段，促进土地利用集约程度低、利用效益低下的老旧工业用地、厂房土地进行腾退，搬迁到规划的产业集聚区。积极争取上级政策，鼓励老旧居民和村民住宅用地置换搬迁。根据统一规划，充分发挥各利益主体的积极性，对节约集约利用出的土地进行综合开发，一方面增强杨汛桥镇经济发展活力，另一方面提升杨汛桥镇城镇形象。

二、规划措施

1. 优化城镇空间布局

明确杨汛桥镇增长核心，充分地发挥增长核心的带动作用和集聚效应，实现区域发展的合理分工和各项经济服务功能的有效集聚，促进产业链整合和企业组织结构建设，构建"一心三区，两轴两带"的空间结构，即以西部江桥核心区、东部杨汛桥片区、中部产业集聚区和南部芝塘湖片区为支撑形成"一心三区"的空间布局，在空间轴线建设上，形成以杨江公路产业发展轴、江夏公路（杭金衢高速连接线）产业发展轴、两山一湖旅游休闲产业带、西小江休闲游憩产业带为骨干的"两轴两带"发展格局。

（1）"一心"——杨汛桥镇城镇核心区

①范围及定位。本区在现有江桥集镇的基础上，扩展到北以西小江，西南至杭金衢高速连接线，东南至远瞻公路的区域，包括竹园童、江桥、麒麟、江桃、展望和杨江社区位于展望路以西的区域。本区定位为杨汛桥镇商贸、宜居生活中心。

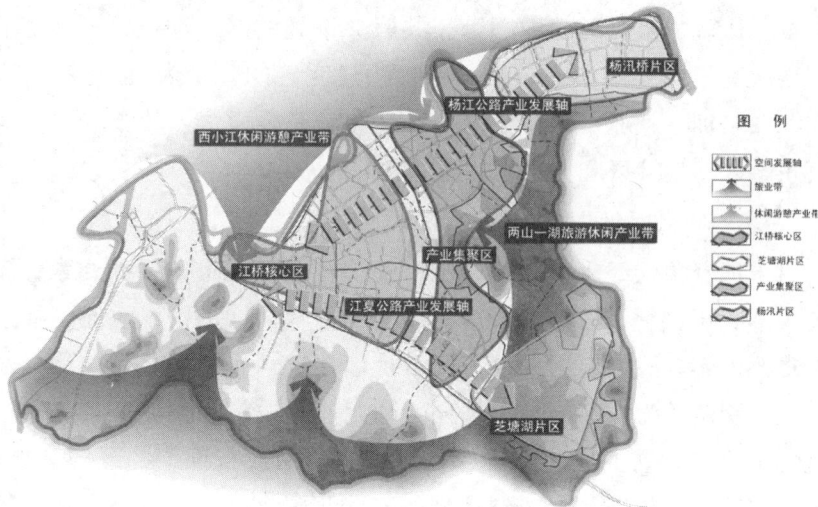

图 12.1 杨汛桥镇空间结构图

②用地特点及调整方向。根据对杨汛桥镇遥感图像分析，可得出江桥中心区土地利用呈现如下特点：地域面积开阔，耕地面积占全镇耕地总面积的24.14%，可利用空间较多；江桥的人口居住规模较大，住宅用地占全镇住宅用地的30.65%，但商服用地比例仅为0.31%，表明江桥中心区现有商贸服务功能难以满足人口需求；江桥中心区工矿仓储用地和住宅用地比例均较高，存在用地混杂的问题。针对以上对江桥中心区的功能定位要求，江桥核心区今后用地调整方向应根据人口需求，适度增加公共服务用地和住宅用地，为了提升江桥商贸服务功能，推进工矿用地向商服用地的置换。

表 12.1　　　　　　　江桥核心区主要用地类型面积及比例

主要用地类型	面积（km²）	所占比例（%）
耕地	1.53	24.14
商服用地	0.00	0.31
工矿仓储用地	1.38	24.83
住宅用地	1.20	30.65
公共管理与公共服务用地	0.12	26.10

③建设重点。一是进一步加强江桥中心与杭州萧山区、绍兴县的交通联系。加快江桥中心与新塘、所前镇和萧山区的道路建设，积极争取萧山区公共交通网络覆盖至杨汛桥镇，尽快开通杨汛桥直达萧山的公共交通，为加强江桥中心与杭州市的经济联系打好基础。

二是促进周边村庄居民集中。建设保障安居房工程，鼓励竹园童、和门程、联社、江桥、麒麟、江桃、展望和杨江等周边村庄居民向江桥中心居住区集中，由村集体将置换出的农村集体建设用地进行资产化管理，农民与村集体资产的股权、收益分配政策不变。

三是合理布局江桥中心用地格局。积极促进江桥中心区内老旧工业厂房、不符合环保政策和土地利用效益水平较低的用地企业的搬迁和退出，支持企业家和村集体利用置换出的土地发展商贸服务和房地产业，增强江桥中心商贸服务功能，逐步改变工业用地与居住用地和商业用地混杂的局面。

四是加强公共服务和基础设施建设。改造江桥核心区环境卫生状况，适当增加核心区内绿地、公园等休闲娱乐设施数量，重点推进道路、供水、污水排放治理、电力、电信、燃气等基础设施建设，提高学校和医院的服务能力，增强江桥中心区的人口集聚服务能力。

（2）"三区"之一——杨汛片区

①范围及定位。本区以现有的杨汛集镇为基础，包括高家、杨汛、孙家桥和王家塔居委会。规划期内的战略定位是打造成政治、商务中心和宜居生活服务片区。

②用地特点及调整方向。根据对杨汛桥镇遥感图像分析，可得出杨汛桥片区土地利用呈现如下特点：杨汛片区目前是杨汛桥镇行政文化中心，公共管理与公共服务用地占全镇该类土地总面积的60.36%，公共服务设施齐全；杨汛片区住宅和商服用地比例较高，分别达到17.93%和14.41%，商业服务功能较好；杨汛片区耕地面积小，其比例仅占全镇的5.01%，可利用空间紧缺；杨汛片区工矿及仓储用地分布较多，与打造商务中心和宜居生活片区的定位相矛盾，不利于培育房地产和商服业发展，针对以上对杨汛片区的功能定位要求，杨汛片区今后用地调整方向推进工矿用地向商服用地的置换。

表 12.2　　　　　　　　　杨汛片区主要用地类型面积及比例

主要用地类型	面积（km²）	所占比例（%）
耕地	0.32	5.01
商服用地	0.01	14.41
工矿仓储用地	0.86	15.41
住宅用地	0.70	17.93
公共管理与公共服务用地	0.28	60.36

③建设重点。一是以建设宜居生活服务片区为目标，合理确定公共设施、道路广场和居住用地的空间安排。鼓励片区内工业企业将用地置换到产业集聚区内，对腾退出的工业用地进行商住开发，为打造宜居生活服务片区做好土地储备。

二是促进周边村庄居民集中。建设保障安居房工程，鼓励蒲荡夏、园里湖、上孙、河西岸等周边村庄居民向杨汛片区集中，允许村集体将置换出的农村集体建设用地进行资产化管理，农民与村集体资产的股权、收益分配政策不变。

三是加强基础设施配套，针对杨汛片区内公共设施档次低、规模小、布局不合理等问题，加快城市基础设施建设配套工作，提高区域内学校、医院等公共服务设施的服务水平和档次，为中高收入人群向杨汛桥片区集中打好基础，加强杨汛片区对人口的吸纳能力。

四是充分利用杨汛片区临近山水资源的有利条件，积极促进牛头山和西小江的开发利用与建设，依托山水建设城市生态休闲景观，提升杨汛片区宜居生态环境。

（3）"三区"之二——产业集聚区

①范围及定位。以现有特色产业园为基础，集中打造北至西小江，南至江夏公路，东边以展望路为界，西至山体的产业集聚区，主要包括建吴、河西岸、合力、横山和江桃村的部分区域。产业集聚区是重点吸引集聚工业企业，发挥杨汛桥镇经济支撑、提供就业和增强全镇经济实力的重要作用。

①用地特点及调整方向。根据对杨汛桥镇遥感图像分析，可得出产业集聚区土地利用呈现如下特点：工矿用地面积大，分布集中，产业集

聚区工矿用地比例占全镇的 26.75%，产业功能突出；工矿用地和住宅用地比例较高，用地交错，功能混杂；公共管理和服务用地比例较低，居民生活服务设施相对薄弱。针对产业集聚区的功能定位，产业集聚区用地调整方向是推进住宅用地、公共管理和服务用地向工矿用地置换，继续突出强化该区的产业功能。

表 12.3　　　　　　　　产业集聚区主要用地类型面积及比例

主要用地类型	面积（km²）	所占比例（%）
耕地	0.61	9.64
工矿仓储用地	1.49	26.75
住宅用地	0.41	10.56
公共管理与公共服务用地	0.01	1.09

③建设重点。一是加快土地整理开发和基础设施建设。在土地利用总体规划中落实产业集聚区用地范围和面积，新增建设用地指标向产业集聚区倾斜；设定产业用地门槛，提高土地利用效益和水平，明确工业项目用地的投资强度、容积率和建筑系数、土地产出效益和用地结构等指标的具体标准，在实施过程中严格按照相应的标准进行管理，对于达不到相关标准的企业用地需求坚决不予审批；做好低效工业用地的置换和整理工作；推进特色产业园及周边区域的道路、水暖气电等基础设施和服务建设。

二是制定产业集聚区发展规划。推进产业以集聚集群形式发展，通过资源、市场、技术、设施等共享和产品、研发联系推进集聚经济的快速提升；推进企业间的资源整合和兼并重组，通过资源的有效合理配置，形成竞争有序的市场结构；鼓励发展高技术产业和现代制造业，大力发展资源消耗少、环境破坏小、附加值高、带动性强的产业，促进产业结构优化升级。

三是推进循环经济和低碳经济产业发展模式。根据目前支柱产业特点，制定行业的产业效能指标；推进现代清洁生产工艺和技术在印染、化工、建材等行业的试点推广，进一步降低产业的能耗和污染物排放强度，大力发展清洁生产和循环工艺；对执行产业效能标准和提高资源利用水平较好的企业制定相应的奖励政策。

(4)"三区"之三——芝塘湖片区

①范围及定位。以芝塘湖村为核心，辐射延伸至周边山体的区域，芝塘湖片区是未来杨汛桥镇新经济增长极，定位为高端总部经济区和商务休闲活动区。

②用地特点及调整方向。根据对杨汛桥镇遥感图像分析，可得出芝塘湖区土地利用呈现如下特点：耕地和住宅用地比例高，存在少量的工矿用地。针对芝塘湖区的定位和发展方向，芝塘湖区近期应继续控制住宅用地扩张，可逐步将区域内工矿用地置换调整至产业集聚区。

表 12.4　　　　　　　　　产业集聚区主要用地类型面积及比例

主要用地类型	面积（km²）	所占比例（%）
耕地	0.81	12.83
工矿仓储用地	0.33	5.87
住宅用地	0.28	7.13
公共管理与公共服务用地	0.01	1.09

③建设重点。一是芝塘湖片区水资源、山体资源和森林资源丰富，自然环境优美，是杨汛桥镇最具开发潜力的区域。芝塘湖对于提升杨汛桥发展实力和档次具有十分重要的意义，因此开发思路和方向要十分谨慎。

二是 2010~2015 年，芝塘湖片区的发展思路是控制农民自建房，逐步引导农民异地建房和搬迁；通过展望村、江桃村土地和工业用地的重新规划和改造利用，为芝塘湖片区建设提供充足土地资源；保护芝塘湖片区自然环境，加强芝塘湖片区道路交通和环境基础设施建设，为芝塘湖开发建设打好基础。

三是 2015~2020 年，芝塘湖片区发挥自然环境优势，凭借便捷的交通条件，高效融合外部多元的信息、技术、市场和资本，为产业集聚区提供生产性服务，是鼓励和吸引企业总部、办公、销售等经营环节在芝塘湖片区聚集。鼓励本地企业将与生产制造环节相分离、对生产性服务业需求较高的经营环节在芝塘湖片区集聚；鼓励外部大型销售企业和与杨汛桥产业联系密切的企业在芝塘湖片区建立办事处、采购中心等部门；积极引入推进研发机构、展览销售等机构单位在芝塘湖片区的入驻发展。

打造创业企业总部经济区和商务活动服务区。

3. 产业转型升级

（1）积极发展生态休闲农业

以加强区域联系，发挥资源优势为出发点，发展以花卉苗木、林特茶果、特色水产为主要产品，以科技型休闲农业为指导，以花卉苗木观赏、乡村旅游、民俗民宿为主要休闲项目，以和门程村和联社村为主要区域，带动周边山体，沿杭金衢高速路两侧打造集观光休闲、风情感受、农艺欣赏、游客农作体验和四季果蔬采摘于一体的生态休闲农业长廊。

（2）促进第二产业调整升级

以北至西小江，南至江夏公路，东边以展望路为界，西至山体的产业集聚区为重要的载体，以经编家纺名镇和窗帘窗纱产业园为基础，打造创业基地和特色产业制造基地。

①提升传统特色产业水平。经编家纺和纺织印染行业。提升经编家纺和纺织印染产业的产品设计和科技含量，打造窗帘窗纱特色产业，提高杨汛桥窗帘窗纱产品的市场知名度，逐步形成国内国际一流品牌；抓住产业集聚集群优势，延伸产业链条，打造中国窗帘窗纱产业基地。

重点任务：

一是以窗帘窗纱产业园为平台，在龙头企业的带动下，重点加强技术创新和产品创新，鼓励企业建立研发中心，加大对产品设计、技术改造和设备升级方面的研究和应用，增强家纺面料设计能力和绣花等深加工能力，带动杨汛桥经编家纺和纺织印染产业升级，促进窗帘窗纱产业集群发展。

二是积极促进中小型经编家纺和纺织印染企业整合，利用土地利用政策和环保政策，促进对周边环境造成污染，排污不达标，技术水平和单位面积土地利用效益低下的企业进行搬迁和整合，提升经编家纺和纺织印染行业的整体水平。

三是加强营销渠道建设。采用经编家纺、窗帘窗纱产品创意展示中心，召开产品推介展销会、技术交流会等形式，开展产品营销和客户联系活动，为扩大市场打好基础。

四是发挥行业协会的带动作用，开展与高等院校和科研院所技术合作，组织专业技术学习培训项目，提高产品科技含量，培养专业的技术人才队伍，为杨汛桥镇经编和纺织印染行业可持续发展打下基础。

②积极开拓先进制造业发展。以建筑建材、五金机械、化工为主导，以新材料、电子信息等高新技术产业等为补充，采取总量提升、科技引导、特色突出、衔接有序的发展模式，积极开拓装备制造、电子信息和都市产业等先进制造产业、提升第三产业规模和水平。

①现代商贸业。通过科学规划和市场培育，以建设现代化、特色鲜明的小城市商圈为目标，努力提高商贸服务业的总量和层次，大力发展商业娱乐、旅游休闲、商贸物流、总部服务等相关产业，促进产业发展和城市化之间的良性互动。通过商业与娱乐的结合形成多元复合的商业中心，使商业人群能够驻留，形成时间消费；注重趣味性、参与性以及各层次人群的覆盖，打造娱乐游览于一体的休闲消费和总部服务中心。立足与绍兴杭州的战略高度，承接杭州国际都市建设示范引擎的战略性作用，大力打造"商贸物流型"和"旅游消费型"融合的小城市

发展重点：

一是结合城市建设，重点在江桥核心区和杨汛桥片区培育发展以商业娱乐、旅游休闲为主的生活型服务业。主要类型有：

打造商娱一体综合区。在江桥核心区建设集商业、休闲、娱乐为一体的商业集聚区，提供购物、休闲娱乐、文化服务等设施，丰富服务业类型，增加区域活力。按照二十一世纪现代都市人的生活方式、生活节奏、情感世界度身定做，无一不体现出现代休闲生活的气氛的特色商业街。

形成商业聚集区。重点在杨汛桥片区建设国际化的现代购物中心，集购物、休闲、娱乐、展示、餐饮于一体，提升现有商业档次，完善商业功能。

二是在杨汛桥片区和芝塘湖片区，培育和发展以商贸物流、总部基地等多功能为一体的现代商贸服务产业。集群性引入战略产业及其上下游、关联产业，以保障产业的成功发展；充分以周边的萧山、绍兴、杭州等区域产业为基础，实现杨汛桥高端产业的引入；打造具有独特吸引力、配套完善的城市系统，以改善区域形象，吸引高素质的产业及郊区

化人群；同时利用大型会展、国际商务促进高端产业集群的进入。可通过建设发展总部商业服务业区的方式，引导总部业集聚，逐渐形成金融、保险、贸易等总部商务服务。

②物流业。充分利用绍兴市和周边地区加快工业化、城镇化、农业现代化的有利条件，重点面向绍兴县及周边地区支柱产业加快扩张的需求，以加快高速公路和铁路运输通道建设为支撑，以改革开放为动力，以先进适用技术为支撑，以推进物流服务的专业化、社会化和加快物流业的信息化、一体化为主线，坚持高起点规划、高水平建设和多功能发展的方针，加快培育现代物流园区和物流龙头企业，加快发展第三方物流、第四方物流和现代物流配套体系，引导企业外包物流服务，促进物流业转变发展方式，加快实现由传统物流向现代物流业的转变。把杨汛桥镇建成绍兴地区重要的物流结点，建成绍兴—杭州一带重要的区域物流中心。

③房地产业。以集约利用土地、实现区域协调发展为指导思想，根据区域条件和市场需求，发展不同档次和类型的房地产业，促进城镇环境和生活品质提升，为杨汛桥镇经济发展创造优良的投资环境，为第三产业发展发挥龙头带动作用。

建设和谐宜居地产。以江桥核心区和杨汛桥片区为重点，凭借其商服业发展基础好、人口密集、交通便利的优势，大力开发集商贸、居住、生态休闲等功能于一体的地产项目，从而为产业集聚区人口和本地居民提供居住、基本生活服务和休闲服务。充分发挥工业基础雄厚优势，将杨汛桥城市建设和产业发展相融合，大力开发集行政、商务、教育、研发、商住、旅游等功能为一体的地产项目，从而形成工业开放区、居住生活区、科教创新区为一体的聚集带，从而促进各种区域要素的协同发展，带动富有活力的产业集群快速衍生成长。

芝塘湖生态旅游地产。依托芝塘湖度假休闲旅游项目的开发建设，发展在内外空间方面和主题内涵方面具有明确关联性的旅游地产项目。重点打造以湖水、沟谷等独特的生态网络为骨架，以休闲旅游、生态型高尚住宅为主。

芝塘湖商务地产。充分发挥芝塘湖地区自然风光优美、生态环境良好，今后高端商务活动聚集的优势，打好生态"牌"，做好水"文章"，彰显杨汛桥生态之美，倾力承接洪州经济圈的带动和辐射，借助其品牌、平台，发挥自身比较优势来打造杨汛桥高端总部商务区。形成独具魅力的现代商务功能区。发展以智能化、低密度、生态型的总部楼群，形成集办公、科研、中试、产业于一体的企业总部聚集基地地产。为杭州经济圈内的经编家纺、高科技产业为主的跨国、全国著名企业及知识密集型服务企业提供总部基地服务。

第四节　规划实施与保障

一、体制机制创新

努力争取上级政府及有关部门的支持，切实提高公共服务和社会管理的能力，争取将杨汛桥镇列入全省小城市培育试点，赋予杨汛桥镇享有县级经济社会管理、劳动保障、环境保护和城镇管理方面的县级管理权限，从区划调整、机构设置、要素保障、财政体制、税费优惠等方面，加大政策支持力度，适度强化镇级政府的有关职能机构，增加有关机构人员编制，赋予对内设机构和人员定位的自主调配权。

加快转变政府职能，理顺关系，优化结构，提高效能，形成权责一致、分工合理、决策科学、执行顺畅、监督有力的行政管理体制，建设服务型政府，根据人口规模、经济总量和管理任务，科学设置结构和人员编制，提高行政办事效率。非垂直部门事项属地管理，其所属人员工资、办公经费由镇财政列支，并对其享受管理权限，对垂直部门，实行双重管理、属地考核制度，主要领导任免需征求杨汛桥镇党委意见。

根据国家土地利用规划的原则，开展城镇改造。通过规划引导，积极推进对镇域内利用效益低、环境污染严重、不符合城乡规划的用地进行置换、腾退和改造，推进旧城改造建设，鼓励村集体、企业和居民等社会资本参与基础设施和社会事业发展。深化杨汛桥镇的投资体制改革。加大对杨汛桥镇的金融扶持力度，探索建立融合民间资本投入本镇城镇改造的引导机制，支持金融机构在杨汛桥镇开展农村住房产权、土地承包权抵押贷款业务。

建立土地资源增值收益共享机制。鼓励企业、村集体和居民积极参与城镇改造，农户将集体土地承包经营权、宅基地及住房置换成股份合作社股权、和城镇住房。探索城乡社会保障一体化的过渡形式。以镇为单位，组建市场化运作主体，搭建平台，实施资产资本运作，实行"资源资产化、资产资本化、资本股份化"。

二、推进城镇发展改革试点的措施

1. 建立完善的规划体系

以杨汛桥镇全面城市化、深度城市化发展为核心目标，编制土地利用总体规划、城镇建设规划和环境保护规划等专项规划，各专项规划统筹协调，形成一套重点明确、科学合理、紧密衔接的规划体系。针对杨汛桥镇城镇改造建设核心问题，编制改造方案，摸清改造建设区域基本情况，制定改造建设的实施模式、计划和具体申报实施步骤，保障杨汛桥镇规划体系实施。

2. 推动人口集聚政策

实行按居住地登记户口的户籍管理制度。凡在杨汛桥镇内拥有合法固定住所、稳定职业或生活来源等具备落户条件的本地农民和外来人员，可申报城镇居民户口。

新落户人员在就学、就业、兵役、社会保障等方面，按有关规定享受城镇居民的权利和义务。

本镇农村到镇区新落户人员按本人意愿，其集体土地的承包经营权可以继续保留，享受原所在村的村级集体资产权益并承担相应义务，同时5年内继续享受农村计划生育政策。

推进镇中村撤村建社区管理体制改革。撤村建社区后实行属地化管理，即建立社区居委会，为社区内居民提供物业管理、计生、医疗等服务。原村民（社员）、居民享受的村集体资产股权、收益分配、养老补助等各项政策不变。

3. 促进外来人口本地化政策

政府加大力度改善外来务工人员的就业条件和生存状态，严格监督企业用工制度，促使企业努力改善外来务工人员的劳动就业环境和生活待遇。

积极争取上级政府的就业培训资金,对外来务工人员开展低偿或无偿的职业培训和劳动技能培训,增强外来务工人员只能技能和生存本领,提升杨汛桥镇外来人员职业素质。

争取上级政府保障房建设政策向杨汛桥镇倾斜,在杨汛桥镇城镇改造确定的居住中心地,开展经济适用房或廉租房建设,建设外来工新村,进行社区管理,为在杨汛桥镇达到一定居住时间,有合法收入来源的外来人员提供安居乐业的条件;另一方面,大力宣传构建文明社区、和谐社区的理念,增进本地居民与外来务工人员的融合发展。

三、争取城镇改造发展的扶持政策

1. 争取加大财政扶持政策

按照财权与事权相结合,完善城镇财政体制的原则,对杨汛桥镇给予适度倾斜。实行财政支持、优惠政策:杨汛桥镇财政收入超收分成部分,全额留镇;城市维护费、土地出让金净收益以及旧城改造中盘活存量土地的出让金净收益全额返回镇,用于杨汛桥镇基础设施、公共服务设施建设和开发;环保部门从杨汛桥镇收取的排污费,除上缴国家和省部分外,根据项目安排,全额用于杨汛桥镇环境污染治理。

2. 放宽城镇管理与审批权限

为激发杨汛桥镇旧城改造积极性,加快城镇改造部分,适度放宽杨汛桥镇城市建设管理审批权限。依据经过批准的杨汛桥镇城镇总体规划,由上级规划建设行政主管部门委托杨汛桥镇城建部门办理并发放镇域内建设项目和建设用地规划许可证、建设工程规划许可证、选址意见书和施工许可证,报上级有关部门备案;杨汛桥镇域范围内环境卫生、市政公用设施的管理及相关的违章、违规案件的处罚,授权由杨汛桥镇城镇管理部门统一行使,适度放宽杨汛桥镇政府对城镇建设管理的审批权,激发旧城改造和建设积极性。

3. 突破城镇改造的用地政策

①杨汛桥镇内农村集体建设用地或国有建设用地,在符合城市规划和土地权属不发生转移的,允许原使用者自行或合作开发;城镇规划区

内集体建设用地依法改变用地性质并转为国有建设用地的，允许原所有者农村集体按照城镇规划自行或合作开发使用。

②农村集体将国有留用地或集体转为国有的土地自行开发，或通过招商引资合作开发而发生土地使用权转移的，转移部分应按规定办理土地出让手续，缴纳的土地出让金可全额返还杨汛桥镇用于保障被征地农民社会保障和农村基础设施建设专项支出。

③为满足城镇改造需要，允许在符合土地利用总体规划和控制性详细规划的前提下，通过土地位置调换等方式调整使用原有存量建设用地。城镇改造的范围包括：城中村改造，布局分散、土地利用效率低下和不符合环保要求的工业用地，拟进行"退二进三"的工业用地，城市规划要求改造的集体旧物业用地，布局分散、不具备保留价值的村庄用地，规划调整为商服用地，不再作为工业用途的厂房等。允许符合以上改造范围内土地之间或改造范围内、外地块之间土地的置换，包括集体建设用地与集体建设用地之间，集体建设用地与国有建设用地之间，国有建设用地与国有建设用地之间的土地置换。

④鼓励支持江桥、杨汛桥两个镇区内的效益差、能耗高、污染大的纺织印染、水泥和玻璃制造企业搬迁。搬迁企业用地由政府依法收回后通过招标、拍卖、挂牌方式出让的，在扣除收回土地补偿费用后，其土地出让纯收益可安排部分专项支持企业发展。工业用地在符合城乡规划、改造后不改变用途的前提下，提高土地利用率和增加容积率的，不再增收土地价款。

⑤城镇改造涉及的城市公共基础设施建设，从土地出让金中安排相应的资金予以支持改造。

⑥鼓励杨汛桥镇村集体和个人资金开展参与以上所提范围内的城镇改造，政府积极向上级政府争取拆迁改造资金政策，如拆迁阶段可通过招标方式引入企业单位承担拆迁工作，拆迁费用和合理利润可以作为收（征）地（拆迁）补偿成本从土地出让收入中支付；也可在确定开发建设的前提下，由政府将拆迁及拟改造土地的使用权一并通过公开交易方式确定土地使用权人。

4. 城镇基础设施建设支持政策

争取上级政府对杨汛桥镇的水、电、交通、通讯、文化、教育、卫生等基础设施建设的支持，争取省、市、县三级政府每年安排一定数额的城镇建设专项扶持资金，用于支持杨汛桥镇基础设施和公共服务设施建设，并建立随各级财力增长而适度增加的机制。

四、组织实施机制与措施

争取国家有关部门对杨汛桥镇发展的指导和协调。争取浙江省、绍兴市、县政府的指导，协调、完善规划实施措施，依据本规划调整相关城市规划、土地利用规划、环境保护规划等规划，按照规划确定的功能定位、空间布局和发展重点，选择和安排建设项目。

建立健全规划实施监督和评估机制，监督和评估规划的实施和落实情况，协调推进并保障本规划的贯彻落实。在规划实施过程中，适时组织开展对规划实施情况的评估，并根据评估结果决定是否对规划进行修编。

完善社会参与和监督机制。积极开展公共参与，动员各方力量投入城市化建设。杨汛桥镇旧城改造和城市化发展任务艰巨、资金投入大，涉及地方政府、企业、农村集体和居民等多方主体的利益。积极扩大杨汛桥镇发展战略的公共参与，政府主导、专家领衔、发动企业、集体和居民各方力量，切实推动公共参与实践。加强城市化发展战略、土地利用规划、城镇建设规划、旧城改造方案等重要规划思路确定、资金投入模式和产权利益调整等重点环节的公共参与力度，确保杨汛桥镇城市发展战略平稳有序实施。

课题组主要成员：文　辉　王俊沣　钟笃粮　郭建民

第十三章　品牌城镇规划
——以海城市南台镇为例

执笔：吴晓敏

　　我国目前城镇化率已超过 50%，城镇化将成为未来经济发展的最大推动力。小城镇作为城镇化的重点区域其发展潜力巨大，在城乡一体化的过程中有着大城市无法发挥的作用和推动力。小城镇是带动农村经济最有效的区域，其经济发展直接影响着农村地区的农民就业和增收。城镇品牌如同城镇的名片，品牌化发展战略对提升地区形象和竞争力，吸引外来资源投入推动地方经济发展，促进社会和谐发展，提升当地居民幸福感有着决定性的引导作用。

　　品牌产生的根本原因是为了使产品或服务有别于竞争者，并且带来增值的无形资产，能够体现出外界大众对其的认知。将品牌学的理念引入城镇营销的领域，城镇品牌战略的意义就在于为了实现经济发展，利用形成的"洼地"效应来吸纳国内外优势资源、各类要素的注入，提高自身竞争力而采用的一种战略模式。成功的城镇品牌能够及时的吸引外界对其关注、了解从而形成当地的无形财产，通过品牌来反映出城镇的景观、文化内涵、特产等当地最具代表性的特质，配合合理有效的传播活动来扩大影响力和吸引力，从而推动整个地区的发展。对于具有一定自身特色的小城镇来说都是可以探讨分析是否能够采用城镇品牌化战略，本文以辽宁海城市南台镇为例，根据南台箱包产业的自身特色提出以城

吴晓敏：国家发改委城市和小城镇改革发展中心规划研究部。

镇品牌化战略作为当地发展的指导。

第一节　规划思路与分析

一、南台的发展概况

　　海城市南台镇区位条件优越处于辽东半岛腹地，"沈阳经济区"南部的城市群中，位于鞍山市西南方向，海城市东北方向，有着"城中城"的位置（图 13.1）。

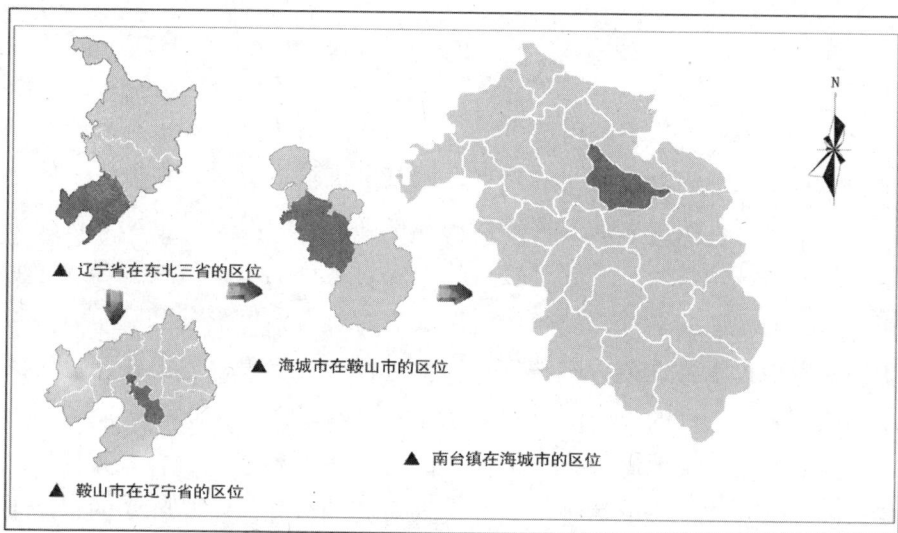

▲ 辽宁省在东北三省的区位

▲ 海城市在鞍山市的区位

▲ 鞍山市在辽宁省的区位

▲ 南台镇在海城市的区位

图 13.1　南台区位图

　　南台具有"陆、海、空"三位一体的交通优势。镇政府驻地东北方向距鞍山 25 公里、距沈阳市 135 公里，西南方向距海城市 9 公里。从南台镇到沈阳桃仙机场需 1 个半小时的车程，到鞍山机场仅需半个小时，到鲅鱼圈港需 50 分钟，到大连港约 2 个半小时的车程。南台镇拥有较为完善的内外路网，基本覆盖了全镇域范围（图 13.2）。

　　2011 年南台镇域有户籍人口 59637 人，其中户籍人口为 54244 人，经济总量达到 1448400 万元，年均增长率接近 17%，农民人均收入 13118 元，经济发展处于海城各镇的中上游水平。当地经济主要依赖于民营企业，南台镇内无国有、集体企业，共有民营企业 5564 家，企业产值达

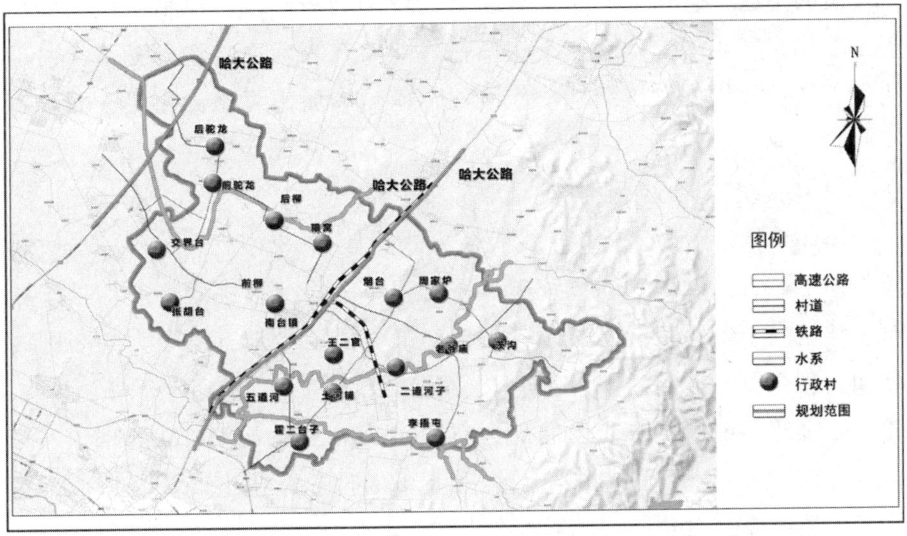

图 13.2 南台道路交通现状图

1414300 万元，占总产值 99.71%。

产业结构方面，南台目前仍以工业为主导，但三产增长较快。近些年来，产业结构变化明显，一产产值增长缓慢，年均增幅仅为 4.11%；二产所占比例有所下降，年均增幅 9%；三产比例明显升高，三次产业结构比例从 2005 年的 4.02：82.79：13.19 调整为 2011 年的 2.35：61.58：36.07，总产值从 2005 年的 87052 万元增加至 2011 年的 523920 万元，年均增速为 71.69%。

箱包产业是南台最具有特色和发展潜力的产业也是当地居民就业的主要渠道。南台箱包市场目前是全国三大箱包市场之一，总占地面积 1.9 万平方米，现拥有摊床 1108 个，门点 58 个。经营高、中、低档各种款式箱包 5000 多种，日上市人数 1.9 万余人，2011 年市场交易额实现 42 亿元，同比增长 16.6%。全镇有 5700 多户，约 3.5 万余人从事箱包加工和生产销售。

二、南台城镇品牌战略的潜力分析

1. 南台发展阶段和面临的问题

根据钱纳里人均经济总量与经济发展阶段关系、2000 年中国城市发展阶段判断标准设置、社会发展阶段综合来判断南台目前已经进入工业化发展的中级阶段和公共服务型政府建设的高级阶段，但是城镇化滞后于工业化、产业结构和就业结构亟待优化。在当前面临激烈竞争，需加快经济增长和优化发展结构的新阶段，南台的城镇竞争力不足，面临着一些有待解决的问题。

（1）传统产业发展受限，需培育新主导产业

工业结构性矛盾比较突出，发展方式粗放单一，新兴工业还是空白，箱包加工业家庭作坊式的传统还没有从根本上转变。主导产业均处于相对比较粗放型发展阶段，缺乏自主创新能力，缺少具有竞争力的名牌产品和知名企业，产品质量和经济效益偏低，税源基础尚不牢固。钢铁、建筑、轻纺传统主导产业发展潜力有限，部分出现人才短缺的现象。箱包产业作为未来发展重点，需围绕专业市场打造箱包生产基地形成南台新的主导产业，对专业市场形成有力的产业基础支撑。

（2）服务业层次欠丰富，服务水平有限

南台当前服务业主要是围绕生活消费和专业市场逐渐形成传统服务业，结构层次较低，服务水平有限，形式上以马路经济为主。无论在业态上、总量上，还是在结构上都与现在的经济发展阶段不相适应。尤其是围绕箱包产业的生产性、生活性服务业，以及信息、物流、金融等现代服务业发展不足，一定程度上制约着南台的产业升级和招商引资等工作。

（3）公共服务不足、农村环境需改善

环保建设滞后于城镇发展，受传统粗放型经济增长方式的影响农村环境污染严重。南台同样面临这样的问题，特别是环保建设的问题较为突出，污水、垃圾收集设施不足，专业处理配套空白，村容村貌的环境改善任务艰巨。城镇生活环境质量差，一定程度上影响了南台投资人群和消费人群选择。公共服务水平城乡差距明显，资源配置不均衡，尤其是教育资源配套不均衡现象突出，村小学现状急需改善，教育资源需要进一步有效的整合拆并，改善现状。

（4）用地紧张，空间布局分散

有限的建设用地增量指标和严格的耕地保护难以满足南台的发展需求，同时土地后备资源严重不足，分布区难以开发利用，土地后备资源

已经开发殆尽。南台空间布局是随其产业发展自发形成，同时区域内交通干线密度大，造成空间布局分散、随意。造成基础设施配套困难，产业发展难以形成规模效益，土地集约利用不足。

2. 南台发展自身条件优劣分析

（1）区位及交通优势

南台镇地处沈阳经济区与辽宁沿海经济带互动发展的桥头堡和连接带上，是沈大经济隆起带上的一个重要节点，对外联系方便，交通便捷宜达。

（2）特色贸易优势

南台箱包市场是东北地区最大的箱包生产、加工、销售集散地，也是目前全国仅有的三个大型箱包专业市场之一，镇内箱包加工、五金配件、辅料加工、制版印刷等箱包相关企业齐全。在国内20多个省区设立了直销点，并出口俄罗斯、南非、美国及东南亚等国家；同时，南台鲜蛋批发市场还是目前国内最大的鲜蛋集散、价格指导和信息传递中心，是农业部农产品信息定点采集地。

（3）城乡建设用地增减挂钩指标

2012年南台镇利用成为国家发展改革试点镇的机会，争取到了部分城乡建设用地增减挂钩的指标，为南台招商引资和箱包、钢铁等产业的重点项目落地提供了重要保障。

（4）缺乏行业龙头

南台主导产业，无论是钢铁、装备制造还是箱包产业，均处于相对比较粗放型发展阶段，而且规模相对较小，缺乏具有竞争力的拳头产品和名牌企业，产业链偏短。

（5）基础设施建设滞后

目前，南台镇市政基础设施、镇区道路、绿化、环境基础设施、文化休闲设施、宾馆住宿设施等建设还不完善，不能满足多层次的市场需求；同时，南台镇镇容镇貌建设和管理滞后，城镇生活环境质量差，一定程度上影响了南台投资人群和消费人群选择。

3. 南台外来的发展机遇

（1）振兴东北老工业基地的战略

随着振兴东北老工业基地战略的逐步深化，南台镇新的产业体系和产业格局的调整步伐亦逐步加大。特别是海城开发区的建设，以及海城市外环路的建设等，为南台社会经济发展打造了广阔前景。

（2）国家发展改革试点

作为全国第三批发展改革试点镇之一，南台镇在政府职能转变和管理体制改革，政府公共资源有效配置、产业结构调整，如何培育地方财源、改善小城镇的投资、就业和人居环境，进一步深化农村土地制度改革，积极探索相关的配套政策等方面都会得到国家发改委的大力支持与指导。

（3）各级政府的强烈发展愿望

辽宁省根据小城镇发展现状，对未来小城镇发展提出："要做到科学规划，合理布局；分类指导、梯度推进；重点突破、带动全面。优先发展示范镇，重点建设中心镇，带动一般镇，形成县城、中心镇、一般镇协调发展的格局"。南台是国家试点、省小城镇建设标杆镇、鞍山市农村经济发展先进镇等多项先进单位，必然会在各级政府的关注下觅得先机。

（4）重大投资项目

香港新豪集团的"南台国际皮革皮具城项目"的引进给南台发展提供了良好的机遇，对南台箱包市场的做大做强，以及南台箱包产业的招商引资，完善箱包产业链条，打造箱包产业集群等，促进南台箱包产业又好又快的发展意义重大。

4. 南台城镇品牌的选择依据

将南台城镇品牌化作为战略选择，依赖于四方面的分析：南台的品牌基础、南台对外招商引资的需求、南台面临的竞争压力、品牌化对城镇的推动作用

（1）品牌基础

从城镇品牌的六维因素，知晓程度、地缘面貌、发展潜力、城市活力、市民素质、先天优势来分析南台城镇品牌基础。

第一，南台拥有全国三大箱包市场之一的南台箱包批发市场，具有一定的区域知名度，这也是南台城镇品牌塑造的重要支撑。第二，南台地缘面貌中尽管不具备奇山异水的突出自然景观资源，但地理环境适宜人居，没有险恶的自然环境因素，城镇发展、生态环境基础较好。第三，南台作

为鞍海经济带上的重要节点，将重点围绕商贸服务业打造成为海城市中部区域两大服务业聚集区之一，城镇发展定位明确，具有发展潜力。同时作为全国第三批发展改革试点镇之一，南台发展在多方面都会得到国家发改委的大力支持与指导。第四，南台依托其专业市场，商贸流通氛围浓厚，同一般小城镇相比，城镇较有活力。第五，专业市场的长期发展中，相当一部分居民从事商贸服务业，对外沟通联系机会较多，同传统封闭的小城镇居民相比思想开拓、灵活多变，对新事物有一定的接受能力。第六，南台目前的基础设施配套不完善，影响了城镇形象，是南台城镇品牌塑造的不足之处。但综合来看南台具备城镇品牌塑造的条件。

（2）招商需求

南台箱包产业作为南台的突出特色将被重点打造。目前围绕箱包产业基地建设西部新城，城镇发展重心显现出西迁的趋势。但南台目前的箱包市场销售中，中、高端产品以外地产品为主，本地产品因缺乏有影响力的自有品牌而在销售环节中以低端产品为主导。本地箱包类产品仍然没有改变家庭作坊式为主的生产方式，距离产业基地尚有一定的发展距离。家庭式作坊的有限规模也难以在短时间内产生足够的自主动力，并向企业规模化转变。因此目前南台重点发展箱包产业，培育新的主导产业，在招商引资方面有着重要需求。仅仅依靠良好的招商环境和发展基础是远远不够的，城镇品牌的形成对吸引外来资源聚集有着重要的决定作用，要对外介绍本地情况并吸引有利资源的投入，首先要使外界认识到南台镇的存在，了解南台特色和南台的发展环境，为争取资源投入奠定基础。南台城镇品牌的塑造可以对招商引资推动城镇发展提供有力的保障。

（3）竞争压力

目前，我国正处于城镇化发展的加速期，城镇在规模和数量上都有明显的增加，这就意味着大环境中城镇间为获取竞争性资源的竞争将进一步加剧。南台现有的箱包市场管理尚未达到专业化运作，也缺乏相关的产业基地作为支持，箱包生产企业科技含量低，整体行业门槛较低。对一些同样具有商贸区位优势的城镇在获取资金投入、政策支持的条件下具有发展同类批发市场的潜力，例如河北白沟就凭借当地政府支持，专业市场管理等因素后来者居上，凭借箱包产业赶超了南台。在未来城镇发展的大环境中，存在许多具有同样竞争潜力的城镇。市场经济条件下，发展资源和要素的配置取决于预期的投资收益，生产要素更多的流向投资回报率比较高的地区。南台镇周边乡镇以及更高层级的海城市、鞍山市均都处于竞争发展资源阶段，特别是在小范围内海城市中部区域将围绕西柳、南台打造成为两个服务业聚集区，目前西柳镇的对外知名度、综合竞争力要远高于南台，南台面临着种种竞争压力，因此及时的塑造城镇品牌尤为重要，强化对外形象对加强其城镇竞争力有着决定性的作用。

（4）品牌化对城镇的推动作用

小城镇是连接大城市和农村地区的纽带，起到承上启下的作用，品牌化的塑造有利于提升小城镇承接大中城市辐射和带动的能力，从而推动想农村地区的传导功能。南台镇作为第三批试点城镇，城镇品牌的塑造可以提供直观的"样板"特别是针对城镇形象、城镇经济、城镇服务功能三方面的建设能够使农民增收的同时切实的看到农村、小城镇落后的物质面貌的改善，公共服务能力的提升，对提高农村地区文明程度有着直接有效的推动力，从而发挥好试点城镇的示范带动作用促进更大区域中整体经济社会的全面发展。

（5）南台城镇品牌的实际作用

树立城镇品牌使外界通过对城镇的优势、风貌、人文环境、发展方向的了解，树立全方面认知。良好的城镇品牌能够充分地反映出城镇生产、生活环境，使之成为人们向往之地，吸纳资金、人才、技术等资源要素聚集，同时获得更多的政策支持。南台目前需要有效吸引外来的资源投入，促使产业聚集壮大，增强城镇经济实力；南台城镇品牌能够有效的帮助南台对外推广，提升整体竞争力，更好的保障吸引资源要素的投入，产生较强的发展动力。

对内而言，南台目前有相当一部分居民在本地和外地从事箱包销售工作，受市场因素的影响具有一定的流动性，存在从业人员和部分技术人才不稳定的风险。良好的城镇形象对本地居民起到鼓励作用，增强居民的归属感和荣誉心，促使居民留在南台或返回南台参与南台建设。城镇品牌的塑造内容从不同方面对城镇各个领域发展提出了要求，因此，品牌塑造的主题能够有效整合城镇发展中各个领域，促使城镇管理水平的提升，加强对城镇的科学管理。

第二节 规划目标与定位

一、南台城镇品牌的战略目标

以"品牌化"战略为主线，以做大做强南台经济、完善提升南台服务、优化南台发展环境、宣传推广南台形象等为突破口，按照"以城镇经济支撑南台未来发展、以优质服务和良好发展环境吸引发展要素集聚、以生态美观的城镇形象创造宜居生活环境"的总体思路着力打造南台品牌，重点通过"鼓励引导产业优化发展，完善公共服务和生态环境，提升土地经济效益，优化城镇的空间功能区划分，美化城乡公共空间和村容村貌，宣传推介箱包南台"等工作的有序推进，最终实现南台城镇品牌的树立。并通过城镇品牌提升南台竞争力，提高南台人才、资金等发展要素的集聚能力，促进南台经济、社会、环境协调可持续发展。

二、南台城镇品牌的战略定位

从国家层面上分析，在沈阳经济区的国家战略中鞍山作为次中心城市，以合理发展优化产业结构和调整空间布局，积极发展重点城镇因此南台应积极争取作为重点城镇，加强基础设施建设，提高建设标准，增强凝聚力为主。从辽宁省层面上分析，根据鞍海经济带西部为重点开发区域，重点推进工业化、产业化和城镇化形成西部产业带、中部生活带和东部生态带的空间布局。南台根据区位及产业现状定位分为两部分。第一，在西部产业带中，南台箱包加工产业园区作为专业市场配套加工纳入海城铁西开发区融入产业集群。第二，在鞍海中部生活带中，以专业市场为支持，南台和西柳将作为服务业两大聚集区。从海城市层面上分析，海城市正全力推进"两城两市镇"建设，南台镇属于海西新城组团，是海城市扩城的主攻方向；就地理位置和主导产业来看，南台镇作为鞍海两地的衔接区域，是鞍海一体化发展的战略节点。从市级角度对南台镇的城镇定位是：将南台镇打造成为中国南台箱包皮革城，具体承担着海西新城城镇化发展建设、现代服务业市场壮大以及鞍海一体化衔接发展三大重要功能。

综合上述三个层面的分析，应充分发挥南台"城中城"的区位优势，利用商贸发展的先天优势，重点打造南台西部新城积极融入海城市，成为海城市中部区域的服务业聚集区。紧紧抓住新城建设的机遇，明确城镇发展重点区域，优化城镇空间布局，针对老城区重点完善城镇服务功能、合理配置资源、城乡统筹兼顾，同时充分利用城镇品牌塑造中城镇形象建设的机会，优化人居环境，有效改善农村环境，最终实现"三产兴镇、二产强镇、品牌立镇"，成为辽宁省小城镇建设的示范点。产业方面，要发挥南台箱包特色，规范专业市场运作，增加产业基地建设形成专业市场为依托，产业基地为支持的，工贸结合集产、销一体化专业镇。

产业定位：以重点发展箱包产业为契机，打造西部箱包产业基地，形成专业市场加产业基地供销一体化的箱包专业镇。东部区域培育与发展生态旅游、现代农业。北部以粮食、蔬菜种植为主；中部商贸服务业集中是城镇居民的生活核心区。

城镇功能定位：南台作为海城城市扩张的方向之一，以箱包产业发展为动力，推动南台发展重心西迁，积极融入海城，打造箱包产业新市镇。利用专业市场形成的商贸氛围，提升三产业态及发展水平，完善生产和生活服务业配套的功能，成为海城服务业聚集的重要组成。

第三节　规划任务与措施

根据"以城镇经济支撑南台未来发展、以优质服务和良好发展环境吸引发展要素集聚、以生态美观的城镇形象创造宜居生活环境"的总体思路，需通过以下措施来完成战略任务：

一、产业实现增效

从农业劳动力方面看，南台镇区人口中约14%为一产就业，但农业劳动人口的老龄化与数量递减趋势不断加剧。农业现状中，农户耕种规模小、产业化水平低，农产品附加值低、农业经营效益低下。按照"二产推动一产，一产向二、三产延伸"的基本思路，推动农业生产的精细化和产业化。大力发展设施农业，有序发展观光、采摘农业，积极培育和引进涉农龙头企业，逐步推行"企业农户＋合作社基地"生产模式，促进农业精细化和产业化，提高农产品商品化、规模化率。

产业支持是城镇经济发展的生命力，缺乏有效的支持，城镇就很难有长远的发展。如果主导产业出现变动，城镇的经济结构就不会稳定。南台二产现有的传统主导行业，发展潜力有限，对城镇经济发展难以提供可持续性的支持。同时三产中的专业市场也缺乏产业支持，目前以单一的销售环节为主，存在较大风险。需针对南台的箱包特色，培育新的主导产业，形成多元化的主导产业支持城镇经济发展。同时规避单一依靠销售的风险，形成产销一体化的专业镇。

从我国目前的财政分配体制看，地方税是增加镇级政府可支配收入的重要税源。三产的繁荣也是直观地体现了城镇的发展活力，是南台招商引资、吸纳资金、集聚人才、促进农民增收的重要途径。同时三产的兴旺决定了能否成为大区域范围内服务业聚集区的成败。南台镇区重点发展商贸服务、宾馆住宿、金融保险、信息服务、文化休闲等产业，完善镇区服务功能，提高要素集聚能力，实施三产富镇战略。

二、公共服务提升

公共服务与居民日常工作、生活、学习息息相关。提供均等化的基本公共服务也是政府新时期的基本职能和主要任务之一。随着经济社会发展，居民对公共服务的需求数量和层次越来越高。良好的城镇公共服务越来越成为影响招商引资、人才就业地选择的主要影响因素。

因此，南台镇政府有必要以提升公共服务为突破口，发展完善的基础设施、优质基础教育、医疗卫生、健全社保体系，营造良好的治安和公共卫生环境等，以满足人们日益提高的公共服务需求，并为发展要素集聚南台创造条件。

三、镇容镇貌美化

视觉印象是最直接的表达方式，人们可以通过镇容镇貌对城镇在第一时间内产生印象。镇容镇貌是伴随着居民日常生活的需要逐步建设发展而形成的，能够反映一个城镇的精神面貌。镇容镇貌越来越靓，城镇吸引力就大大增强。南台如果通过加大景观综合整治力度，采取"绿化、亮化、净化和美化"的方式，加快改变存在的"脏、乱、差"现象，明显改善镇村面貌，不仅居民人居环境美化，同时对外树立了良好的门户印象。

四、提升土地经济效益

将增减挂钩所翘动的土地资源配置作为提升土地经济效益、推动城乡统筹发展的重要途径。实施增减挂钩，优化城乡建设用地结构，发挥土地资源载体作用，实现城乡土地和资本的双向流动，支持农村地区发展，增强土地资源支撑经济社会发展的能力。

五、空间结构优化

随产业发展，工业用地需求量不断增加，城镇建设用地紧张的情况会越来越显著。同时产业布局的不合理，不仅对居民生产、生活造成不便，更主要的是对生态环境的影响，不利于污染物的有效收集和处理。

从南台镇现状空间结构和用地现状来看，产业用地布局相对分散，土地利用粗放、低效，特别是农村地区情况更加严重。分散的空间结构使得发展集聚的能量消耗于无形，不利于积聚人气，同时完善基础设施配套困难，效益降低，使城镇发展很难进入良性运转轨道。对南台镇来说，必须通过空间结构的优化整合，促进土地的集约利用，拓展城镇未来发展空间。

六、南台城镇品牌推广

城镇的竞争力当然取决于城镇自身建设质量的好坏，良好的城镇发展有助于形成好的对外品牌形象，但同时也需要精良的宣传包装来美化和推广对外的形象，城镇品牌形象的推广将成为小城镇建设中新的重要组成部分。

南台确立城镇品牌广告是城镇推广的首要任务，目的是展现城镇特征，在竞争中凸显可识别性。城镇品牌广告的核心是广告口号，用最简洁有效的文字凸显城镇的发展思路。城镇口号多数围绕商务环境和生活质量这两大主题。南台目前发展诉求以特色箱包产业为代表，提出南台城镇品牌的广告口号：南台箱包，"包"装天下。

1. 政府工作

城镇推广中政府主要工作集中在以下几方面。

（1）统一对城镇品牌的认可

城镇品牌的塑造过程是一个相对漫长而复杂的过程，需要资金的保障，政府必须要有这方面的资金预算，并且确保资金的到位和支配权，同时品牌推广工作需要进行各个部门协调，关系复杂，涉及一定的权力授予。因此首先需要统一思想认识，对城镇品牌的认可是城镇品牌化发展的前提也是得到各级领导重视能够有效落实的基础。

（2）积极争取政策和民众支持

政府的支持和领导对城镇发展起到决定性的作用。塑造南台良好的品牌形象需同时获得上级和南台本地领导班子的认可和支持。在南台城镇品牌塑造过程中给予充分重视和政策支持。建议成立品牌推广的工作小组作为专门的执行机构从事品牌推广工作。

对当地群众来说作为城镇品牌建设的主力军和受益者，需通过宣传倡导提高凝聚力和参与度积极发挥群众的力量确保城镇品牌发展的落实。民众是南台城镇建设的主力军，反应了城镇的精神面貌。政府应注重民情民意的反馈，对民众充分公开城镇发展定位、发展目标、工作重点。增强民众的荣誉感和归属感，调动民众积极性，投身南台建设中。出台明确对南台居民精神面貌建设的要求，提升居民素质，打造南台良好精神面貌。

2. 媒体公关

城镇宣传中投放媒体的选择需把握权威性的原则，对投放媒体可根据信誉度、覆盖面两大主要指标进行选择。同时充分利用不同媒体间的优势：第一，电视媒体传播广、见效快、宣传方式具有感染力是城镇品牌广告初期的理想选择。第二，平面媒体针对性强、表达内容丰富适宜在招商、节事活动、旅游等环节用以深度传播。第三，网络媒体费用低、易操作、发展潜力大，是目前最切实可行也是最具潜力的选择。做好南台镇的宣传网页，系统宣传本镇的专业建设方面的信息和突出的优势特征，同时及时发布新产品的样品及各种商品的交易信息，并做到有专人负责进行信息的及时更新和完善。建立属于自己的箱包"产宣交"网站，对于南台镇走向国际市场奠定一定的机遇，使国内外商家跨越时间、空间和语言文字的限制。通过网络广告、网上链接以及专业网站的建立等方式加强"中国南台名箱包网站"的海外宣传，提高"名箱包"品牌在海外的知名度，增加箱包产品的出口。

3. 建立应急机制

事物总是有两面性，城镇推广过程使城镇的区域知名度提升，但同时也将城镇推向了媒体的聚集范围，城镇的一举一动均被放大在媒体面前。城镇发展中任何负面事件都可能在第一时间内传播开来，特别是在网路媒体上对事件极易进一步放大、负面化。因此政府在加大城镇推广工作的同时，必须建立相应的媒体应急机制，对镇区内可能出现的负面情况做出相应的应急措施，降低风险。

4. 活动策划创造推广机会

城镇推广依赖于媒体的传播，主动选择媒体投放广告、宣传资料的同时，吸引媒体上门关注也是城镇推广的重要形式之一。节事活动有着明确的目标、计划过程和实施步骤，组织并吸引一定规模的人员、媒体参与，节事活动的影响力和参与人数与媒体数量成正比。节事活动是零距离感知城镇、获取城镇美誉度、博得好感的最佳机会。参与人员的口碑传播，及媒体的报道宣传都能有效的提升城镇的区域品牌，强化对外影响力。策划活动中如果能针对城镇特色，打造出具有鲜明地方特色的节事活动，同时定期重复举行，节事活动会逐步转化为城镇的一张无形名片，同城镇融为一体。通过此类节事活动的连续宣传报道，外界对城镇的记忆不断强化，提高城镇知名度。同时规律性的节事活动会成为城镇新的"节日"，成为城镇文化中新的组成部分。南台镇可充分利用其箱包产业发展的基础，聘请专业团队，每年举办一届"国际箱包（南台）展览会"，在平时镇政府和企业也可以联合举办一些宣传活动，使南台镇箱包在国内、外享有越来越高的知名度。

第四节　规划实施与保障

一、规划实施

1. 科学配置公共财政资源

①科学安排财政预算。根据公共财政服从和服务于公共政策的原则，按照本规划确定的发展目标和工作重点，编制实施好年度财政预算，加

强收入组织和支出管理，合理界定政府支出范围，优化支出结构，保持收支基本平衡，提高公共财政的能力和水平。

②优化财政支出结构。逐步提高社会基本公共服务支出占南台镇财政支出的比重，重点保障义务教育、公共卫生、社会保障、公共安全、环境保护等方面支出需要，最大限度地发挥财政资金的使用效益；控制行政成本，厉行勤俭节约。根据建设阶段变化，统筹财政时序安排，适当增加基本建设资金投入，合理安排基本建设预算。

2. 合理调控土地供应

①坚持争取增量和存量挖潜并举。在土地利用策略上，首先要做好存量挖潜文章，按照"提高土地综合利用效率，经济生态效益双盈利"的原则，提高土地集约、节约利用水平；其次，积极争取年度计划指标；第三，以挂钩为契机，统筹利用城乡土地资源，拓展城镇发展空间。

②调整土地供应结构。优先满足关系城镇空间布局调整、功能提升的重大项目、基础设施建设，优先支持箱包相关产业。严格控制通过城乡建设用地增减挂钩，以及通过各种途径获取的土地指标的使用，严格控制产能过剩产业类型项目的土地供应。

③严格监管及执行力度。严格落实耕地保护和节约集约用地责任制。实行耕地数量、质量和生态全面管护，落实土地用途管制制度，加强建设用地审批和农用地转用管理，实现土地利用与经济社会发展之间的良性互动。建立土地利用问责制，严格遵循用地标准和供地政策。

3. 优化开发城市空间资源

城镇空间是一种宝贵资源。对城市空间资源的开发利用，首先是要转变观念，认识城市空间的资源特性；其次，要纳入规划管理法制建设的体系中，成为日后规划管理内容的重要部分。

①加强户外广告及其他户外设置物的管理。强化城市规划行政主管部门对城镇户外广告及其他户外设置物的管理职能。通过对城市户外广告及其他户外设置物的管理，实现城市形象塑造与提升的目标。

②合理分配城市空间资源收益，强化空间管制。通过立法，收取城市空间资源开发费，合理调整城市空间资源的配置方式、塑造城市形象。政府参与分配对空置土地或建筑物上方设置户外广告的租金收益，加强

政府空间资源的控制力。

二、规划保障

1. 完备规划编制体系

经济社会发展规划是统领全镇经济社会发展全局的总体规划，是编制其他各类规划的依据。根据本规划，修编镇属各级土地利用规划和城市总体规划

2. 完善衔接协调机制

加强经济社会发展规划与城市规划、土地利用规划之间的衔接配合，城市规划和土地利用规划编制要以发展规划为依据，要将经济社会发展规划确定的目标、任务和要求进行具体落实，突出建设性、控制性。确保在总体要求上方向一致，在空间配置上相互协调，在时序安排上科学有序，提高规划的管理水平和行政效率，确保规划目标的顺利实现。

3. 形成分类实施机制

按照市场经济体制的要求，充分发挥市场配置资源的基础性作用，正确履行政府职责，调动社会各界和广大人民群众的积极性，形成有效的分类实施机制。

城镇品牌的建设过程能够帮助小城镇明确其发展定位及发展目标，作为城镇良好发展的前提，城镇的品牌建设涉及城镇的经济、形象、服务等等方面，是一个复杂的综合性的工作，通过品牌建设能够有效的引领各个方面，将复杂而交错的工作能够得到有效的合理安排，协调好内部矛盾，促进城镇的良好发展，其次城镇品牌化的发展对城镇的竞争力有着的决定性重大意义，确保城镇在竞争中获得更多、更有利的资源促进自身的全面发展。

课题组主要成员：荣西武　王大伟　郁　望　武　颖

参考文献

[1] （美）西蒙·安浩. 铸造国家、城市和地区的品牌：竞争优势识别系统. 上海：上海交通大学出版社，2010

[2] 李锦魁. 城镇品牌营销. 北京：经济管理出版社，2010

［3］于宁．城市营销研究——城市品牌资产的开发、传播与维护．大连：东北财经大学出版社，2007

［4］生奇志．品牌学．北京：清华大学出版社，2011

［5］孙湘明．城市品牌形象系统研究．北京：人民出版社，2012

［6］肖文旺．城市品牌推广中的传播误区及其引导．商业经济研究，2012（9）

［7］徐建华．对以小城镇品牌塑造推进城乡一体化进程的思考．工会论坛，2010 年 9 月第 16 卷第 5 期